Das DNA-Identitätsfeststellungsgesetz
und seine Probleme

Schriften zum Strafrecht und Strafprozeßrecht

Herausgegeben von Manfred Maiwald

Band 55

PETER LANG
Frankfurt am Main · Berlin · Bern · Bruxelles · New York · Oxford · Wien

Peter Rackow

Das DNA-Identitäts-feststellungsgesetz und seine Probleme

PETER LANG
Europäischer Verlag der Wissenschaften

Die Deutsche Bibliothek - CIP-Einheitsaufnahme

Rackow, Peter:
Das DNA-Identitätsfeststellungsgesetz und seine Probleme / Peter Rackow. - Frankfurt am Main ; Berlin ; Bern ; Bruxelles ; New York ; Oxford ; Wien : Lang, 2001
   (Schriften zum Strafrecht und Strafprozeßrecht ; Bd. 55)
   Zugl.: Göttingen, Univ., Diss., 2001
   ISBN 3-631-38092-5

D 7
ISSN 0938-6181
ISBN 3-631-38092-5

© Peter Lang GmbH
Europäischer Verlag der Wissenschaften
Frankfurt am Main 2001
Alle Rechte vorbehalten.

Das Werk einschließlich aller seiner Teile ist urheberrechtlich geschützt. Jede Verwertung außerhalb der engen Grenzen des Urheberrechtsgesetzes ist ohne Zustimmung des Verlages unzulässig und strafbar. Das gilt insbesondere für Vervielfältigungen, Übersetzungen, Mikroverfilmungen und die Einspeicherung und Verarbeitung in elektronischen Systemen.

www.peterlang.de

Für meine Mutter. Für meinen Vater.
Und für meine Tante.

„Was den Kindern angetan wird,
tun sie später der Gesellschaft an."
Karl A. Menninger

Mein Doktorvater, Herr Professor Dr. Manfred Maiwald, lenkte meinen Blick auf die Problematik des DNA-Identitätsfeststellungsgesetzes als Thema für meine Dissertation, förderte mit seinem Interesse und seiner Anteilnahme die Umsetzung des Vorhabens und hat meine Arbeit in die von ihm herausgegebene Reihe „Schriften zum Strafrecht und Strafprozeßrecht" aufgenommen.

Hierfür und für die neuen Erkenntnisse, Einblicke und Erfahrungen, die mir durch die Mitarbeit an seinem Lehrstuhl vermittelt worden sind, möchte ich Herrn Professor Dr. Manfred Maiwald meinen ganz besonderen Dank aussprechen.

Mein Dank gilt ferner Herrn Professor Dr. Jörg-Martin Jehle, Göttingen, der in kürzester Zeit das Zweitgutachten angefertigt hat.

An ganz besonders herausgehobener Stelle danken möchte ich weiterhin Frau Dr. Claudia Keiser und Herrn Dr. Carsten Momsen, die durch ihren kompetenten Rat und durch ihre außergewöhnliche und unermüdliche menschliche Anteilnahme diese Arbeit möglich gemacht haben.

Schließlich sei Herrn Tobias Gaul für seine Bereitschaft zur kritischen Diskussion der naturwissenschaftlichen Aspekte der bearbeiteten Thematik und Frau Dorothee Sydow und den Herren Martin Kirchner und Jörg Schneider für ihre umfangreiche Hilfe bei der Formatierung des Textes herzlich gedankt.

Die Arbeit hat der Juristischen Fakultät der Georg-August-Universität im Wintersemester 2000/2001 als Dissertation vorgelegen. Literatur und Rechtsprechung konnten weitestgehend bis zum März 2001 eingearbeitet werden.

Göttingen im April 2001   Peter Rackow

Inhaltsverzeichnis

Einleitung		15
A.	Die Erhebungsregelungen	21
I.	Vorüberlegung: Die Gesetzgebungszuständigkeit für die Erhebungsregelungen des DNA-IFG	21
	1. Art. 74 I Nr. 1 GG (das Strafrecht)	27
	2. Art. 74 I Nr. 1 GG (Strafvollzug)	28
	3. Art. 74 I Nr. 1 GG (das gerichtliche Verfahren)	28
	a) Formelle Begriffsbestimmung des „gerichtlichen Verfahrens"	29
	b) Materielle Begriffsbestimmung des „gerichtlichen Verfahrens" im Rahmen des Art. 74 I Nr. 1 GG als geschriebenem Kompetenztitel	32
	c) Die Aussagen des Bundesverfassungsgerichts	33
II.	Die Neufallregelung des § 81 g StPO	35
	1. Regelungsgegenstand	35
	a) Die Entnahme von Körperzellen	35
	b) Die molekulargenetische Untersuchung	40
	c) Die „Eingriffstiefe" der Maßnahme(n)	47
	2. Voraussetzungen	56
	a) Beschuldigteneigenschaft des Maßnahmeunterworfenen	57
	b) Verdacht einer Straftat von erheblicher Bedeutung	70
	aa) Straftat von erheblicher Bedeutung	71
	bb) Verdachtsgrad	82
	c) Die „Negativprognose"	83
	aa) Der Grad der für die Negativprognose maßgeblichen „Annahme"	84
	bb) Die tatsächlichen Grundlagen der „Annahme"	100
	(1) Art oder Ausführung der Tat	101

		(2) Persönlichkeit des Beschuldigten	104
		(3) Sonstige Erkenntnisse	106
	d)	Verhältnismäßigkeit	107
		aa) DNA-Identifizierungsmuster liegt vor	108
		bb) Kein Aufklärungserfolg zu erwarten	109
	3. Verfahren		118
	a)	Die richterliche Anordnung von Maßnahmen nach § 81 g I StPO	119
		aa) Anordnungskompetenz für die Entnahme der Körperzellen	119
		bb) Anordnungskompetenz für die molekulargenetische Untersuchung	126
		cc) Beiziehung eines Sachverständigen	128
		dd) Rechtliches Gehör (Art. 103 I GG)	129
		ee) Beteiligung eines Verteidigers	131
		ff) Inhalt des Beschlusses	131
	b)	Maßnahmen auf der Grundlage einer Einwilligung des Beschuldigten	133
		aa) Einwilligung in die Körperzellentnahme	134
		bb) Einwilligung in die molekulargenetische Untersuchung	135
		cc) Widerruf der Einwilligung durch den Beschuldigten	139
	c)	Rechtsschutz	140
III.	Die Altfallregelung (§§ 2 – 2 e DNA-IFG)		143
	1. Regelungsgegenstand		143
	2. Voraussetzungen		145
	a)	Betroffeneneigenschaft des Maßnahmeadressaten	145
	b)	Nicht getilgter Registereintrag	146
	c)	Negativprognose	152
	3. Verfahren		164

	a) Die Anordnungskompetenz	164
	b) Rechtliches Gehör	166
	c) Die Einwilligung des Betroffenen	166
	4. Die systematische Ermittlung in Betracht kommender Personen	167
B.	Die Verwendungsregelung	173
I.	Vorüberlegung: Die Gesetzgebungszuständigkeit für die Verwendungsregelung des § 3 DNA-IFG	173
II.	Die Speicherung der DNA-Identifizierungsmuster	175
	1. Datenspeicherung in den Fällen des § 81 g StPO	176
	2. Datenspeicherung in den Fällen des § 2 DNA-IFG	185
	3. Datenspeicherung in den Fällen der Datenerhebung für Zwecke aktueller Strafverfolgung	186
	4. Die Speicherung von DNA-Identifizierungsmustern, welche im Wege einer Einwilligung erhoben worden sind	189
III.	Die weitere Datenverarbeitung und -nutzung	191
	1. Die Erteilung von Auskünften	191
	a) In Betracht kommende Auskunftszwecke	192
	b) Die Auskunftsberechtigten	199
	2. Löschung und Berichtigung der Daten, Datenschutzkontrolle	200
	a) Die (Löschungs-) Regelung des § 8 III BKAG	200
	b) Die Löschung von Daten nach § 32 II BKAG	204
	c) Berichtigung und Datenschutzkontrolle	209
	d) Auskunftsanspruch und Löschungsantrag derjenigen Personen, deren Daten in der DNA-Analyse-Datei gespeichert sind	210
	3. Schadensersatz	212
	4. Beweisverwertungsverbote im zukünftigen Strafverfahren	213
Fazit		217
Literaturverzeichnis		219

Einleitung

Die Entdeckung der Möglichkeiten der DNA[1]-Analyse biologischer Spuren für forensische Zwecke[2] durch den englischen Forscher **Jeffreys** in der Mitte der achtziger Jahre[3] verschaffte der Kriminaltechnik in der Folgezeit eine neuartige und ihrem Beweiswert nach besonders wirkungsvolle Methode der Zuordnung von Tatspuren[4], deren Einsatz vielfach Aufsehen erregte.[5]

Die Zuordnung einer aus analysegeeignetem[6] zurückgebliebenem Körpermaterial menschlichen Ursprungs bestehenden Spur zum Spurenleger kann dabei in einer Vielzahl von Fallgestaltungen durch die DNA-Analyse geleistet werden; **Schmitter** verweist beispielhaft auf die folgenden Konstellationen aus unterschiedlichen Deliktsbereichen[7]:

- *„Im Falle eines Einbruchs hat sich der Täter beim Einschlagen einer Fensterscheibe verletzt und Blutspuren am Tatort hinterlassen.*
- *Aus dem Aschenbecher des Fluchtfahrzeugs, das bei einem Bankraub benutzt wurde, werden zurückgelassene Zigarettenreste mit Speichelanhaftungen gesichert.*

---

[1] DNA: Desoxyribonucleic acid; deutsch DNS: Desoxyribonukleinsäure, die Trägerin der genetischen Informationen (*Rath/Brinkmann*, NJW 1999, 2697, 2697).
[2] Vgl. zu den naturwissenschaftlichen Grundlagen unten S. 40 ff.
[3] *Jeffreys/Wilson/Thein*, Nature vol. 316 (1985) 76 ff.
[4] Vgl. *Bär*, Rehberg-Festschrift S. 45 und 47; *Benfer*, StV 1999, 402, 402; *Burhoff*, Ermittlungsverfahren, Rn. 265; *Harbort*, Der Beweiswert der Blutprobe, Rn. 360 ff.; *Henke/Schmitter*, Taschke/Breidenstein-Genomanalyse, S. 37 f.; *Jacob*, Spektrum der Wissenschaft 10/1998, 60, 60; *Karioth*, DIE POLIZEI 1997, 195, 197; *Kube/Simmross*, Vordermayer/v.Heintschel-Heinegg-Handbuch, Teil A Kap. 4 Rn. 13; *Pätzel*, ZFIS 1998, 90, 91; *Rath/Brinkmann*, NJW 1999, 2697, 2698; *Schmitter*, Spektrum der Wissenschaft 10/1998, 56, 57; *Simmross*, Kriminalistik 2000, 737, 743; *Schmitter*, Vordermayer/v.Heintschel-Heinegg-Handbuch, Teil A Kap. 5 Rn. 7 ff.; *Schneider/Rittner*, ZRP 1998, 64, 65; *Schulz*, Boyd/Hruschka/Joerden-Ethik und Recht, S. 204; *Senge*, NJW 1997, 2409, 2409; *Steinke*, NStZ 1994, 16, 19.
[5] So konnte z.B. bereits im Jahre 1988 mit großer Gewißheit („*...very strong evidence...*") festgestellt werden, daß die 1985 in Brasilien entdeckten Überreste einer männlichen Person von Joseph Mengele stammten; hierzu waren die aufgefundenen sterblichen Überreste im Wege der DNA-Analyse verglichen worden mit Körpermaterial von Familienangehörigen (vgl. *Jeffreys/Allen/Hagelberg/Sonnberg*, Forensic Science Int. 56 (1992) 65, 65 ff., insbes. 74 f.).
[6] Zu den Einzelheiten des Untersuchungsverfahrens s. unten S. 40 ff.
[7] *Schmitter*, Herold-Festschrift, S. 397 f.; vgl. auch *Schmitter*, Spektrum der Wissenschaft 10/1998, 56, 56; .vgl. ferner *Schmitter*, Vordermayer/v.Heintschel-Heinegg-Handbuch, Teil A Kap. 5 Rn. 6.

- *An einem Fahrzeug, das an einem Verkehrsunfall mit Personenschaden beteiligt war, befinden sich Blutanhaftungen.*
- *Nach einer Vergewaltigung wird der Geschädigten ein Scheidenabstrich entnommen. In dem Präparat werden Beimengungen von Sperma nachgewiesen.*
- *In einem Mordfall wurde ein Mensch erschlagen. Das Opfer weist zahlreiche, stark blutende Verletzungen auf. An der Bekleidung eines Tatverdächtigen werden mehrere, spritzspurenförmige Blutanhaftungen festgestellt."*

Der Einsatz der DNA-Analyse für Zwecke aktueller Strafverfolgung wurde in der Bundesrepublik Deutschland bis Anfang 1997 auf § 81 a I StPO gestützt; die Rechtsprechung und auch die Mehrheit im Schrifttum sah in dieser Norm eine hinreichende Eingriffsgrundlage für die Anordnung der Entnahme von Körperzellen beim Beschuldigten und für die anschließende molekulargenetische Untersuchung des Körpermaterials im nicht-codierenden Bereich der menschlichen DNA[8] zum Zweck des Vergleichs mit gesicherten Tatspuren.[9] Die forensische DNA-Analyse wurde dabei als eine neue Untersuchungsmethode betrachtet, welche durchaus auf der Grundlage des vorhandenen § 81 a I StPO durchgeführt werden könne, da dieser Norm eine Beschränkung auf bestimmte „traditionelle" Untersuchungsmethoden nicht zu entnehmen sei.[10] Hiervon ist auch das **BVerfG** ausgegangen.[11]

Gleichwohl entschloß sich der Gesetzgeber – dies läßt sich der Begründung des Gesetzentwurfs vom 02.03.1995 entnehmen – im Hinblick auf die *„in weiten Teilen der Bevölkerung anzutreffenden, mit der Gentechnik ganz allgemein verbundenen Ängste und Befürchtungen vor übermäßigen, den Kern der Persön-*

---

[8] Diejenigen Sequenzen der menschlichen DNA, welche funktionell eine Erbanlage repräsentieren, im Ergebnis also menschlichen Erscheinungsbildern (=Phänotypen) entsprechen und insoweit maßgeblich sind für die Ausformung und die Körperfunktionen des Individuums, werden im Hinblick auf diese Funktion als codierend definiert; hierbei handelt es sich jedoch lediglich um den geringeren Teil der menschlichen DNA (vgl. *Foldenauer,* Genanalyse im Strafverfahren, S. 26; *Klumpe,* Der „genetische Fingerabdruck" im Strafverfahren, S. 8 f.; *Rath/Brinkmann,* NJW 1999, 2697, 2697 f.; *Schmitter,* Spektrum der Wissenschaft 10/1998, 56, 58); vgl. zu den naturwissenschaftlichtechnischen Aspekten der Problematik unten S. 40 ff.

[9] *Harbort,* Der Beweiswert der Blutprobe, Rn. 377 f.; *Roxin,* Strafverfahrensrecht, S. 274; *Senge,* NJW 1997, 2409, 2409 m.w.N.; kritisch etwa *Pätzel,* ZFIS 1998, 90, 90 f. und *Tinnefeld/Ehmann,* Datenschutzrecht, S. 286.

[10] BGH, NJW 1990, 2944, 2945.

[11] BVerfG, NJW 1996, 771, 772 f.; NJW 1996, 3071, 3072.

lichkeit berührenden Eingriffen"[12], eine spezielle gesetzliche Grundlage für die Durchführung der forensischen DNA-Analyse zu schaffen.[13]

Schließlich trat dann am 22.03.1997 das „Strafverfahrensänderungsgesetz – DNA-Analyse („Genetischer Fingerabdruck")" in Kraft.[14] Der neugeschaffene § 81 e StPO ermöglicht seitdem (ausdrücklich) die molekulargenetische Untersuchung von nach § 81 a I StPO gewonnenem Körpermaterial *„zur Feststellung der Abstammung oder der Tatsache, ob aufgefundenes Spurenmaterial von dem Beschuldigten oder dem Verletzten stammt"*, wobei die ebenfalls neueingefügte Regelung des § 81 a III StPO die Möglichkeit der Körperzellentnahme begrenzt auf *„Zwecke des der Entnahme zugrundeliegenden oder eines anderen anhängigen Strafverfahrens."*[15]

In der Zwischenzeit war im europäischen Ausland gerade im Hinblick auf die Zielrichtung eine grundlegende Ausweitung des Anwendungsbereichs der forensischen DNA-Analytik erfolgt; in Großbritannien war nämlich bereits im April 1995 die National DNA Database in Betrieb genommen worden, zu diesem Zeitpunkt die weltweit erste Datenbank, die gespeicherte DNA-Profile von Straftätern zur Täteridentifizierung bereithält.[16] In Österreich begann Anfang 1997 eine Arbeitsgruppe mit den Vorbereitungen für die Einrichtung einer nationalen DNA-Datenbank.[17] Die Inbetriebnahme der österreichischen Datenbank erfolgte dann im Oktober desselben Jahres; ebenfalls noch im Jahre 1997 nahm in den Niederlanden eine DNA-Datenbank ihre Arbeit auf.[18]/[19]

Die Einrichtung einer zentralen deutschen DNA-Analyse-Datei beim Bundeskriminalamt erfolgte schließlich am 17.04.1998.[20] Dies geschah auf Weisung

---

[12] BT-Dr. 13/667, S. 1.
[13] *Senge*, NJW 1997, 2409, 2409.
[14] Zum Gesetzgebungsverfahren, in dessen Verlauf der Rechtsausschuß eine öffentliche Anhörung von neun Sachverständigen durchführte: *Senge*, NJW 1997, 2409, 2409 f.
[15] Vgl. *Senge*, NJW 1997, 2409, 2410.
[16] *Newnham*, Kriminalistik 1996, 646, 646 f.; *Schneider/Rittner*, ZRP 1998, 64, 65; *Schneider*, http://www.uni-mainz.de/FB/Medizin/Rechtsmedizin/molgen/databas1.htm. (10.09.2000); vgl. ferner: *Werrett*, Forensic Science Int. 88 (1997) 33, 35 ff.
[17] *Schulz/Händel*, § 81 e Rn. 11.
[18] *Schneider*, http://www.uni-mainz.de/FB/Medizin/Rechtsmedizin/molgen/databas2.htm, Table 1 (10.09.2000).
[19] Vgl. zu den DNA-Datenbanken im europäischen Ausland auch *Simmross*, Kriminalistik 2000, 737, 741 m.w.N.
[20] *Kube/Schmitter*, Kriminalistik 1998, 415, 415.

des damaligen Bundesministers des Innern.[21] Uneinheitlich beurteilt wurde dabei die Frage, ob die Vorschriften des BKA-Gesetzes[22] eine hinreichende Rechtsgrundlage für das Vorhaben bereithielten oder – diese Ansicht vertrat das Justizressort – ob eine zentrale deutsche „Gen-Datei" stattdessen eine spezialgesetzliche Grundlage erfordere.[23]

Nachdem zuvor bereits der Freistaat Bayern unter dem 29.04.1998 einen eigenen Entwurf eines Gesetzes über die *„DNA-Identifizierungsdatei"* vorgelegt hatte[24], brachte die Bundesregierung am 25.05.1998 ihren *„Entwurf eines Gesetzes zur Änderung der Strafprozeßordnung (DNA-Identitätsfeststellungsgesetz)"* ein[25]; es sollten gesetzliche *„Regelungen zur Entnahme und molekulargenetischen Untersuchung von Körperzellen allein zum Zwecke der Identitätsfeststellung in künftigen Strafverfahren (...)"* geschaffen werden.[26] Am 24.06.1998 passierte das DNA-Identitätsfeststellungsgesetz[27] den Deutschen Bundestag.[28] Es waren, seit der Einbringung des bayerischen Gesetzesantrags etwa zwei Monate vergangen.[29] Weniger als vier Monate nach der Vorlage des Gesetzesentwurfs der Bundesregierung wurde das DNA-IFG am 07.09.1998 im Bundesgesetzblatt[30] verkündet.[31]

Durch § 1 DNA-IFG wurde der neugeschaffene § 81 g in die StPO eingefügt.[32] Auf der Grundlage dieser Norm können – in den sogenannten „Neufällen" – Beschuldigten, die einer Straftat von erheblicher Bedeutung verdächtig sind, Körperzellen entnommen werden, um diese dann molekulargenetisch zu untersuchen, das heißt ein individuelles „DNA-Identifizierungsmuster" zum Zweck der Identifizierung in künftigen Strafverfahren zu erheben, soweit Grund zu der Annahme besteht, daß gegen den Beschuldigten künftig erneut Strafverfahren

---

[21] Kritisch zu dieser Vorgehensweise äußerten sich insbesondere Datenschutzbeauftragte der Länder. Vgl. etwa *Bäumler,* DER SPIEGEL 18/98 S. 194, 197; *Hamm,* NJW 1998, 2407, 2408.
[22] BGBl. I 1997, 1650.
[23] Vgl. *Ahlf/Daub/Lersch/Störzer,* BKAG, § 8 Rn. 15 m.w.N.
[24] BR-Dr. 389/98.
[25] BT-Dr. 13/10791.
[26] BT-Dr. 13/10791, S. 4.
[27] Kurz: DNA-IFG.
[28] BT-Dr. 625/98.
[29] *Volk,* NStZ 1999, 165, 166 Fn. 6.
[30] BGBl. I 1998, 2646.
[31] *Seibel/Gross,* StraFo 1999, 117, 117 erachten es als bemerkenswert, daß die Verkündung 20 Tage vor der Bundestagswahl 1998 erfolgt ist.
[32] *Kamann,* Beilage zu ZAP 5/2000, S. 4.

wegen derartiger Taten zu führen sein werden.[33] Die „Erhebungsnorm" für „Altfälle", das heißt für Betroffene, die wegen einer Straftat von erheblicher Bedeutung bereits verurteilt worden sind und für bestimmte diesen gleichgestellte Personen, findet sich – außerhalb der StPO – in § 2 DNA-IFG.[34] Aussagen zur Verwendung der nach der „Neufall-„ oder der „Altfallregelung" gewonnenen DNA-Identifizierungsmuster, welche in der DNA-Analyse-Datei beim Bundeskriminalamt gespeichert werden, trifft § 3 DNA-IFG.[35]

Bereits Mitte 1999 wurde das DNA-IFG novelliert. Durch die Novelle[36] wurden unter anderem Möglichkeiten angestrebt, solche Personen systematisch ausfindig zu machen, die für Maßnahmen nach der „Altfallregelung" grundsätzlich in Betracht kommen.[37]

Verschiedentlich wird im Schrifttum im Hinblick auf die etwa im Vergleich zum „Strafverfahrensänderungsgesetz – DNA-Analyse (‚Genetischer Fingerabdruck')"[38] augenfällig erscheinende Kürze des Gesetzgebungsverfahrens auf bestimmte Geschehnisse aus der Zeit von Ende 1997 bis Anfang 1998 hingewiesen: Damals erschütterten eine ganze Reihe spektakulärer Sexualdelikte an Kindern die Öffentlichkeit. Der sogenannte „Kinderpornoskandal" in Belgien erregte über die Grenzen des Nachbarlandes hinaus großes Aufsehen, während hierzulande unter Verwendung molekulargenetischer Identifizierungsmethoden Aufklärungserfolge in diesem Kriminalitätsbereich erzielt werden konnten[39], was ebenfalls auf ein großes Interesse der Öffentlichkeit stieß.[40]

---

[33] *Kamann*, Beilage zu ZAP 5/2000, S. 3 f.; *König*, Kriminalistik 1999, 325, 325; *Senge*, NJW 1999, 253, 254 f.; *Volk*, NStZ 1999, 165, 165 f.

[34] *Kamann*, Beilage zu ZAP 5/2000, S. 4; *König*, Kriminalistik 1999, 325, 326 f.; *Senge*, NJW 1999, 253, 255; *Volk*, NStZ 1999, 165, 166.

[35] *Kamann*, Beilage zu ZAP 5/2000, S. 4.

[36] BGBl. I 1999, 1242.

[37] BT-Dr. 14/445, S. 5.

[38] BGBl. I 1997, 534.

[39] So konnte z.B. der Fall des Ronny Rieken mittels eines großangelegten Gentests aufgeklärt werden (vgl. *Schulz*, Boyd/Hruschka/Joerden-Ethik und Recht, S. 195 ff. und *Seibel/Gross*, StraFo 1999, 117, 117).

[40] *Kamann*, Beilage zu ZAP 5/2000, S. 3; *Seibel/Gross*, StraFo 1999, 117, 117; vgl. auch *Gössner*, Geheim 3/98, http://www.infolinks.de/geheim/1998/03/004.htm (10.09.2000); *Volk* meint, es könne ein Zusammenhang vermutet werden zwischen der Dauer der parlamentarischen Beratungen, der Publizitätswirkung des Gesetzgebungsvorhabens und der von ihr kritisierten mangelnden Präzision der Regelungen (*Volk*, NStZ 1999, 165, 166 Fn. 6). Auch *Schneider/Rittner*, ZRP 1998, 64, 64 f. stellen ihre Überlegungen hinsichtlich der Einrichtung eines „zentralen Registers für DNA-Profile von Straftätern", welche sie befürworten, durchaus in einen Zusammenhang mit den angesprochenen aufsehenerregenden Straftaten. Vgl. ferner *Schneider*, Bäumler-Polizei und Datenschutz S. 216 f.; vgl. schließlich *Graalmann-Scheerer*, Kriminalistik 2000, 328, 328.

In dieser Situation habe sich ein derartiger öffentlicher Druck aufgebaut, *„daß schnell weitere, neue Methoden zur Erfassung möglicher Täter gefunden werden mußten, um das aktuelle Bedürfnis nach Schutz vor gefährlichen Tätern zu befriedigen."*[41]

Nun läßt jedoch der Umstand, daß ein bestimmtes Gesetzgebungsvorhaben zügig umgesetzt worden ist, ohne weiteres ebensowenig Rückschlüsse etwa auf die Qualität der geschaffenen Regelung zu, wie die Möglichkeit, daß der Gesetzgeber in besonderem Maße auf Bedürfnisse der Bürgerinnen und Bürger reagiert hat.

Im folgenden soll stattdessen der Versuch unternommen werden, die einzelnen Normen des DNA-Identitätsfeststellungsgesetz einer nüchternen Betrachtung zu unterziehen. Daß im Schrifttum unter Verweis auf die ähnlich gelagerte Problematik bei § 81 b 2. Alt. StPO die Gesetzgebungskompetenz des Bundes für das DNA-IFG, welches *„klassisch-polizeiliches Tun"* regele, als *„dubios"* bezeichnet worden ist[42] und etwa auch auch das **LG Berlin** die Bundeskompetenz für die §§ 2 und 3 DNA-IFG in Zweifel gezogen hat[43]/[44], gibt Anlaß, die Frage der Gesetzgebungszuständigkeit des Bundes für die Vorschriften des DNA-IFG – insbesondere unter Berücksichtigung der diesbezüglichen Aussagen des Bundesverfassungsgerichts[45] – besonders anzusprechen.

Diese Ausführungen sollen, soweit sie sich auf die Gesetzgebungskompetenz für die „Erhebungsregelungen" des DNA-IFG beziehen, die Betrachtung dieser Normen einleiten, soweit es dagegen um die Zuständigkeit für die „Verwendungsregelung" des § 3 DNA-IFG geht, soll der kompetentielle Gesichtspunkt dort an entsprechender Stelle angesprochen werden.

---

[41] *Marberth-Kubicki,* StraFo 1999, 205; vgl. auch *Schulz,* Boyd/Hruschka/Joerden-Ethik und Recht, S. 197 f.

[42] *Paeffgen,* StV 1999, 625, 626; zweifelnd auch *Schmidbauer,* Schmidbauer/Steiner/Roese-*Schmidbauer,* PAG, Art. 11 Rn. 167.

[43] LG Berlin, NJW 1999, 302.

[44] Die Frage, ob dem Bund tatsächlich die Gesetzgebungszuständigkeit für Regelungen des DNA-IFG gefehlt hat bzw. fehlt, konnte das Landgericht im Ergebnis offenlassen, da es der Beschwerde des von einer Maßnahme nach der Altfallregelung Betroffenen mit der den Beschluß tragenden Begründung stattgegeben hat, für die Anordnung sei aufgrund der polizeirechtlichen Natur der Maßnahme das Amtsgericht jedenfalls unzuständig gewesen (LG Berlin, NJW 1999, 302). Ein Vorlagebeschluß nach Art. 100 I GG mußte danach nicht erfolgen, da hierfür die zweifelsfreie Überzeugung des Gerichts von der Verfassungswidrigkeit eines Gesetzes erforderlich ist, auf das es für die Entscheidung ankommt (vgl. etwa BVerfGE 1, 184, 189).

[45] BVerfG, EuGRZ 2001, 70, 72 f. = NJW 2001, 879, 879 f.

A. Die Erhebungsregelungen

Die Vorschriften des DNA-IFG lassen sich einteilen in Normen, welche die Gewinnung von DNA-Identifizierungsmustern betreffen und andere Regelungen, die sich auf die Verwendung der erhobenen Daten beziehen.

Der logischen Abfolge von Maßnahmen nach dem DNA-IFG folgend, sollen daher zunächst diejenigen Normen betrachtet werden, die die Erhebung von DNA-Identifizierungsmustern zum Gegenstand haben. Insoweit kann wiederum zwischen zwei Komplexen unterschieden werden, nämlich der sogenannten Neufallregelung und der Altfallregelung. Die Neufallregelung des § 81 g StPO und die Altfallregelung des § 2 DNA-IFG stellen dabei Elemente eines Gesamtregelungswerkes dar; bereits im Rahmen der Erörterung einzelner Eingriffsvoraussetzungen der Neufallregelung wird es daher geboten sein, auch die Altfallregelung mit in den Blick zu nehmen.

I. Vorüberlegung: Die Gesetzgebungszuständigkeit für die Erhebungsregelungen des DNA-IFG

Grundvoraussetzung für die formelle Verfassungsmäßigkeit der Regelungen des DNA-IFG ist zunächst, daß mit dem Bund überhaupt der zuständige Gesetzgeber tätig geworden ist. Die Frage nach der Gesetzgebungszuständigkeit für die Regelungen des DNA-IFG ist dabei zu beantworten anhand der in der Verfassung enthaltenen Kompetenzvorschriften über die Zuständigkeiten des Bundes und der Länder. Nach Art. 70 I GG muß dem Bund die Gesetzgebungsbefugnis durch das Grundgesetz verliehen sein. Somit kann der Bund eine bestimmte Materie nur dann gesetzlich regeln, wenn ihm durch die Verfassung eine entsprechende Kompetenz zugewiesen ist.[46] Die Bundesgesetzgebungszuständigkeit für die Regelungen des DNA-IFG ist somit dann beziehungsweise nur dann gegeben, wenn diese sich einem oder verschiedenen Bundeskompetenztiteln zuordnen lassen.[47]

---

[46] BVerfGE 12, 205, 228; 98, 265, 299; Sachs-*Degenhart*, Art. 70 Rn. 1; *Hesse*, Grundzüge des Verfassungsrechts, S. 104; *Jarass/Pieroth*, Art. 70 Rn. 1 und 3; *Stettner*, Grundfragen einer Kompetenzlehre, S. 390.

[47] Insoweit ist auch der Rückgriff auf sogenannte „ungeschriebene" Kompetenztitel gegebenenfalls in Erwägung zu ziehen, mit denen das BVerfG operiert (vgl. insbesondere BVerfGE 98, 265, 299; vgl. des weiteren etwa BVerfGE 3, 407, 421 f.; 26, 246, 256 für die Kompetenz kraft Sachzusammenhang, BVerfGE 8, 143, 148 ff. für die Annexkompetenz und BVerfGE 12, 205, 251 für die Gesetzgebungszuständigkeit kraft Natur der Sache) und die auch in der Literatur als anerkannt betrachtet werden (vgl. nur *Mutius*, JURA 1986, 498, 498).

Im folgenden sollen nun zunächst die Aussagen zur Frage der Gesetzgebungskompetenz dargestellt werden, die im Laufe des Gesetzgebungsverfahrens und nach Inkrafttreten des DNA-IFG in Rechtsprechung und Schrifttum getroffen worden sind. Anschließend wird besonders einzugehen sein auf die Position, die das Bundesverfassungsgericht in seiner Entscheidung vom 14.12.2000[48] zu dieser Problematik eingenommen hat.

In der Begründung des Gesetzentwurfs der Fraktionen der CDU/CSU und der FDP vom 25. Mai 1998 wird einleuchtend festgestellt, daß die Erhebung und Speicherung der DNA-Identifizierungsmuster für das gesamte Bundesgebiet erfolgen sollen, so daß aus diesem Gesichtspunkt heraus eine bundeseinheitliche Regelung im Sinne des Art. 72 II GG erforderlich ist.[49] Art. 72 II GG betrifft die Frage, unter welchen Voraussetzungen der Bund einen Gegenstand der konkurrierenden Gesetzgebung zu regeln befugt ist. Folglich geht die Begründung des Gesetzentwurfs davon aus, daß sich die Normen des DNA-IFG einem Kompetenztitel aus dem Bereich der konkurrierenden Gesetzgebung (Art. 74 I GG) zuordnen lassen. Die gegenüber dem Gesichtspunkt eines etwaigen Bedürfnisses einer bundeseinheitlichen Regelung sachlogisch vorgehende Frage, auf welchen Kompetenztitel des Art. 74 I GG sich der Bund für die verschiedenen Vorschriften des DNA-IFG aus welchen Gründen zu stützen vermag, wird jedoch nicht behandelt.

Im Bericht des Rechtsausschusses vom 17. Juni 1998 findet sich der eher vage Hinweis, daß durch die bundesgesetzlichen Vorschriften des DNA-IFG nicht in die Befugnis der Länder eingegriffen werde, weitergehende erkennungsdienstliche Regelungen im präventiven Bereich zu schaffen, da der Gesetzentwurf nur die Entnahme und Verwendung von Körpermaterial für Strafverfahren regele.[50]

Der Rechtsausschuß will das DNA-IFG in Abgrenzung zu dem den Ländern zugewiesenen Bereich der Prävention als Regelungswerk strafprozessualen Charakters somit anscheinend unter den Kompetenztitel des „gerichtlichen Verfahrens" im Sinne des Art. 74 I Nr. 1 GG subsumieren. Gedanklicher Anknüpfungspunkt ist, daß das „gerichtliche Verfahren" zur Begründung der Bundeskompetenz für das Strafverfahren und – was im einzelnen freilich streitig

---

[48] BVerfG, EuGRZ 2001, 70 ff.
[49] BT-Dr. 13/10791, S. 4.
[50] BT-Dr. 13/11116, S. 7.

ist[51] - auch für die Strafverfolgung im Vorfeld eines Gerichtsverfahrens im eigentlichen Sinne herangezogen wird.[52]

Die Ausführungen des Rechtsausschusses beziehen sich zwar auf einen Kompetenztitel, der als Grundlage der Gesetzgebungszuständigkeit des Bundes in Betracht kommt, doch stellen sie in ihrer Kürze keine zwingende Herleitung der Zugehörigkeit des DNA-IFG, welches seiner Zwecksetzung nach der Täteridentifikation in künftigen Strafverfahren dient[53] und gerade unter diesem Gesichtspunkt als „Neuland" angesehen wird[54], zum „gerichtlichen Verfahren" dar. Insbesondere erscheint es zweifelhaft, ob der durch den Rechtsausschußbericht angedeutete Schluß vom Fehlen einer gesetzgeberischen Absicht zur Schaffung präventiver Regelungen auf das Vorliegen strafprozessualer Vorschriften die Zuordnung des DNA-IFG in den Bundeskompetenzbereich des Art. 74 I Nr. 1 GG tatsächlich trägt. Gleichwohl geht auch die Begründung des Strafverfahrensänderungsgesetzes 1999 (StVÄG 1999) davon aus, daß sich die Gesetzgebungskompetenz des Bundes für Änderungen des DNA-IFG auf Art. 74 I Nr. 1 GG stützen läßt.[55]

Über den bereits angesprochenen Beschluß des **LG Berlin**[56] hinaus betreffen einige gerichtliche Entscheidungen zum DNA-IFG zumindest mittelbar auch Fragen der Gesetzgebungskompetenz. So haben etwa das **LG Münster**[57], das **AG Waldshut-Tiengen**[58] und das **LG Gera**[59] die Altfallregelung als Regelung zum Zweck der Gefahrenabwehr angesehen, während das **OLG Köln** geäußert hat, § 2 DNA-IFG diene zumindest auch der Gefahrenabwehr außerhalb eines Strafverfahrens.[60] Die angesprochenen Beschlüsse enthalten jedoch keine Aussagen zu den kompetentiellen Auswirkungen der Einordnung der „Altfallregelung" beim Polizei- und Ordnungsrecht, welches bekanntlich grundsätzlich der Kompetenz der Länder unterfällt. Entsprechendes gilt auch für den Beschluß des **KG** vom 16.12.1998, demzufolge die „*mit dem DNA-Identifikationsgesetz geschaffene Möglichkeit der Entnahme von Körperzellen und ihrer molekulargenetischen Untersuchung zur Feststellung des DNA-Identifizierungsmusters mit*

---

[51] Auf den Meinungsstreit hinsichtlich des Regelungsumfangs des „gerichtlichen Verfahrens" wird noch zurückzukommen sein.
[52] *Jarass/Pieroth*, Art. 74 Rn. 8; Maunz/Dürig-*Maunz*, Art. 74 Rn. 81 f.; Mangoldt/Klein-*Oeter*, GG⁴ Art. 74 Rn. 25.
[53] BT-Dr. 13/10791, S. 4.
[54] *Senge*, NJW 1999, 253, 254.
[55] BT-Dr. 14/1484, S. 18.
[56] LG Berlin, NJW 1999, 302.
[57] LG Münster, StV 1999, 141, 142.
[58] LG Waldshut-Tiengen, StV 1999, 365, 366.
[59] LG Gera, StV 1999, 589.
[60] OLG Köln, NJW 1999, 1878, 1879.

dem Ziel der Erfassung in einer Datei des Bundeskriminalamtes zum Zweck der Identitätsfeststellung in künftigen Strafverfahren" (zwar) *"als erkennungsdienstliche Maßnahme allein kriminalpräventiven Zwecken"* diene, da das **KG** auf der Grundlage dieser Bewertung lediglich Überlegungen zum Rechtsweg für die Überprüfung von Maßnahmen nach dem DNA-IFG anstellt, Konsequenzen für die Gesetzgebungszuständigkeit jedoch nicht problematisiert.[61]

Dagegen betrachtet der **BGH** Maßnahmen nach dem DNA-IFG im Hinblick auf ihr Ziel, *"die Beweissicherung für künftige Strafverfahren (...), als Strafverfolgungsmaßnahmen im weiteren Sinne."*[62] Dies legt es nahe, die Bundesgesetzgebungszuständigkeit mittelbar oder unmittelbar auf die Befugnisse des Bundes zur Schaffung repressiver Regelungen zu stützen.[63]

Im Schrifttum wird die Gesetzgebungszuständigkeit des Bundes für das DNA-IFG aus ungeschriebenen Kompetenztiteln hergeleitet; so nimmt **Volk** im Ergebnis die Bundeskompetenz für das DNA-IFG in Form einer *"Annexkompetenz"* zu Art. 74 I Nr. 1 GG („gerichtliches Verfahren") an.[64] Der Gesetzgeber habe naheliegenderweise den Begriff „Erkennungsdienst" aus § 81 b 2. Alt. StPO für die Regelungen des DNA-IFG übernehmen können, wäre es ihm darum gegangen, rein präventive Regelungen zu schaffen.[65] Des weiteren spräche gegen die Annahme, das DNA-IFG habe einen präventiv-erkennungsdienstlichen Charakter, daß dem Gesetzgeber nicht unterstellt werden könne, er habe wissentlich seine Kompetenzen überschritten und präventiven Zwecken dienende erkennungsdienstliche Regelungen geschaffen, welche der Zuständigkeit der Länder unterfallen.[66] Auch der Umstand, daß die durch Maßnahmen nach dem DNA-IFG gewonnenen Daten gemäß § 3 DNA-IFG nach dem Bundeskriminalamtgesetz gespeichert werden, verdeutliche den repressiven Charakter der fraglichen Regelungen, da die gewonnenen DNA-Identifizierungsmuster somit nicht in eine präventive Datei gelangen. Auch eine am Zweck orientierte Betrachtung komme zum Ergebnis, daß es beim DNA-IFG um Repression geht.[67]

Volk liefert eine Reihe Argumente dafür, die Maßnahmen nach dem DNA-IFG als repressiv und nicht präventiv zu bewerten. Dabei argumentiert sie auch aus dem Umkehrschluß vom Nichtvorliegen beziehungsweise Nichtbezwecken prä-

---

[61] KG, NStZ-RR 1999, 145, 146.
[62] BGH, StV 1999, 302, 302.
[63] Hierzu im einzelnen unten S. 28 ff.
[64] *Volk*, NStZ 1999, 165, 167.
[65] *Volk*, NStZ 1999, 165, 166.
[66] *Volk*, NStZ 1999, 165, 167.
[67] *Volk*, NStZ 1999, 165, 167.

ventiver Regelungen.[68] Ferner erscheint augenfällig, daß **Volk** insoweit Fragen unbeantwortet läßt, als sie „ihren" Begriff der „Repression" offensichtlich gerade nicht gleichsetzt mit dem Begriff des „Strafverfahrensrechts", beziehungsweise des „gerichtlichen Verfahrens" im Sinne von Art. 74 I Nr. 1 GG (für das Strafrecht), da sie im Ergebnis nicht von einer geschriebenen Bundeskompetenz aus Art. 74 I Nr. 1 GG, sondern gerade von einer ungeschriebenen Annexkompetenz zu ebendiesem Bundeskompetenztitel ausgeht.

Sehr knapp behandelt **König** die Frage der Kompetenz indem er in einem Satz seinen Standpunkt darlegt, demzufolge der Bundesgesetzgeber durch das DNA-IFG von seiner Gesetzgebungskompetenz Gebrauch gemacht habe, wegen des „*Sachzusammenhanges mit den §§ 81 e, f StPO auch die vorbeugende Bekämpfung von Straftaten zu regeln.*"[69] Einen ähnlichen Weg wählt die Kommentierung zu § 81 g StPO im Kommentar **Kleinknecht/Meyer-Goßner**: Bei § 81 g StPO handele es sich – ebenso wie bei der Regelung des Erkennungsdienstes in § 81 b 2. Alt. StPO – zwar um einen Fremdkörper in der StPO, der dem Polizeirecht zuzuordnen sei. Die Bundesgesetzgebungszuständigkeit ergäbe sich gleichwohl hier wie dort aus „*Art. 74 I Nr. 1 GG und dem Sachzusammenhang.*"[70]

Die Regelung des § 81 b 2. Alt. StPO ermöglicht unter bestimmten Umständen erkennungsdienstliche Maßnahmen, wie insbesondere die Anfertigung von Fingerabdrücken und Lichtbildern eines Beschuldigten[71], welche dann aufbewahrt und bereitgehalten werden, da sie nicht der Überführung des Beschuldigten in einem bestimmten Strafverfahren zu dienen bestimmt sind, sondern der vorsorglichen Bereitstellung von sächlichen Hilfsmitteln für die Erforschung und Aufklärung von Straftaten.[72] Die Parallele zum DNA-IFG, welches ausweislich der Begründung des Gesetzentwurfs allein die Entnahme und Untersuchung von Körperzellen zum Zweck der Feststellung der Identität des Täters in zukünftigen Strafverfahren bezweckt[73], drängt sich auf, so daß zu erörtern sein wird, inwieweit bei der Frage der Gesetzgebungszuständigkeit für das DNA-IFG gegebenenfalls auf die Rechtsprechung und Literatur zu § 81 b 2. Alt. StPO zurückgegriffen werden kann.

---

[68] Diese Argumentationslinie klingt auch in den Ausführungen des Rechtsausschusses vom 17.06.1998 an (BT-Dr. 13/11116, S. 7).
[69] *König*, Kriminalistik 1999, 325, 325.
[70] *Kleinknecht/Meyer-Goßner*, § 81 g Rn. 1 iVm. § 81 b Rn. 3.
[71] Der Beschuldigtenbegriff im Rahmen der 2. Alt. des § 81 b StPO ist umstritten, vgl. nur *Kramer*, JR 1994, 224, 226.
[72] *Kleinknecht/Meyer-Goßner*, § 81 b Rn. 3 m.w.N.
[73] BT-Dr. 13/10791, S. 4.

Einen mit der Problematik der Gesetzgebungszuständigkeit für das DNA-IFG unmittelbar zusammenhängenden Gesichtspunkt spricht **Senge** an, indem er die Frage aufwirft – jedoch im Ergebnis unentschieden läßt – ob der Gesetzgeber durch die Schaffung der Zuständigkeitsregelung des § 81 g III StPO, welche auf die strafprozessualen Normen der §§ 81 a II und 81 f StPO verweist, den Streit entscheiden wollte, ob Maßnahmen der vorbeugenden Verbrechensbekämpfung polizeilich-präventive oder aber Aufgaben der Strafverfolgungsbehörden sind.[74] Diese Kontroverse[75] betrifft das Problem der Einordnung von Maßnahmen der vorbeugenden Verbrechensbekämpfung, wobei hiermit einerseits die Verhütung von Straftaten und andererseits die informationelle Vorsorge für zukünftige Straftatverfolgung gemeint ist.[76]

Ausweislich § 81 g I StPO bezweckt das DNA-IFG die Täteridentitätsfeststellung in künftigen Strafverfahren; die Regelungen des DNA-IFG gehören damit dem Bereich der Vorsorge für die zukünftige Strafverfolgung an[77] und können damit auch dem weiteren Feld der vorbeugenden Verbrechensbekämpfung zugeordnet werden[78], so daß im folgenden die Standpunkte im Meinungsstreit um die vorbeugende Verbrechensbekämpfung – insbesondere hinsichtlich der besonders umstrittenen[79] Maßnahmen der Vorsorge für zukünftige Strafverfolgung[80] - bei der Erörterung der Gesetzgebungskompetenz für das DNA-IFG mitzuberücksichtigen sein werden. Denn diese Kontroverse erscheint zwar vordergründig vielfach als Kompetenzkonflikt der Staatsanwaltschaft und der Polizei[81], während im Zentrum die eigentlich maßgebliche Frage nach dem zuständigen Gesetzgeber für solche Regelungen steht, welche nicht ohne weiteres als Strafprozeßrecht im Sinne von Art. 74 I Nr. 1 GG oder aber als Gefahrenabwehrrecht nach herkömmlichen Verständnis zu erfassen sind, da es weder um die Bekämpfung einer „aktuellen" Gefahr, noch um „aktuelle" Strafverfolgung auf der Grundlage eines entsprechenden Tatverdachts geht.[82]

---

[74] KK-*Senge*, § 81 g Rn. 12.
[75] Vgl. KK-*Schoreit*, § 152 Rn. 18 a - d; SK-*Wolter*, vor § 151 Rn. 150 ff.
[76] Vgl. hier nur SK-*Wolter*, vor § 151 Rn. 153 m.w.N.
[77] *Benfer*, StV 1999, 402, 402 Fn. 3; *Senge*, NJW 1999, 253, 254; *Wolter*, Brauneck-Ehrengabe, S. 514; *Wolter*, GA 1999, 158, 160 und 171.
[78] *Fluck*, Kriminalistik 2000, 479, 479.
[79] *Paeffgen*, JZ 1991, 437, 441 m.w.N.
[80] Hierzu im einzelnen SK-*Wolter*, vor § 151 Rn. 160 ff.
[81] *Paeffgen*, JZ 1991, 437, 441 f.; KK-*Schoreit*, StPO 4. Aufl. 1999 § 152 Rn. 18 b; SK-*Wolter*, vor § 151 Rn. 153.
[82] *Bäumler*, NordÖR 1999, 78, 78; *Ernst*, Verarbeitung und Zweckbindung, S. 81; *Paeffgen*, JZ 1991, 437, 441 m.w.N.; *Zöller*, RDV 1997, 163, 165; vgl auch *Lilie*, ZStW Bd. 106 (1994) 625, 633 f.

Eine in dieser Hinsicht eindeutige Position nimmt **Senge** hinsichtlich des § 81 g StPO freilich nicht ein. Demgegenüber begrüßt **Schulz** die Verankerung des § 81 g StPO im Bereich des Strafverfahrensrechts mit dem knappen Hinweis, daß (auch) die antizipierte Repression dessen Aufgabe sei.[83]

Als Verfassungstitel, auf welchen – unmittelbar oder im Wege hieran anknüpfender ungeschriebener Bundeskompetenz – die Gesetzgebungszuständigkeit des Bundes für die Regelungen des § 81 g StPO sowie der §§ 2 – 2 e DNA-IFG gestützt werden können, kommen die Sachbereiche des Art. 74 I Nr. 1 GG in Betracht:

1. Art. 74 I Nr. 1 GG (das Strafrecht)

Merten vertritt eine weite Auslegung des „Strafrechts" im Sinne von Art. 74 I Nr. 1 GG: „Das Strafrecht" umfasse „*alle damit im Zusammenhang stehenden Handlungen und Verrichtungen, also auch die vorbeugende Verbrechensbekämpfung.*"[84] „Das Strafrecht" käme nach dieser Sichtweise folglich auch für die Normen des DNA-IFG als Bundeskompetenztitel in Betracht.

Ein derartig ausgeweitetes Verständnis des „Strafrechts" im Sinne des Art. 74 I Nr. 1 GG, unter das sich in seiner Grenzenlosigkeit selbst die Vorschriften der StPO als Regelungen von „*Handlungen und Verrichtungen*" im Zusammenhang mit (materiellem) Strafrecht[85] subsumieren ließen, ist jedoch zu verwerfen, da es zur Abgrenzung des fraglichen Bundeskompetenzbereichs untauglich ist. Das Kriterium des Zusammenhanges ist ohne eine weitere Ausgestaltung zu konturenlos, als daß es eine hinreichend randscharfe Definition des fraglichen Bundeskompetenztitels gewährleisten könnte.[86] Da in Art. 74 I Nr. 1 GG neben „Strafrecht" auch „Strafvollzug" und „gerichtliches Verfahren" gesondert genannt werden, ist unter dem „Strafrecht" stattdessen lediglich das materielle Strafrecht zu verstehen.[87] Die diesbezügliche Gesetzgebungszuständigkeit des Bundes erstreckt sich daher nur auf die Schaffung von Rechtsnormen, die für eine rechtswidrige und schuldhafte Tat als Rechtsfolge eine Strafe, eine Maßregel

---

[83] *Schulz,* Boyd/Hruschka/Joerden-Ethik und Recht, S. 204.
[84] *Merten,* ZRP 1988, 172, 172.
[85] Vgl. *Merten,* a.a.O.
[86] Zuspitzend kritisiert Kniesel, daß unter die von *Merten* vorgeschlagene Definition des „Strafrechts" letztlich alles subsumiert werden könne (*Kniesel,* ZRP 1989, 329, 331).
[87] *Siebrecht,* JZ 1996, 711, 713. Vgl. zur systematischen Auslegung der Kompetenznormen der Verfassung: *Stettner,* Grundfragen einer Kompetenzlehre, S. 387.

der Sicherung oder Besserung oder auch eine Buße festsetzen.[88] **Mertens** umfassendes Verständnis vom Begriff des „Strafrechts" im Sinne von Art. 74 I Nr. 1 GG ist unvereinbar mit dem zutreffend verstandenen Wortlaut und mit dem Willen des Verfassungsgesetzgebers, wie er sich aus ebendiesem und dem Sinnzusammenhang des Kompetenztitels des Art. 74 I Nr. 1 GG ergibt.[89] Regelungen über Maßnahmen zur Sicherung künftiger Strafverfolgung lassen sich nicht unter die Gesetzgebungskompetenz für „das Strafrecht" im Sinne des Art. 74 I Nr. 1 GG subsumieren.[90]

Die Gesetzgebungszuständigkeit des Bundes für das DNA-IFG kann somit nicht auf den Kompetenztitel „das Strafrecht" in Art. 74 I Nr. 1 GG gegründet werden; die Regelungen des DNA-IFG stellen kein materielles Strafrecht dar.

2. Art. 74 I Nr. 1 GG (Strafvollzug)

„Strafvollzug" im Sinne von Art. 74 I Nr. 1 GG meint den Bereich der Ausführung der Anordnungen der Vollstreckungsbehörden durch die Strafvollzugsbehörden.[91] Das DNA-IFG läßt sich nicht hierunter subsumieren; dies gilt auch für die „Altfallregelung" des § 2 DNA-IFG, welche die Entnahme von Körperzellen und deren anschließende molekulargenetische Untersuchung unter anderem bei solchen Betroffenen, die *„wegen einer der in § 81 g Abs. 1 der Strafprozeßordnung genannten Straftaten rechtskräftig verurteilt (...) worden"* sind, zum Gegenstand hat. Die Datenerhebungsmaßnahmen nach dem DNA-IFG dienen zukünftiger Strafverfolgung.[92] Dies gilt auch für § 2 DNA-IFG. Ein Zusammenhang mit (gegenwärtiger) Strafvollstreckung besteht dabei nicht.

3. Art. 74 I Nr. 1 GG (das gerichtliche Verfahren)

Schließlich kommt der Sachbereich des gerichtlichen Verfahrens im Sinne von Art. 74 I Nr. 1 GG – soweit es der Umsetzung materiellen Strafrechts dient – in

---

[88] *Jarass/Pieroth*, Art. 74 Rn. 4; Maunz/Dürig-*Maunz*, Art. 74 Rn. 63; vgl. auch *Kniesel*, ZRP 1989, 329, 331.
[89] Vgl. zur Verfassungsauslegung BVerfGE 18, 97, 111; 74, 51, 57; *Depenheuer*, Kriele-Festschrift, S. 488; *Hesse*, Grundzüge des Verfassungsrechts, S. 29 f.; *Schmidt-Bleibtreu/Klein*, Einl. Rn. 58; kritisch zur Leistungsfähigkeit des Wortsinn-Kriteriums bei der Gesetzesauslegung: *Deckert*, JA 1994, 412, 414 f.
[90] *Ernst*, Verarbeitung und Zweckbindung, S. 82 a. A. *Merten*, a.a.O.
[91] *Jarass/Pieroth*, Art. 74 Rn. 6; Maunz/Dürig-*Maunz*, Art. 74 Rn. 70.
[92] BT-Dr. 13/10791, S. 4.

Betracht.[93] Die inhaltliche Abgrenzung des hierdurch der Bundesgesetzgebungskompetenz zugewiesenen Bereichs wird allerdings uneinheitlich vorgenommen:

a) Formelle Begriffsbestimmung des „gerichtlichen Verfahrens"

Eine Literaturmeinung bestimmt den Regelungsbereich des „gerichtlichen Verfahrens" (für das Strafrecht) im Sinne von Art. 74 I Nr. 1 GG im Hinblick auf den streitigen Bereich der Vorsorge für die zukünftige Strafverfolgung an Hand formeller Kriterien. Danach stehe dem Bund auf der Grundlage von Art. 74 I Nr. 1 GG (gerichtliches Verfahren) allein die Zuständigkeit der Regelung der Aufklärung bereits begangener Straftaten zu, während für alle weiteren Polizeiaufgaben die Länderkompetenz gegeben sei, da bei systematischer Betrachtung Strafprozeßrecht allein das Recht der Aufklärung und Aburteilung begangener Straftaten sei.[94] Der Begriff des „gerichtlichen Verfahrens" (für das Strafrecht) knüpfe nämlich an das Vorliegen eines Tatverdachts an.[95] Es wird von Vertretern der „'polizeirechtlichen' Sicht"[96] auf den Aufbau der StPO verwiesen: Gemäß § 152 II StPO kämen Strafverfolgungsmaßnahmen erst dann in Betracht, wenn zum einen „zureichende tatsächliche Anhaltspunkte" und zum anderen eine konkrete (zeitlich zurückliegende) verfolgbare Tat gegeben seien.[97]

Da die Regelungen über die Erhebung und Speicherung von DNA-Identifizierungsmustern nach dem DNA-IFG als Maßnahmen zur Vorsorge für zukünftige Strafverfolgung gerade nicht dazu bestimmt sind, Zwecken eines anhängigen Strafverfahrens hinsichtlich einer bereits begangenen Tat zu dienen, sondern im Gegenteil Vorsorge für (eventuelle) zukünftige Strafverfolgung einer Straftat darstellen[98], wäre unter Zugrundelegung der „polizeirechtlichen Sicht" die Bundeskompetenz für das DNA-IFG – jedenfalls soweit ungeschriebene Kompetenzerweiterungen zum „gerichtlichen Verfahren" außer acht bleiben – nicht zu begründen.

---

[93] Auch die Ausführungen des Rechtsausschusses in seinem Bericht vom 17.06.1998 können als indirekter Hinweis auf den Kompetenztitel des „gerichtlichen Verfahrens" gedeutet werden; vgl. oben S. 9 f.
[94] *Gusy*, StV 1993, 269, 271 f.; *Lisken*, DRiZ 1992, 250, 255; *Tegtmeyer*, KritV 1989, 213, 217 f.
[95] *Paeffgen*, JZ 1991, 437, 442; vgl. auch *Walden*, Zweckbindung, S. 161.
[96] Diese Bezeichnung findet sich bei SK-*Wolter*, vor § 151 Rn. 160.
[97] *Ahlf*, KritV 1988, 136, 147; *Kniesel*, ZRP 1989, 329, 331 f.; ähnlich *Lisken*, DRiZ 1992, 250, 255; *Walden*, Zweckbindung, S. 160 f.; vgl. auch *Schreiber*, NJW 1997, 2137, 2143.
[98] *Benfer*, StV 1999, 402, 402 Fn. 3; *Senge*, NJW 1999, 253, 254; *Wolter*, Brauneck-Ehrengabe, S. 514.

Die „polizeirechtliche Sicht" ist durch das Bemühen gekennzeichnet, den Bereich der Länderkompetenz durch eine restriktive Interpretation der konkurrierenden Bundeskompetenz aus Art. 74 I Nr. 1 GG zu sichern.[99] Ihre Vertreter erreichen dies, indem sie sich bei der Auslegung des Begriffs des „gerichtlichen Verfahrens" stark an den (formalen) Strukturen eines Verfahrens nach der StPO orientieren, wie diese besonders in den §§ 152 II und 163 I StPO ihren Ausdruck finden.

Zur Stützung dieses Ansatzes könnte auch die Überlegung herangezogen werden, daß bei der Verfassungsinterpretation im Rahmen historischer Auslegung eher auf das traditionelle, das herkömmliche Verständnis von einem bestimmten Begriff abzustellen ist, wenn der Verfassungsgesetzgeber des Grundgesetzes im fraglichen Bereich einen im wesentlichen abgeschlossenen Normenkomplex vorfand.[100] Dementsprechend muß es bei der Auslegung des „gerichtlichen Verfahrens" (für das Strafrecht) auch eine gewisse Rolle spielen, daß der Verfassungsgesetzgeber bei der Regelung der Gegenstände konkurrierender Gesetzgebung das ausdifferenzierte Normengefüge der StPO vorfand[101]/[102], welches als im wesentlichen erschöpfende Regelung des „gerichtlichen Verfahrens" (für das Strafrecht) angesehen wird.[103]

---

[99] Vgl. etwa *Ahlf,* der befürchtet, daß die Strafverfolgung *„extrem in den Bereich der Gefahrenabwehr vorverlagert"* wird (*Ahlf,* KritV 1988, 136, 147).

[100] *Scholz* zur Rechtsprechung des BVerfG, (*Scholz,* Festgabe – Bundesverfassungsgericht Bd. II, S. 265 f. mit umfangreichen Nachweisen zur Rechtsprechung des Bundesverfassungsgerichts); *Stettner,* Grundfragen einer Kompetenzlehre, S. 386 f.; Dreier-*Stettner,* Art. 70 Rn. 26.

[101] Indiziell dafür, daß der Verfassungsgesetzgeber – gerade im Bereich der hier interessierenden Kompetenztitel – seinerzeit tatsächlich an historische Gegebenheiten anknüpfen wollte, lesen sich etwa die Protokolle des Ausschusses für Zuständigkeitsabgrenzung, die die Bemerkungen des Ausschußmitgliedes *Strauß* verzeichnen, wonach bei der Gestaltung der Kompetenzregelungen von Weimar auszugehen sei und es auf die Verwendung historisch bewährter Begriffe ankomme (*Deutscher Bundestag/Bundesarchiv,* Der Parlamentarische Rat, Akten und Protokolle, Bd. III Ausschuß für Zuständigkeitsabgrenzung S. 44, 348).

[102] Den Aspekt des Traditionellen hat auch das BVerfG im Hinblick auf die Auslegung des Kompetenzkatalogs des Art. 74 I Nr. 1 GG herausgestellt: *„Bei der Bestimmung der Reichweite der einzelnen, in den Kompetenzvorschriften des Art. 74 GG klassifizierten und typisierten Gesetzgebungsmaterien (ist) deren herkömmliche systematischbegriffliche Zuordnung in der Tradition und Entwicklung des deutschen Rechts zu berücksichtigen"* (BVerfG 41, 344, 355).

[103] Maunz/Dürig-*Maunz,* Art. 74 Rn. 79; noch weitergehend *Walden,* der die StPO als *„bundesgesetzlich abschließende Regelung"* erachtet (*Walden,* Zweckbindung, S. 161); ebenso *Hund,* ZRP 1991, 463, 466. a.A. OVG Schleswig, NordÖR 1999, 76, 77 unter Bezugnahme auf *Randl,* NVwZ 1992, 1070, 1071; ebenso *Bäumler,* NordÖR 1999, 78, 78.

Andererseits zwingen die von der „polizeilichen Sicht" vorgetragenen Argumente nicht zu dem endgültigen Schluß, daß die Gesetzgebungszuständigkeit des Bundes für das DNA-IFG, zumal dessen Regelungen nicht aktueller Strafverfolgung dienen, sich nicht – unmittelbar oder aber mittelbar – unter Bezugnahme auf das „gerichtliche Verfahren" begründen läßt.

Denn zum einen ist bei der Auslegung verfassungsrechtlicher Kompetenztitel in jedem Fall, das heißt auch in Fällen der Rezeption im wesentlichen abgeschlossener Materien, von einer gewissen Entwicklungsoffenheit auszugehen, zumal die „*bloße Inbezugnahme des Herkömmlichen auf Dauer die Weiterentwicklung eines Rechtsgebiets*" unterbinden würde.[104] **Siebrecht** weist in diesem Zusammenhang darauf hin, daß sich der Verfassungsgesetzgeber seinerzeit tatsächlich keine Gedanken gemacht hat zur Frage der Verteilung der Gesetzgebungszuständigkeit für den Bereich der Vorsorge für die zukünftige Strafverfolgung.[105]

Hinzu kommt, daß Rechtsprechung und Literatur auch mit ungeschriebenen Bundeskompetenzen operieren[106], welche sich als Weiterungen geschriebener Kompetenztitel darstellen. Dies gilt insbesondere auch für den Bereich der erkennungsdienstlichen Maßnahmen nach § 81 b 2. Alternative StPO, die Maßnahmen zum Gegenstand hat[107], welche nicht einem konkreten anhängigen Strafverfahren zu dienen bestimmt sind, und der Regelungsbefugnis des Bundes vielfach unter Heranziehung einer ungeschriebenen Kompetenzerweiterung kraft Sachzusammenhangs zur 1. Alternative, welche Maßnahmen für Zwecke eines konkreten Strafverfahrens regelt, zugeschlagen wird.[108]

Demzufolge kann die Zuständigkeit des Bundes für die Schaffung eines bestimmten Gesetzes, wie hier des DNA-IFG, nicht letztverbindlich auf der Grundlage einer restriktiven Auslegung eines in Frage kommenden Kompetenztitels abgelehnt werden, ohne ein mögliches Eingreifen einer ungeschriebenen Weiterung dieses Titels auszuschließen.[109] Es ist daher nunmehr zu erörtern, ob

---

[104] Dreier-*Stettner*, Art. 70 Rn. 25 f.; vgl. auch *Scholz* a.a.O. S. 265 f.
[105] *Siebrecht*, JZ 1996, 711, 714.
[106] Vgl. *Mutius*, JURA 1986, 498, 498; Mangoldt/Klein-*Rozek*, GG⁴, Art. 70 Rn. 36.
[107] § 81 b 2. Alt. ermöglicht insbesondere die Abnahme von Fingerabdrücken für den Erkennungsdienst.
[108] BVerwGE 26, 169, 171; VGH Mannheim, NJW 1973, 1663, 1664; OVG Münster, DöV 1983, 603, 604; *Fuss*, Wacke-Festschrift, S. 320 m.w.N.; *Kleinknecht/Meyer-Goßner*, § 81 b Rn. 3 m.w.N.
[109] Konsequenterweise nimmt *Tegtmeyer*, der im übrigen das restriktive Verständnis der „polizeirechtlichen Sicht" bzgl. des „gerichtlichen Verfahrens" vertritt, die Regelungskompetenz des Bundes kraft Sachzusammenhangs an für Daten, die anläßlich oder gelegentlich eines anhängigen Strafverfahrens erhoben und verarbeitet werden, für dieses Verfahren aber nicht relevant sind, *Tegtmeyer*, KritV 1989, 213, 217 f.

dem dargestellten restriktiven Verständnis vom „gerichtlichen Verfahren" (für das Strafrecht) im Sinne von Art. 74 I Nr. 1 GG zu folgen ist; nur in diesem Fall wäre dann zurückzukommen auf die Frage, ob die Bundeskompetenz für Vorschriften des DNA-IFG wenigstens aus einer ungeschriebenen Kompetenzerweiterung zu Art. 74 I Nr. 1 hergeleitet werden kann.

b) Materielle Begriffsbestimmung des „gerichtlichen Verfahrens" im Rahmen des Art. 74 I Nr. 1 GG als geschriebenem Kompetenztitel

Die der „polizeirechtlichen Sicht" entgegenstehende Meinungsgruppe will den vom „gerichtlichen Verfahren" (für das materielle Strafrecht) im Sinne des Art. 74 I Nr. 1 GG umfaßten Bereich anhand materieller Kriterien bestimmen. Hierbei wird teilweise der genannte Kompetenztitel unmittelbar, das heißt ohne eine Heranziehung ungeschriebener Kompetenzerweiterungen in Anspruch genommen: Die „vorbeugende Bekämpfung von Straftaten"[110] sei nach Zwecksetzung und Sachnähe materiell als Strafverfolgung anzusehen, so daß die Gesetzgebungszuständigkeit des Bundes gegeben sei.[111] Namentlich die Vorsorge für zukünftige Strafverfolgung könne keinesfalls der Gefahrenabwehr zugerechnet werden, sondern gehöre zum Bereich der Repression, der Strafverfolgung (im weiteren Sinne), so daß entsprechende Maßnahmen vom Bund auf der Grundlage von Art. 74 I Nr. 1 GG in der StPO zu regeln seien.[112] Der Bereich der Vorbereitung auf künftige Strafverfolgung unterfalle dabei der (geschriebenen) Gesetzgebungszuständigkeit des Bundes.[113] Maßgeblich für die Zuweisung in den Bereich des StPO-Gesetzgebers sei, daß die Erhebung und Aufbewahrung entsprechender Unterlagen repressiven Zwecken diene und diese Zweckbindung durch die entsprechende spätere Verwendung der Informationen aktualisiert beziehungsweise konkretisiert wird.[114] Unter das „gerichtliche Verfahren" seien im Ergebnis alle diejenigen Handlungen zu subsumieren, welche Strafverfolgungszwecken dienen.[115]

---

[110] Diesem Tätigkeitsfeld unterfallen die Maßnahmen nach dem DNA-IFG als Maßnahmen der Vorsorge für zukünftige Strafverfolgung.

[111] *Backes*, KritV 1986, 315, 331 f.; *Wolter*, GA 1988, 49, 66; ähnlich *Keller/Griesbaum* in bezug auf BVerfGE 30, 1, 29 in NStZ 1990, 416, 419; vgl. auch Lisken/Denninger-*Bäumler*, Handbuch des Polizeirechts, J Rn. 530.

[112] *Denninger*, CR 1988, 51, 54.

[113] *Bäumler*, NordÖR 1999, 78, 78.

[114] *Backes*, KritV 1986, 315, 331 f.; *Dreier*, JZ 1987, 1009, 1016; *Schweckendieck*, ZRP 1989, 125, 127; ähnlich *Lilie*, ZStW Bd. 106 (1994), 625, 637 sowie *Ring*, StV 1990, 372, 373.

[115] *Schenke*, JR 1970, 48, 51; *Schwan*, DVR 1982, 311, 326; *Schweckendieck*, ZRP 1989, 125, 127; *Siebrecht*, JZ 1996, 711, 714; *Soiné*, CR 1998, 257, 258.

Zwar sei einzuräumen, daß Vorkehrungen für die Aufklärung zukünftiger Straftaten mangels Anfangsverdacht nicht zum überkommenen Strafprozeßrecht gehören, doch seien sie trotzdem nach Art. 74 I Nr. 1 GG auch deshalb Regelungsgegenstand der StPO, weil es dabei in aller Regel um Informationen aus einem staatsanwaltlichen Ermittlungsverfahren gehe und außerdem nicht allein vorgesorgt werde für die Aufklärung zukünftiger Straftaten, sondern auch für die Aufklärung vergangener, gegenwärtig jedoch noch unentdeckter Straftaten.[116] Auch § 81 g I StPO wird daher von **Wolter** im Ergebnis unmittelbar dem repressiven Bereich zugerechnet.[117]

Tragendes Element für die Zuweisung der Vorsorge für zukünftige Strafverfolgung in den Bereich der Bundeskompetenz aus Art. 74 I Nr. 1 GG (gerichtliches Verfahren) ist im Kern der Hinweis auf den Zweck beziehungsweise den Gegenstand der fraglichen Regelungen.

Auf dieser Basis läßt sich (bereits) die unmittelbare Gesetzgebungszuständigkeit des Bundes für die Erhebungsregelungen des DNA-IFG begründen, da der Bund Vorschriften geschaffen hat, die (künftige) Strafverfahren insoweit zum Gegenstand haben, als sie die Täteridentifizierung in ebendiesen Verfahren ermöglichen sollen.[118]

c) Die Aussagen des Bundesverfassungsgerichts

Unter dem 14. Dezember 2000 hat das Bundesverfassungsgericht über drei Verfassungsbeschwerden entschieden, welche sich gegen Maßnahmen nach § 2 DNA-IFG iVm. § 81 g StPO richteten. Bei ihrer Entscheidung ist die 3. Kammer des Zweiten Senats des Bundesverfassungsgerichts davon ausgegangen, daß die Regelung des § 2 DNA-IFG iVm. § 81 g StPO kompetentiell unmittelbar auf der konkurrierenden Gesetzgebungszuständigkeit des Bundes nach Art. 74 I Nr. 1 GG ruht.[119]

Einer formellen Eingrenzung des durch Art. 74 I Nr. 1 GG eröffneten Bundeskompetenzbereichs auf Vorschriften für das Strafverfahren, welche sich ihrem Inhalt nach zwingend auf zeitlich zurückliegende Straftaten beziehen, hat das Bundesverfassungsgericht damit eine Absage erteilt. Überzeugend verweist es dabei zunächst auf den Verfassungswortlaut, dem nicht zu entnehmen ist, daß

---

[116] *Wolter*, GA 1999, 158, 176; SK-*Wolter*, vor § 151 Rn. 160 a m.w.N.; vgl. auch *Zöller*, RDV 1997, 163, 166 sowie *Soine´*, CR 1998, 257, 260.
[117] *Wolter* Brauneck-Ehrengabe, S. 515 f.
[118] Vgl. BT-Dr. 13/10791, S. 4; vgl. insbesondere auch den Wortlaut des § 81 g I StPO.
[119] BVerfG, EuGRZ 2001, 70, 72 f.

Maßnahmen für Zwecke zukünftiger Strafverfolgung nicht gedeckt sein sollen.[120]

Unabhängig von der Frage der inhaltlichen Rechtmäßigkeit einer bestimmten Regelung komme es für die kompetentielle Zuordnung einer Materie auf deren Gegenstand und nicht auf deren (zeitlichen) Anknüpfungspunkt an.[121] Dies bedeutet für die Frage der kompetentiellen Einordnung der Erhebungsregelungen des § 81 g StPO und des § 2 DNA-IFG, daß diese Vorschriften, welche die Täteridentifizierung in künftigen Strafverfahren erleichtern sollen[122], „das gerichtliche Verfahren" im Sinne von Art. 74 I Nr. 1 GG zum Gegenstand haben – wenn es auch um künftige, nur eventuell durchzuführende neue gerichtliche (Straf-) Verfahren gegen den Beschuldigten beziehungsweise Betroffenen geht. Diese Sichtweise verdient den Vorzug gegenüber einer formellen Bestimmung der Reichweite des fraglichen Bundeskompetenztitels. Sie wird dem Umstand besser gerecht, daß Erhebungsmaßnahmen nach dem DNA-IFG nicht nur Strafverfolgungszwecken dienen sondern darüberhinaus stets auf einem (gegenwärtigen) „gerichtlichen Verfahren" im Sinne des Art. 74 I Nr. 1 GG aufbauen. Dies ergibt sich für § 81 g StPO daraus, daß der Adressat einer Maßnahme nach dieser Vorschrift als Beschuldigter einer Straftat von erheblicher Bedeutung verdächtig sein muß[123] und daher Anlaß für ein aktuelles Verfahren nach der StPO besteht. Maßnahmen nach der „Altfallregelung" knüpfen tatbestandlich an Eintragungen im Bundeszentralregister oder im Erziehungsregister an.[124] Insoweit nun auch das Strafregisterrecht Gegenstand des Bundeskompetenztitels des „gerichtlichen Verfahrens" (für das Strafrecht) im Sinne des Art. 74 I Nr. 1 GG ist[125], fußen auch die Erfassungsmaßnahmen nach § 2 DNA-IFG in Verbindung mit § 81 g StPO wiederum auf einem „gerichtlichen Verfahren". Das Vorliegen eines strafprozessualen Gesetzes, das kompetentiell unmittelbar Art. 74 I Nr. 1 GG unterfällt, ergibt sich für die genannten Erhebungsnormen danach auch aus deren über § 81 g StPO vermitteltem regelungssystematischem Zusammenhang mit den §§ 81 e, f StPO.[126] Für dieses Ergebnis spricht schließlich auch die Überlegung, daß die Erhebung eines DNA-Identifizierungsmusters und dessen Speicherung künftige Straftaten regelmäßig nicht verhindern können[127], sondern

---

[120] BVerfG, EuGRZ 2001, 70, 72.
[121] BVerfG, EuGRZ 2001, 70, 72.
[122] Vgl. nur BT-Dr. 13/10791, S. 4.
[123] Vgl. nur *Senge,* NJW 1999, 253, 254.
[124] Vgl. im einzelnen unten S. 146 ff.
[125] BVerwGE 54, 81, 90; Sachs-*Degenhart,* Art. 74 Rn. 22; Dreier-*Stettner,* Art. 74 Rn. 26; Mangoldt/Klein-*Oeter,* GG4, Art. 74 Rn. 33.
[126] BVerfG, EuGRZ 2001, 70, 73.
[127] OLG Hamburg, OLGSt DNA-IFG § 2 Nr. 4.; vgl. auch *Hamm,* NJW 1998, 2407, 2408 und *Schneider/Rittner,* ZRP 1998, 65, 67.

(lediglich) deren anschließende Aufklärung durch erleichterte Täteridentifizierung möglich machen sollen.[128]

Die Erhebungsregelungen des DNA-IFG sind daher auch unter diesem Aspekt der Zuständigkeit des Bundes aus Art. 74 I Nr. 1 GG zuzuordnen.[129]

II. Die Neufallregelung des § 81 g StPO

Die Erhebungsnorm des durch § 1 DNA-IFG in die Strafprozeßordnung eingefügten § 81 g StPO wird nach dem Sprachgebrauch der Praxis inzwischen verbreitet als „Neufallregelung" bezeichnet.[130] Dieser plakative Begriff soll daher auch in diesem Text weiterhin Verwendung finden.

1. Regelungsgegenstand

Zum Zwecke der Identitätsfeststellung in künftigen Strafverfahren erlaubt die Neufallregelung unter bestimmten – noch im einzelnen zu erörternden – Voraussetzungen die Entnahme von Körperzellen beim Beschuldigten[131] und deren anschließende molekulargenetische Untersuchung.

a) Die Entnahme von Körperzellen

Das Gesetz trifft jedoch keine Aussage darüber, auf welche Art und Weise die Entnahme von Körperzellen beim Beschuldigten zu erfolgen hat, welche Vorgehensweisen dabei im einzelnen zu beachten sind.[132] Eine gewisse Rolle mag es insoweit spielen, daß Körpermaterial, welches für eine molekulargenetische Untersuchung ausreicht, bereits durch Eingriffe gewonnen werden kann, welche

---

[128] BVerfG, EuGRZ 2001, 70, 73.
[129] BVerfG, EuGRZ 2001, 70, 73 m.w.N; eine diametral entgegenstehende Position findet sich etwa in der Kommentierung des Bayerischen PAG aus dem Jahre 1999 bei *Schmidbauer*: „Es handelt sich dabei um eine Regelung, die rein der Gefahrenabwehr dient, also um materielles Polizeirecht. Aus dem Blickwinkel der Gesetzgebungskompetenz bestehen gegen § 81 g StPO folglich dieselben verfassungsrechtlichen Bedenken wie gegenüber § 81 b 2. Alt. StPO" (Schmidbauer/Steiner/Roese-*Schmidbauer*, PAG, Art. 11 Rn. 167).
[130] *Kamann*, Beilage zu ZAP 5/2000, S. 3 f.
[131] Betroffene von Maßnahmen nach der Altfallregelung sind demgegenüber „*rechtskräftig Verurteilte*" und bestimmte diesen gleichgestellte Personen, *Kamann*, Beilage zu ZAP 5/2000, S. 4.
[132] SK-*Rogall*, § 81 g Rn. 4.

in ihrer Intensität unterhalb der Entnahme einer Blutprobe (vergleiche § 81 a I StPO) rangieren; in Betracht kommen etwa die Mundspülung, der Abstrich von Schleimhautzellen in der Mundhöhle[133], die Gewinnung einer Haarwurzel.[134] Der Gesetzgeber mag daher auch im Hinblick auf die im konkreten Fall stets zu wahrenden Erfordernisse des Verhältnismäßigkeitsgrundsatzes eine ausdrückliche Regelung für entbehrlich gehalten haben.[135]

Gleichwohl stellt sich die praktische Frage, wie die in § 81 g I StPO angesprochene Entnahme von Körperzellen konkret erfolgen kann. § 81 a I StPO, der sich auf *„Entnahmen von Blutproben und andere körperliche Eingriffe"* (beim Beschuldigten) *„zur Feststellung von Tatsachen (...), die für das Verfahren von Bedeutung sind"* bezieht, ist nicht unmittelbar anwendbar, da diese Norm nur Zwecken eines anhängigen Verfahrens zu dienen bestimmt ist (§ 81 a I, III)[136], wohingegen es bei § 81 g I StPO ausschließlich um die Identitätsfeststellung in künftigen Strafverfahren geht[137] und des weiteren § 81 g III StPO zwar für die Frage der Anordnungskompetenz auf § 81 a II StPO verweist, während § 81 a I StPO jedoch gerade nicht angesprochen ist.[138]

In Rechtspraxis und Schrifttum wird die Lösung gleichwohl über die Heranziehung des § 81 a I S. 2 StPO gesucht.[139] Zur Begründung wird verwiesen auf die Nähe der Maßnahmen zur DNA-Identitätsfeststellung nach dem DNA-IFG zu denjenigen nach § 81 a StPO.[140] Dem ist zuzustimmen. Maßgeblich hierfür ist die Erwägung, daß sich eine Körperzellentnahme auf der Grundlage des § 81 g I StPO von einer solchen, die für Zwecke aktueller Strafverfolgung durchgeführt wird, letztlich nur dadurch unterscheidet, daß erstere die Identitätsfeststellung des Täters in künftigen Strafverfahren ermöglichen soll[141], was auf den rein „technischen" Aspekt der Art und Weise der Körperzellentnahme keinen Ein-

---

[133] Der DNA-Analyse zugänglich sind Zellpartikel aus dem Epithelgewebe bzw. Epithelzellen, welche in der Mundhöhle gewonnen werden können (*Harbort*, Der Beweiswert der Blutprobe, Rn. 349; *Karioth*, DIE POLIZEI 1997, 195, 196 m.w.N.); vgl. auch *Schulz*, der darauf hinweist, daß die Gewinnung einer Wangenprobe, d.h. eines Schleimhautzellenabriebs einer „reinen" Speichelprobe vorzuziehen ist, da es möglich ist, daß *„sich nach einem intensiven Kuß für mehrere Stunden Erbmaterial des Partners in der Mundhöhle ablagert"* (*Schulz*, Boyd/Hruschka/Joerden-Ethik und Recht, S. 196).
[134] SK-*Rogall*, § 81 g Rn. 5.
[135] Vgl. SK-*Rogall*, § 81 g Rn. 4.
[136] LR-*Dahs*, § 81 a Rn. 12; *Kleinknecht/Meyer-Goßner*, § 81 a Rn. 6.
[137] Vgl. nur BT-Dr. 13/10791, S. 4.
[138] *Volk*, NStZ 1999, 165, 169.
[139] OLG Jena, NJW 1999, 3571; SK-*Rogall*, § 81 g Rn. 5; vgl. auch BT-Dr. 14/1707, S. 9; zweifelnd dagegen *Volk*, NStZ 1999, 165, 169.
[140] SK-*Rogall*, § 81 g Rn. 5.
[141] BT-Dr. 13/10791, S. 4.

fluß haben kann. Für die Heranziehung des § 81 a I StPO spricht ferner, daß auch der durch das StVÄG vom 17.03.1997[142] eingefügte § 81 e I StPO, der molekulargenetische Untersuchungen zum Zwecke der Überführung des Täters in einem anhängigen Strafverfahren regelt[143], bezüglich der Art und Weise der Erhebung des Untersuchungsmaterials auf § 81 a I StPO zurückgreift.[144]

Die Konsequenz hieraus besteht nun darin, daß im Rahmen der Körperzellentnahme für Zwecke der DNA-Identitätsfeststellung in zukünftigen Strafverfahren folgerichtig auch der Arztvorbehalt für die Vornahme körperlicher Eingriffe[145] grundsätzlich anzuerkennen ist.[146] Hieran schließt sich die für die praktische Umsetzung des DNA-IFG bedeutsame Frage an, ob Körperzellentnahmen im Sinne des § 81 g I StPO – soweit sie nicht ohnehin im Wege der Blutprobe vorgenommen werden – stets als andere Eingriffe im Sinne des § 81 a I S. 2 StPO zu werten sind, welche nur durch einen Arzt vorgenommen werden können oder ob auch Körperzellentnahmen denkbar sind, die keine dem Arzt vorbehaltenen körperlichen Eingriffe darstellen oder ob es vertretbar ist, bestimmte Formen der Körperzellentnahme als andere Eingriffe von „minderer Eingriffsintensität" zu behandeln, welche nicht dem Arztvorbehalt unterliegen.

Rogall geht im Zusammenhang mit Körperzellentnahmen für Zwecke forensischer DNA-Analysen im Hinblick auf den Gesichtspunkt der „Qualitätssicherung" davon aus, daß nicht nur die Blutprobenentnahme, sondern auch die Körperzellentnahme durch Gewinnung einer Haarwurzel oder von Schleimhautzellen als ein dem Arzt vorbehaltener körperlicher Eingriff zu werten ist.[147] Diesem Ansatz ist jedoch zu widersprechen. Zu Recht erkennt die herrschende Meinung mit Blick auf den Zweck des Arztvorbehalts – den Gesundheitsschutz des Beschuldigten zu gewährleisten – den Aspekt der Qualitätssicherung nicht als maßgeblich an im Rahmen der Frage, ob eine bestimmte Maßnahme dem Arztvorbehalt des § 81 a I S. 2 StPO unterliegt.[148]

Das entscheidende Kriterium für das Vorliegen eines „anderen körperlichen Eingriffs" im Sinne des § 81 a I S. 2 StPO wird stattdessen in der Beibringung

---

[142] BGBl. I 1997 S. 534.
[143] Vgl. oben S. 17.
[144] BT-Dr. 13/10791, S. 4.
[145] LR-*Dahs*, § 81 a Rn. 30.
[146] Vgl. SK-*Rogall*, § 81 g Rn. 5; KK-*Senge*, § 81 g Rn. 10.
[147] SK-*Rogall*, § 81 g Rn. 5 und § 81 a Rn. 54; vgl. auch *Benfer*, der die *Entnahme einer Haarprobe* der Blutprobe entsprechend behandelt sehen möchte (*Benfer*, Eingriffsrechte, Rn. 858).
[148] OLG Oldenburg NJW 1955, 683; LR-*Dahs*, § 81 a Rn. 77.

von Verletzungen des Körpers gesehen, mögen diese auch geringfügig sein.[149] Danach kommt es darauf an, ob durch die Maßnahme, wenn auch nur ganz geringfügig, in das haut- und muskelumschlossene Innere des Körpers eingegriffen wird oder dem Körper Bestandteile entnommen werden.[150]

Hieran gemessen sind „Körperzellentnahmen" als Eingriffe (in den Körper) zu werten, durch die dem Körper bestimmte „Bestandteile" – nämlich die später zu untersuchenden Körperzellen – entnommen werden. Der Begriff „Körperzelle" bezeichnet den grundlegendsten „Bestandteil" des menschlichen Körpers, zumal dieser letztlich aus nichts anderem als „Körperzellen" aufgebaut ist. Sachgerecht ist es nun im Ergebnis allerdings, im Hinblick auf den angesprochenen Zweck des Arztvorbehalts, den Gesundheitsschutz des Beschuldigten zu gewährleisten, solche Maßnahmen ohne gesundheitliche Relevanz für den Maßnahmeunterworfenen, welche – anders als die leitbildhaft in § 81 a I S. 2 StPO angesprochene Blutprobe, nebst vergleichbarer Maßnahmen – nicht ihrer Natur nach dem Bereich des Ärztlichen zugewiesen sind, von dem Arztvorbehalt des § 81 a I S. 2 StPO auszunehmen.[151]

Anderenfalls wäre für jede Maßnahme nach § 81 g I StPO die Hinzuziehung eines Arztes erforderlich. Daß nun jedoch beispielsweise die Entnahme von Mundschleimhautzellen durch einen Schleimhautabrieb die Gesundheit des Beschuldigten in einer relevanten Weise tangiert, so daß für ihre Durchführung der Gesichtspunkt des Gesundheitsschutzes die medizinischen Fachkenntnisse eines Arztes erforderlich macht, ist nicht ersichtlich.

Für die Entnahme von Körperzellen im Sinne des § 81 g I StPO gilt danach folgendes: Werden für Zwecke der Identitätsfeststellung in künftigen Strafverfahren Körperzellen im Wege einer Blutprobe oder durch einen anderen körper-

---

[149] *Eisenberg,* Beweisrecht der StPO, Rn. 1632; *Kleinknecht/Meyer-Goßner,* § 81 a Rn. 15; *KK-Senge,* § 81 a Rn. 6.

[150] *Benfer,* Eingriffsrechte, Rn. 850; LR-*Dahs,* § 81 a Rn. 22; *Dzendzalowski,* Die körperliche Untersuchung, S. 15; *Röger,* Verwertbarkeit, S. 12; *Schlüchter,* Das Strafverfahren, S. 172.

[151] *Peters,* Strafprozeß, S. 328; *Eb.Schmidt,* LK II, § 81 a Rn. 17. *Kramer,* Grundbegriffe des Strafverfahrensrechts, Rn. 260, stellt ab auf „*denkbare Gesundheitsbeeinträchtigungen*"; vgl. ferner *Benfer,* Eingriffsrechte, Rn. 850, der für einen arztpflichtigen körperlichen Eingriff eine „*naheliegende Gefahr für die körperliche Integrität*" des Beschuldigten voraussetzen will sowie *Paulus,* der für einen dem Arzt vorbehaltenen Eingriff verlangt, daß die körperliche Integrität „*substantiell*" beeinträchtigt wird (KMR-*Paulus,* § 81 a Rn. 6); vgl. aber auch *Odenthal,* NStZ 1985, 433, 434 f. m.w.N., der für eine „*nichtärztliche Maßnahme*", welche sich als körperlicher Eingriff darstellt, in § 81 a StPO keine Rechtsgrundlage erblickt und daher Manipulationen von Haar- oder Barttracht des Beschuldigten für Zwecke einer Gegenüberstellung als unzulässig erachtet.

lichen Eingriff im obigen Sinne bei dem Beschuldigten entnommen, so kann die Maßnahme entsprechend § 81 a I S. 2 StPO nur durch einen Arzt erfolgen[152]; dies gilt jedoch nicht für die Körperzellentnahme durch eine Speichel- oder Haarprobe, die durch die Ermittlungsbehörde unmittelbar erhoben werden kann[153], da derartige Maßnahmen lediglich körperlich völlig ungefährliche[154] Eingriffe minderer Art darstellen.[155] Dementsprechend erfolgt die Entnahme von Körperzellen in der Praxis zulässigerweise vorwiegend im Wege einer aus der Mundhöhle entnommenen Speichelprobe, die von der Polizei ausgeführt wird.[156]

Da nun jedoch die Durchführung eines Mundschleimhautzellenabriebs gegen den Willen des Beschuldigten unpraktikabel ist, muß im Fall eines nicht kooperierenden Beschuldigten auf die Körperzellentnahme im Wege der Blutprobe zurückgegriffen werden.[157] Wird hierbei Zwang gegen den Beschuldigten angewendet, so ist die gesetzliche Grundlage hierfür unmittelbar in § 81 g I StPO zu sehen.[158] Dem steht nicht entgegen, daß das DNA-IFG keine ausdrücklichen

---

[152] OLG Jena, NJW 1999, 3571; so für die Blutprobe: *Schmitter*, Herold-Festschrift, S. 425; KK-*Senge*, § 81 g Rn. 10.

[153] OLG Jena, NJW 1999, 3571; so i.E. für Speichelproben: *Schmitter*, Herold-Festschrift, S. 425; KK-*Senge*, § 81 g Rn. 10.

[154] Zur Speichelprobe: LG Göttingen, NJW 2000, 751, 752; NStZ 2000, 164, 164.

[155] So dürften auch die Ausführungen *Senges* zu verstehen sein, der davon ausgeht, daß selbst Speichelproben regelmäßig körperliche Eingriffe darstellen (*Senge*, NJW 1999, 253, 255), dabei jedoch Haar- und Speichelproben vom Arztvorbehalt ausnimmt (KK-*Senge*, § 81 g Rn. 10). Ob das OLG Jena die Entnahme von Speichel- und Haarproben bereits nicht als körperlichen Eingriff bewertet, oder – wie hier – annimmt, daß es sich bei derartigen Körperzellentnahmen zwar um körperliche Eingriffe handelt, welche jedoch nicht dem Arzt im Sinne von § 81 a I S. 2 StPO zwingend vorbehalten sind, bleibt unklar (OLG Jena, NJW 1999, 3571); gleichwohl verdient die Entscheidung im Ergebnis Zustimmung. Problematisch erscheint es dagegen, wenn *Graalmann-Scheerer*, *Kramer* und *Messer/Siebenbürger* bereits den Charakter einer Körperzellentnahme im Wege der Speichelprobe als „Eingriff" verneinen und derartige Maßnahmen unter diesem Gesichtspunkt vom Arztvorbehalt ausnehmen wollen (*Graalmann-Scheerer*, Kriminalistik 2000, 328, 329; *Kramer*, Grundbegriffe des Strafverfahrensrechts, Rn. 260; *Messer/Siebenbürger*, Vordermayer/v.Heintschel-Heinegg-Handbuch, Teil A Kap. 1 Rn. 107, 125).

[156] *Ahlf/Daub/Lersch/Störzer*, BKAG, § 8 Rn. 16; *Graalmann-Scheerer*, Kriminalistik 2000, 328, 329; Nr. 2.2 des Gem. RdErl. d. MI, d. MJ u. d. MFAS v. 19.11.1999 (4104 – 304.123) – Nds.Rpfl. 1999, 52, 53.

[157] *Graalmann-Scheerer*, Kriminalistik 2000, 328, 329; *Messer/Siebenbürger*, Vordermayer/v.Heintschel-Heinegg-Handbuch, Teil A Kap. 1 Rn. 125; *Volk*, NStZ 1999, 165, 169; vgl. in diesem Zusammenhang zur österreichischen Rechtslage *Dearing*, SPG, Erl. zu § 78, wonach bei verweigertem Mundhöhlenabstrich auf die Erlangung von Haaren zurückgegriffen werden solle.

[158] SK-*Rogall*, § 81 g Rn. 24; vgl. auch die Antwort des Parl. Staatssekretärs *Pick* auf die Anfrage des MdB *Pofalla*, derzufolge im Rahmen der Durchführung von Maßnahmen

Regelungen über die zwangsweise Durchführung einer Körperzellentnahme enthält und § 81 g III StPO insbesondere nicht auf § 81 a I StPO verweist, der körperliche Untersuchungen expressis verbis auch ohne Einwilligung des Beschuldigten erlaubt (§ 81 a I S. 2 StPO).[159]

Unter im einzelnen noch zu erörternden Voraussetzungen *„dürfen dem Beschuldigten (...)"* nämlich nach § 81 g I StPO *„Körperzellen entnommen"* werden. Die Regelung soll als Eingriffsgrundlage die Entnahme von Körperzellen für Zwecke der Identitätsfeststellung in zukünftigen Strafverfahren ermöglichen.[160] Wenn sich nun auch, anders als bei § 81 a I StPO, nicht bereits aus dem Wortlaut des § 81 g I StPO eindeutig entnehmen läßt, daß die Körperzellentnahme auch ohne Einwilligung des Beschuldigten erzwungen werden darf, so ist doch § 81 g I StPO nach Sinn und Zweck dahingehend auszulegen. Dies folgt aus der Natur der Sache: § 81 g I StPO dient, was sich nun unmißverständlich dem Wortlaut der Vorschrift entnehmen läßt, der Identitätsfeststellung in künftigen Strafverfahren. Dieses „Programm" kann jedoch nur dann umgesetzt werden, wenn bei Vorliegen der gesetzlichen Voraussetzungen Proben in jedem Fall erhoben werden können. Daß allein die Verweigerung der Körperzellentnahme durch einen Beschuldigten die Erhebung unmöglich machen könnte, wäre nicht mit dem Gesetzeszweck, wie er in § 81 g I StPO seinen unmittelbaren Ausdruck gefunden hat, vereinbar.

b) Die molekulargenetische Untersuchung

Die gewonnenen Körperzellen können unter den Voraussetzungen des § 81 g I StPO zum *„Zwecke der Identitätsfeststellung in künftigen Strafverfahren (...) molekulargenetisch untersucht werden."* Dabei baut die forensische DNA-Analyse für Identifizierungszwecke auf den folgenden naturwissenschaftlichen Grundlagen auf: Die in allen Körperzellen des Menschen, welche einen Zellkern besitzen[161], in Form eines doppelsträngigen Molekülfadens zweifach vorhande-

---

nach dem DNA-IFG für Anordnungen der Staatsanwaltschaft und ihrer Hilfsbeamten die *„allgemeinen Grundsätze zur zwangsweisen Durchsetzung von Anordnungen nach § 81 a StPO"* gelten (BT-Dr. 14/1707, S. 9); zweifelnd: *Volk*, NStZ 1999, 165, 169.

[159] *Kamann*, Beilage zu ZAP 5/2000, S. 20.
[160] BT-Dr. 13/10791, S. 4.
[161] Hierbei handelt es sich um *„sämtliche Gewebs- und Blutzellen mit Ausnahme der Erythrozyten und Thrombozyten"* (*Schneider*, DuD 1998, 330, 330 f.); bei Blutuntersuchungen wird die DNA aus den weißen Blutkörperchen (Leukozyten) entnommen (*Harbort*, Der Beweiswert der Blutprobe, Rn. 345), während die Analyse von „Speichelproben" auf darin vorhandenes Epithelgewebe bzw. Epithelzellen zugreift (*Harbort*, Der Beweiswert der Blutprobe, Rn. 349; vgl. auch *Karioth*, DIE POLIZEI 1997, 195, 196 m.w.N.).

ne DNA trägt die genetischen Informationen. Jeder DNA-Strang setzt sich zusammen aus den Nukleotiden; hierbei handelt es sich um Moleküle, die aus einem Zucker (= Desoxiribose), einer Base (Adenin = A, Guanin = G, Cytosin = C; Thymin = T) und einer Phosphorsäure bestehen. Jedem Strang liegt ein Parallelstrang gegenüber, so daß – indem der Doppelstrang zudem spiralförmig verdreht ist – die DNA ihre charakteristische Doppelhelixstruktur erhält. Die Erbinformation selbst liegt verschlüsselt in der Abfolge der Basen, welche jeweils auf dem Parallelstrang eine spezifische Partnerbase aufweisen (Cytosin – Guanin und Adenin – Thymin).[162]

Maßgeblich für den Phänotyp des Individuums, das heißt für dessen spezifische Ausformung und dessen Körperfunktionen ist jedoch nur der geringere Anteil der so bezeichneten codierenden menschlichen DNA.[163] Während nun die Bereiche der codierenden DNA bei den verschiedenen Menschen weitgehend ähnlich beschaffen sind[164], sind die nicht-codierenden Bereiche dagegen von hoher Variabilität gekennzeichnet.[165]/[166]

Für die Identifizierung eines Menschen an Hand seiner DNA-Sequenzen eignen sich daher gerade die nicht-codierenden Bereiche der DNA.[167] Hierbei findet

---

[162] *Burr*, Das DNA-Profil im Strafverfahren, S. 20 f. m.w.N.; *Foldenauer*, Genanalyse im Strafverfahren, S. 23 ff. m.w.N.; *Harbort*, Der Beweiswert der Blutprobe, Rn. 319 ff.; *Klumpe*, Der „genetische Fingerabdruck" im Strafverfahren, S. 7 f.; *Kopf*, Selbstbelastungsfreiheit und Genomanalysen, S. 71 f.; *Rath/Brinkmann*, NJW 1999, 2697, 2697 m.w.N.; *Röger*, Verwertbarkeit, S. 28 f.

[163] *Rath/Brinkmann*, NJW 1999, 2697, 2697 gehen von nur etwa 3 % aus; 95 % nicht-codierende DNA nennen *Foldenauer*, Genanalyse im Strafverfahren, S. 26, 38 f. m.w.N. und *Klumpe*, Der „genetische Fingerabdruck" im Strafverfahren, S. 8; 90 – 95 % nicht-codierende DNA nimmt *Burr* an (*Burr*, Das DNA-Profil im Strafverfahren, S. 21) von etwa bzw. mehr als 90 % nicht-codierender DNA ist die Rede bei *Schmitter*, Herold-Festschrift, S. 404, ders. in Spektrum Wissenschaft 10/1998, 56, 58, bei *Schneider*, DuD 1998, 330, 331 sowie bei *Nogala*, Bürgerrechte und Polizei/CILIP 61 (3/98), http://www.infolinks.de/cilip/ausgabe//61/dna.htm (10.09.2000).

[164] *Foldenauer*, Genanalyse im Strafverfahren, S. 39; *Klumpe*, Der „genetische Fingerabdruck" im Strafverfahren, S. 147.

[165] *Harbort*, Der Beweiswert der Blutprobe, Rn. 328; *Kopf*, Selbstbelastungsfreiheit und Genomanalysen, S. 76; *Röger*, Verwertbarkeit, S. 29; *Schneider*, DuD 1998, 330, 331 f.; *Tinnefeld/Ehmann*, Datenschutzrecht, S. 25.

[166] Es wird vermutet, daß die weiten Bereiche nicht-codierender DNA Mutationen „abpuffern", welche, träten sie im für die Ausprägung des Phänotyps maßgeblichen Bereich auf, den Organismus bis hin zur Überlebensunfähigkeit schädigen könnten (*Foldenauer*, Genanalyse im Strafverfahren, S. 39 m.w.N.; *Klumpe*, Der „genetische Fingerabdruck" im Strafverfahren, S. 9).

[167] *Henke/Schmitter*, Taschke/Breidenstein-Genomanalyse, S. 35 f.; *Jung*, MschKrim 1989, 103, 103; *Kopf*, Selbstbelastungsfreiheit und Genomanalysen, S. 76; *Mes-

heute üblicherweise die fortgeschrittene PCR-Technik Anwendung (Polymerase-Chain-Reaction).[168] Das besondere Potential der PCR-Methode liegt im Bereich von nur *„winzigem Sekretaufkommen und degeneriertem Material."*[169] Es können nunmehr auch *„äußerst kleine Spuren (z.B. Blutspritzer, Speichelanhaftungen an Zigarettenresten) ausgewertet werden."*[170] Im Unterschied zur früheren Methode des genetischen „Fingerprintings", welche die Strukturen verschiedener Genorte zum Vergleich heranziehen mußte, setzt die PCR-Technik nämlich an definierten DNA-Bereichen an, so daß nunmehr auch sehr geringe Mengen menschlicher DNA noch analysiert werden können.[171] Bei der PCR-Methode werden also begrenzte nicht-codierende DNA-Abschnitte durch Beigabe eines Enzyms mehrmals vermehrt (amplifiziert), bis ihre Struktur sichtbar gemacht werden kann.[172] Letzteres geschieht dadurch, daß die untersuchten DNA-Fragmente in einem elektrischen Feld aufgetrennt werden, so daß sie durch Färbung in Form der charakteristischen Bandenmuster sichtbar werden und dann betrachtet beziehungsweise verglichen werden können.[173] Ein hierauf aufbauendes „DNA-Identifizierungsmuster" eines Menschen besteht dann aus den in Zahlenwerten dargestellten Merkmalen eines bestimmten DNA-Abschnitts.[174/175]

---

[168] *ser/Siebenbürger,* Vordermayer/v.Heintschel-Heinegg-Handbuch, Teil A Kap. 1 Rn. 106; *Schmitter,* Herold-Festschrift, S. 405; *Schneider,* DuD 1998, 330, 331 f.

[169] *Karioth,* DIE POLIZEI 1997, 195, 197; *Kube/Schmitter,* Kriminalistik 1998, 415, 415; *Nogala,* Bürgerrechte & Polizei/cilip 61 (3/98), http://www.infolinks.de/cilip/ausgabe/61/dna.htm (10.09.2000); *Schmitter,* Herold-Festschrift, S. 408.

[170] *Steinke,* NStZ 1994, 16, 19; *Jeffreys/Allen/Hagelberg/Sonnberg* weisen im Zusammenhang mit dem „Fall Mengele" darauf hin, daß menschliche DNA in Knochenüberresten selbst längere Zeiträume überdauern kann und die degenerierte DNA dann immer noch mit Hilfe der PCR-Methode vielfach erfolgreich bearbeitet werden kann (*Jeffreys/Allen/Hagelberg/Sonnberg,,* Forensic Science Int. 56 (1992), 65, 66 m.w.N.).

[171] *Schmitter,* Herold-Festschrift, S. 403; vgl. auch *Kube/Simmross,* Vordermayer/v.Heintschel-Heinegg-Handbuch, Teil A Kap. 4 Rn. 13; *Schmitter,* Spektrum der Wissenschaft 10/1998, 56, 57.

[172] *Burr,* Das DNA-Profil im Strafverfahren, S. 36 f.; *Harbort,* Der Beweiswert der Blutprobe, Rn. 342; *Rath/Brinkmann,* NJW 1999, 2697, 2698; *Röger,* Verwertbarkeit, S. 34.

[173] *Burr,* Das DNA-Profil im Strafverfahren, S. 37; *Kube/Schmitter,* Kriminalistik 1998, 415, 415.

[174] *Kube/Schmitter,* Kriminalistik 1998, 415, 415 f.; *Rath/Brinkmann,* NJW 1999, 2697, 2698; vgl auch *Jeffreys/Allen/Hagelberg/Sonneberg* zu der entsprechenden Untersuchungsmethodik im „Fall Mengele": *Jeffreys/Allen/Hagelberg/Sonnberg,* Forensic Science Int. 56 (1992) 65, 69.

Vgl. die Beispiele eines DNA-Identifizierungsmusters bei *Kube/Schmitter,* Kriminalistik 1998, 415, 416 und *Schmitter,* Herold-Festschrift, S. 415; vgl. weiterhin *Jacob,* Spektrum der Wissenschaft 10/1998, 60, 62 und *Schmitter,* Spektrum der Wissenschaft 10/1998, 56, 59 sowie *Schulz,* Boyd/Hruschka/Joerden-Ethik und Recht, S. 204.

Der Umfang der durch das DNA-IFG zugelassenen molekulargenetischen Untersuchung folgt aus dem in § 81 g I StPO ausdrücklich benannten Zweck der Vorschrift, der *„Identitätsfeststellung in künftigen Strafverfahren."* Daß nur die für Identifizierungszwecke erforderlichen Merkmale untersucht werden dürfen, die Norm daher insbesondere die Erstellung sogenannter „Persönlichkeitsprofile" nicht erlaubt, ergibt sich daher mittelbar bereits aus § 81 g I StPO.[176] Gleichwohl soll § 81 g II StPO nach der Begründung des Gesetzentwurfs zusätzlich Schutzvorkehrungen im Interesse des Beschuldigten regeln.[177] Im einzelnen gebietet § 81 g II Satz 1 1. Halbsatz StPO, daß die entnommenen Körperzellen nur für die molekulargenetische Untersuchung zur Erstellung eines DNA-Identifizierungsmusters für Zwecke der Vorsorge für zukünftige Strafverfolgung verwendet werden dürfen.[178] § 81 g II Satz 2 StPO verbietet weiterhin in aller Deutlichkeit, daß bei der molekulargenetischen Untersuchung *„andere Feststellungen als diejenigen, die zur Ermittlung des DNA-Identifizierungsmusters erforderlich sind, (...) getroffen werden."* Derartige (weitergehende) Untersuchungen, gerichtet etwa auf die Erstellung eines „Persönlichkeitsprofils" im Wege der Analyse codierender Bereiche der DNA, werden durch diese – § 81 e I S. 3 StPO entsprechende – Vorschrift ausdrücklich für unzulässig erklärt.[179] Auch andere Untersuchungen für Zwecke der Forschung oder der Gefahrenabwehr sind unzulässig.[180] Eine Untersuchung des gewonnenen Körpermaterials, durch welche zum Beispiel geklärt werden soll, ob von der fraglichen Personen Gefahren ausgehen, weil sie Träger einer ansteckenden Krankheit ist, wäre daher nicht möglich.

Diese Beschränkungen stehen dabei nicht etwa in einem Widerspruch zu der „Verwendungsregelung" des § 3 Satz 4 DNA-IFG n.F., derzufolge Auskünfte aus der DNA-Identifizierungsdatei des BKA für Zwecke *„eines Strafverfahrens, der Gefahrenabwehr und der internationalen Rechtshilfe hierfür"* erteilt werden dürfen.[181] § 3 DNA-IFG bezieht sich auf die Verwendung der in der Verbund-

---

[175] Präzise ausgedrückt stehen die angesprochenen Zahlenwerte für die Anzahl von Wiederholungen repetitiver DNA-Sequenzen in einem bestimmten DNA-Bereich (*Schmitter*, Herold-Festschrift, S. 415; *Schmitter*, Spektrum der Wissenschaft 10/1998, 56, 59).
[176] Vgl. BT-Dr. 13/10791, S. 5.
[177] BT-Dr. 13/10791, S. 5; vgl. auch *König*, Kriminalistik 1999, 325, 326; *Pfeiffer*, § 81 g Rn. 5.
[178] BT-Dr. 13/10791, S. 5; *Graalmann-Scheerer*, Kriminalistik 2000, 328, 334; *Pfeiffer*, § 81 g Rn. 5; SK-*Rogall*, § 81 g Rn. 26.
[179] BT-Dr. 13/10791, S. 5; *Pfeiffer*, § 81 g Rn. 6; KK-*Senge*, § 81 g Rn. 7; vgl. auch *Schmitter*, Herold-Festschrift, S. 417; KK-*Senge*, StPO 4. Aufl. 1999, § 81 g Rn. 7; *Senge*, NJW 1999, 253, 255; die Verfassungswidrigkeit *„automatisierter Persönlichkeitsprofile"* betont auch: Lisken/Denninger-*Bäumler*, Handbuch des Polizeirechts, J Rn. 253.
[180] Vgl. SK-*Rogall*, § 81 g Rn. 26; *Senge*, NJW 1999, 253, 255.
[181] Vgl. *Senge*, NJW 1999, 253, 256.

datei beim Bundeskriminalamt gespeicherten DNA-Identifizierungsmuster[182], während § 81 g II StPO die Art und Weise der Untersuchung der entnommenen Körperzellen betrifft. Die genannten Vorschriften regeln daher unterschiedliche Teilaspekte im Zusammenhang mit der Umsetzung des DNA-IFG.

§ 81 g II Satz 1 2. Halbsatz StPO bestimmt, daß die entnommenen Körperzellen nach ihrer molekulargenetischen Untersuchung zu vernichten sind, sobald sie für den vorgeschriebenen Untersuchungszweck nicht mehr benötigt werden; die Vernichtungsanordnung bezieht sich dabei auf das gesamte entnommene Zellmaterial – unabhängig davon, ob dieses für die molekulargenetische Untersuchung genutzt wurde oder nicht. Die Vorschrift gilt dabei auch für bei der Untersuchung angefallene Zwischenprodukte und aufbereitetes Material.[183] Letzteres soll verhindern, daß zu einem späteren Zeitpunkt mißbräuchliche molekulargenetische Untersuchungen stattfinden (können).[184] Unmittelbare Konsequenz der „Vernichtungsregelung" des § 81 g II Satz 1 2. Halbsatz StPO ist dabei, daß, im Gegensatz zur Praxis in England oder den Vereinigten Staaten, in der DNA-Analyse-Datei des BKA Körperzellen des Beschuldigten etwa in Form einer Speichelprobe nicht eingelagert werden können.[185]

Es sind nun durchaus Fallgestaltungen denkbar, bei denen sich diese „Vernichtungsregelung" für von den Maßnahmen betroffene Personen nachteilig auswirkt: **Rath/Brinkmann**[186] weisen diesbezüglich darauf hin, daß gegenwärtig die DNA-Analyse sich auf bestimmte DNA-Systeme bezieht. Erlaubt nun die Vergleichsanalyse dieser Systeme in einem bestimmten Fall noch nicht die eindeutige Zuordnung einer Spur zu einem bestimmten in der DNA-Analyse-Datei gespeicherten DNA-Identifizierungsmuster, so hat dies zur Folge, daß denjenigen Personen, deren gespeicherte DNA-Identifizierungsmuster (noch) in Frage kommen, welche also (noch) nicht als Spurenleger ausgeschlossen werden konnten, erneut Körperzellen entnommen werden müssen, um diese dann auf empfindlichere diskriminativere Systeme hin zu untersuchen.[187] Abgesehen von dem damit verbundenen Aufwand führt der Umstand, daß kein vorhandenes Körpermaterial sofort ergänzend untersucht werden kann, dazu, daß die Entlastung derjenigen Personen, deren gespeicherte DNA-Identifizierungsmuster

---

[182] Hierzu unten S. 173 ff.
[183] BT-Dr. 13/10791, S. 5; *König*, Kriminalistik, 1999, 325, 326; *Pfeiffer*, § 81 g Rn. 5; SK-*Rogall*, § 81 g Rn. 27; *Schulz*, Boyd/Hruschka/Joerden-Ethik und Recht, S. 198 f.
[184] BT-Dr. 13/10791, S. 5; *Pfeiffer*, § 81 g Rn. 5.
[185] *Rath/Brinkmann*, NJW 1999, 2697, 2700.
[186] *Rath/Brinkmann*, NJW 1999, 2697, 2701.
[187] Vgl. *Schmitter*, Spektrum der Wissenschaft 10/1998, 56, 59; insbesondere für die Zuordnung von sogenannten Mischspuren, welche sich aus dem Körpermaterial mehrerer Personen zusammensetzen, kann die Untersuchung weiterer DNA-Systeme notwendig werden (*Bär*, Rehberg-Festschrift, S. 49).

(gewisse) Übereinstimmungen mit der Spur aufweisen, sich verzögert. Die Einlagerung von Körperzellen in der DNA-Analyse-Datei – entsprechend dem angloamerikanischen Modell – ermöglichte es dagegen, in den Fällen, in denen gespeicherte DNA-Identifizierungsmuster „Ähnlichkeiten" mit einer Spur aufweisen, unverzüglich die jeweils neueste und effizienteste Analysetechnik auf diese „Referenzprobe" anzuwenden, um die fragliche Person sofort als Spurenleger auszuschließen.[188] Gleichwohl ist die Diskussion um das Für und Wider der Aufbewahrung einer „Referenzprobe"[189] durch die Regelung des § 81 g II S. 1 2. HS. StPO faktisch erledigt.[190]

Grundsätzliche Kritik an den in § 81 g II StPO enthaltenen Schutzvorschriften übt des weiteren **Rogall** mit dem Hinweis, sie dienten tatsächlich lediglich dazu, die *„Akzeptanz molekulargenetischer Untersuchungsmethoden in der Bevölkerung zu steigern."*[191]

Der Begründung des Gesetzentwurfs vom 25.05.1998 zufolge sollen die Vorschriften zur Zweckbindung und zur Vernichtung des gewonnenen Untersuchungsmaterials den Vorgaben aus dem „Volkszählungsurteil" Rechnung tragen.[192] Bekanntlich fordert das **BVerfG**, daß die Verwendung personenbezogener Daten auf den Erhebungszweck beschränkt wird. Eingriffe in das Recht auf informationelle Selbstbestimmung können dabei nur erfolgen im überwiegenden Allgemeininteresse. Hierzu hat das **BVerfG** ausdrücklich ausgeführt: *„Ein überwiegendes Allgemeininteresse wird regelmäßig überhaupt nur an Daten mit Sozialbezug bestehen unter Ausschluß unzumutbarer intimer Angaben und von Selbstbezichtigungen."*[193]

Gerade um derartige Datenerhebungen von vornherein auszuschließen, sollen Untersuchungen verhindert werden, die auf die Erstellung eines „Persönlichkeitsbildes" gerichtet sind.[194] Die Erhebung von Informationen aus höchstpersönlichen Bereichen oder die Bildung eines Persönlichkeitsprofils tangieren nämlich das Recht auf informationelle Selbstbestimmung in seinem Wesensge-

---

[188] *Rath/Brinkmann*, NJW 1999, 2697, 2701; *Schneider*, Bäumler-Polizei und Datenschutz, S. 224.
[189] Vgl. hierzu die Kontroverse zwischen *Schneider* und *Hamm* (*Schneider*, DuD 1998, 330, 333; *Hamm*, DuD 1998, 457, 459; *Schneider*, DuD 1998, 460, 460 f.).
[190] *Schulz*, Boyd/Hruschka/Joerden-Ethik und Recht, S. 199.
[191] SK-*Rogall*, § 81 g Rn. 25; vgl. in diesem Zusammenhang auch die deutliche Kritik *Rogalls* an den datenschutzrechtlichen Regelungen in § 81 f StPO (SK-*Rogall*, § 81 f Rn. 2).
[192] BT-Dr. 13/10791, S. 4.
[193] BVerfGE 65, 1, 46; vgl. auch Simitis/Damann/Geiger/Mallmann/Walz-*Simitis*, BDSG, § 1 Rn. 25.
[194] BT-Dr. 13/10791, S. 5.

halt.[195] Daher wäre es zum Beispiel verfassungswidrig, nach § 81 g I StPO gewonnenes Körpermaterial mit dem Ziel genetisch zu entschlüsseln, eine anlagebedingte Triebhaftigkeit des Probanden aufzuklären, da von einer solchen (auf die unmittelbare Erbinformation abzielenden) Analyse der unantastbare Kernbereich der Persönlichkeit betroffen wäre.[196] Die Neufallregelung des DNA-IFG kann nicht die Aufdeckung bislang uneingeschränkt geheimer Informationen zu einer Person legitimieren.[197]

Die Regelung § 81 g II StPO ist zumindest im Grundsatz geeignet, derartige Vorgänge zu verhindern. Es erscheint nun auch nicht überzogen, wenn diesbezüglich besonders deutliche Regelungen geschaffen werden. Würden neben den DNA-Identifizierungsmustern Körperzellen für zukünftige Verwendung und Nutzung bereitgehalten, so brächte dies die mindestens theoretische Möglichkeit mit sich, daß an diesem Material zukünftig Untersuchungen vorgenommen werden, welche nicht mehr mit dem Zweck des § 81 g I StPO, *„der Identitätsfeststellung in künftigen Strafverfahren"* in Einklang stehen. Wenn nun die dem entgegengerichteten Regelungen des § 81 g II StPO dazu beitragen sollen, die Akzeptanz der DNA-Identifizierungsmaßnahmen zu steigern, so stellt sich dies als ein respektables Anliegen des Gesetzgebers dar, der sich entschieden hat, in § 81 g II StPO die Grenzen des Umgangs mit den gewonnenen Körperzellen ausdrücklich und in aller Deutlichkeit gesetzlich zu regeln. Die durch **Rath/Brinkmann**[198] dargelegten Nachteile des § 81 g II Satz 1 2. Halbsatz StPO sind daher hinzunehmen.

Für die unmittelbare Durchführung der molekulargenetischen Untersuchung gilt § 81 f II StPO[199], auf den § 81 g III StPO verweist. Regelmäßig erfolgen die molekulargenetischen Untersuchungen im Sinne des § 81 g I StPO daher durch die Wissenschaftler der Landeskriminalämter.[200]

Der standardisierten Umsetzung der gesetzlichen Vorgaben für die Erfassung der in der DNA-Analyse-Datei zu speichernden DNA-Identifizierungsmuster dient ein bundesweit verwendeter „Meldebogen DNA-Analyse-Datei"[201]: Die ermittelnde Polizeidienststelle übersendet die entnommene Körperzellprobe zu-

---

[195] *Vassilaki*, BewHi 1999, 141, 141 f.; vgl. auch *Karioth*, der die Gewinnung eines Persönlichkeitsbildes im Strafverfahren im Wege der DNA-Analyse als menschenunwürdig und damit verfassungswidrig bewertet (*Karioth*, DIE POLIZEI 1997, 195, 198).
[196] *Kramer*, Grundbegriffe des Strafverfahrensrechts, Rn. 260 b.
[197] *Wolter*, GA 1999, 158, 177.
[198] *Rath/Brinkmann*, NJW 1999, 2697, 2701.
[199] KK-*Senge*, § 81 g Rn. 11.
[200] *Kamann*, Beilage zu ZAP 5/2000, S. 11.
[201] *Kamann*, Beilage zu ZAP 5/2000, S. 21; *Schneider*, Bäumler-Polizei und Datenschutz, S. 223.

sammen mit dem in Teil II zunächst – entsprechend dem über § 81 g III StPO geltenden Anonymisierungsgebot des § 81 f II StPO – lediglich mit einer Anonymisierungsformel (zum Beispiel Initialen und Geburtsjahr des Beschuldigten) versehen „Meldebogen DNA-Analyse-Datei"[202] an den Sachverständigen, der die molekulargenetische Untersuchung durchführt und als deren Ergebnis in Teil IV das eigentliche DNA-Identifizierungsmuster[203] in den Meldebogen einträgt. Anschließend wird der Meldebogen an die Ermittlungsdienststelle zurückgesandt, welche nunmehr die Personalien des Beschuldigten in Teil II ergänzt, den Meldebogen „deanonymisiert". Die im Labor verbliebene Körperzellprobe wird, wie dargestellt, vernichtet.[204]/[205]

c) Die „Eingriffstiefe" der Maßnahme(n)

Da es im folgenden um die Einzelheiten der Eingriffsvoraussetzungen des § 81 g I StPO gehen soll, kommt der Bewertung der Qualität beziehungsweise der Eingriffstiefe der Körperzellentnahme und der sich anschließenden molekulargenetischen Untersuchung in zweierlei Hinsicht eine große Bedeutung zu. Zum einen wird sich bei der Erörterung der einzelnen tatbestandlichen Voraussetzungen die Frage stellen, inwieweit diesbezüglich auf die Behandlung anderer Eingriffsregelungen zurückgegriffen werden kann. Insbesondere wird es dabei um den Rückgriff auf die Regelung des § 81 b 2. Alt. StPO gehen, welche es ermöglicht, unabhängig von den Erfordernissen eines aktuellen Strafverfahrens[206] sächliche Hilfsmittel, namentlich die im Gesetz ausdrücklich benannten („konventionellen") Fingerabdrücke[207], für die Erforschung und Aufklärung von Straftaten in polizeilichen Materialsammlungen bereitzustellen.[208] Eine „Verwandtschaft" zu den Regelungen des DNA-IFG, die die Identitätsfeststellung in künftigen Strafverfahren ermöglichen sollen[209], im Hinblick auf die grundsätzliche Zweckrichtung der Regelungen erscheint unübersehbar. Wie groß nun die systematische Nähe jedoch wirklich ist, inwieweit bei der Behandlung der Regelungen des DNA-IFG auf Erkenntnisse der Rechtsprechung und des Schrifttums zu § 81 b

---

[202] Vgl. das Muster bei *Schneider*, Bäumler-Polizei und Datenschutz, S. 222.
[203] Vgl. oben S. 42.
[204] *Kamann*, Beilage zu ZAP 5/2000, S. 21; *Schneider*, Bäumler-Polizei und Datenschutz, S. 223.
[205] Zum weiteren Schicksal des DNA-Identifizierungsmusters unten S. 173 ff.
[206] *Vahle*, DuD 1996, 397, 398.
[207] Lediglich angemerkt sei an dieser Stelle, daß für „konventionelle" Fingerabdrücke bereits seit 1993 beim BKA ein automatisiertes Fingerabdruckidentifizierungssystem (AFIS) besteht (*Ahlf/Daub/Lersch/Störzer*, BKAG, § 8 Rn. 14; vgl. auch *Krekeler*, StraFo 1999, 82, 82).
[208] Vgl. *Kleinknecht/Meyer-Goßner*, § 81 b Rn. 3 m.w.N.; *Vahle*, DuD 1996, 397, 398.
[209] BT-Dr. 13/10791, S. 4.

2. Alt. StPO zurückgegriffen werden kann, hängt auch davon ab, inwieweit die fraglichen Eingriffe in ihrer Qualität und Eingriffsintensität miteinander vergleichbar sind. Entsprechendes wird des weiteren für Fragen der Verhältnismäßigkeit zu gelten haben: Eine Eingriffsmaßnahme mit erhöhter Eingriffsintensität wird in ihrer Rechtfertigung – insbesondere im Hinblick auf den verfassungsrechtlichen Grundsatz der Verhältnismäßigkeit – an strengere Voraussetzungen zu knüpfen sein im Vergleich zu einer möglicherweise hinsichtlich mancher Gesichtspunkte in gewisser Weise ähnlichen Maßnahme, welche sich jedoch als weniger eingriffsintensiv darstellt.

Mit der Entnahme von Körperzellen nach § 81 g I StPO wird in das Grundrecht des Beschuldigten auf körperliche Unversehrtheit eingegriffen. Der Schwerpunkt eines Eingriffs nach § 81 g I StPO – und entsprechendes gilt auch für eine Maßnahme in einem „Altfall"[210] – liegt jedoch nicht in der ihrer Art nach harmlosen Körperzellprobenentnahme, sondern in der sich hieran jeweils anschließenden molekulargenetischen Untersuchung zur Gewinnung eines DNA-Identifizierungsmusters.[211] Diesbezüglich geht ein auch fachwissenschaftlich fundierter Ansatz mit Vehemenz davon aus, daß diese keinerlei persönlichkeitsrelevanten Informationen enthalten, da bei der forensischen DNA-Analyse nur nicht-codierende, per Definition genetisch informationslose Bereiche der menschlichen DNA untersucht werden[212], so daß von vornherein die Möglichkeit auszuschließen sei, daß Rückschlüsse auf die Persönlichkeit gezogen werden können.[213] Zudem sei nach dem aktuellen naturwissenschaftlichen Erkenntnisstand die Erstellung eines genetischen „Personenprofils" ohnehin *„wohl auch nicht möglich."*[214] Zwar müßte auch auf der Grundlage dieses Ansatzes gleich-

---

[210] Zur Altfallregelung im einzelnen unten S. 143 ff.

[211] *Kudlich,* JuS 1999, 514; *Ohler,* StV 2000, 326, 328; vgl. auch *Jacob,* Spektrum der Wissenschaft 10/1998, 60, 61; vgl. ferner *Tinnefeld/Ehmann,* Datenschutzrecht, S. 286 in bezug auf die DNA-Analyse zum Zwecke aktueller Strafverfolgung, sowie *Pätzel,* ZFIS 1998, 90, 91 im unmittelbaren zeitlichen Vorfeld des DNA-IFG; vgl. schließlich LG Freiburg NStZ 2000, 162, 162 = StV 1999, 531, 532.

[212] Vgl. oben S. 41 f.

[213] *Ahlf/Daub/Lersch/Störzer,* BKAG, § 8 Rn. 15; *Brinkmann,* Kriminalistik 1998, 462; *Rath/Brinkmann,* NJW 1999, 2697, 2700; *Schmitter,* Herold-Festschrift, S. 418; *Schmitter,* Spektrum der Wissenschaft 10/1998, 56, 60; vgl. auch *Schneider,* DuD 1998, 460, 460; die postulierte Informationslosigkeit der zur Analyse herangezogenen DNA-Merkmale betonen des weiteren auch das LG Göttingen, NStZ 2000, 164, 165 und *Kube/Schmitter,* Kriminalistik 1998, 415, 416; vgl. schließlich *Gössel,* JR 1991, 31, 32; *Henke/Schmitter,* Taschke/Breidenstein-Genomanalyse, S. 35, sowie *Dearing,* SPG, Erl. zu § 67.

[214] *Markwardt/Brodersen,* NJW 2000, 692, 692; *Kube/Schmitter,* Kriminalistik 1998, 415, 415, nehmen an, daß *„auf unabsehbare Zeit charakterbezogene Personenprofile nicht erstellt werden können";* vgl. auch *Schmitter,* Herold-Festschrift, S. 418; ebenso *Klumpe,*

wohl von der prinzipiellen Grundrechtsrelevanz der forensischen DNA-Analyse ausgegangen werden[215], zumal auch bei einmal unterstellter Persönlichkeitsneutralität der untersuchten nicht-codierenden DNA-Bereiche die gewonnenen Daten jedenfalls nicht personenneutral wären, da sie gerade Personenidentifizierungszwecken zu dienen bestimmt sind.[216] Die Eingriffstiefe von Maßnahmen nach dem DNA-IFG wäre jedoch als vergleichsweise gering zu erachten.[217] Die Erhebung und Speicherung von DNA-Identifizierungsmustern, welche auf der Untersuchung nicht-codierender DNA-Sequenzen beruhen, soll danach im Ergebnis nicht stärker in die Rechtspositionen des den Maßnahmen Unterworfenen eingreifen, als *„die Feststellung und Speicherung sonstiger unveränderlicher Identitätsmerkmale, etwa seines Fingerabdrucks oder des Farbmusters seiner Iris."*[218]

Besonders charakteristisch für die Datengewinnung nach dem DNA-IFG ist nun allerdings der Umstand, daß die erhobenen Daten unabhängig von den Erfordernissen aktueller Strafverfolgung künftigen Strafverfahren dienen.[219] Gerade in dieser Hinsicht wurde mit dem DNA-IFG *„Neuland betreten."*[220] Durch die der Erhebung nachfolgende Speicherung der DNA-Identifizierungsmuster[221] werden diese Daten in besonderer Weise den Unwägbarkeiten des technisch-naturwissenschaftlichen Fortschritts „ausgesetzt". Denn es kann in der Gegenwart schwerlich abgeschätzt werden, *„welche Rückschlüsse sich künftig aus (vorhandenen forensischen) DNA-Analysen ziehen lassen."*[222] Darüber hinaus wird bereits seit längerer Zeit angezweifelt, ob die Differenzierung in codierende (das heißt persönlichkeitsrelevante Bereiche) und nicht-codierende (mithin informationsneutrale persönlichkeitsirrelevante) Abschnitte des menschlichen

---

Der „genetische Fingerabdruck" im Strafverfahren, S. 40 f. m.w.N.; ähnlich auch *Karioth*, DIE POLIZEI 1997, 195, 197 f.

[215] Vgl. *Gössel*, JR 1991, 31, 32 f.

[216] *Röger*, Verwertbarkeit, S. 37 m.w.N.; ähnlich: *Burr*, Das DNA-Profil im Strafverfahren, S. 104 u. 117.

[217] *Rath/Brinkmann*, NJW 1999, 2697, 2700.

[218] *Sprenger/Fischer*, NJW 1999, 1830, 1833; vgl. auch *Harbort*, Der Beweiswert der Blutprobe, Rn. 407.

[219] BT-Dr. 13/10791, S. 4.

[220] *Senge*, NJW 1999, 253, 254.

[221] Siehe hierzu im einzelnen unten S. 175 ff.; vgl. an dieser Stelle nur die Kommentierung bei *Kleinknecht/Meyer-Goßner*, § 81 g Rn. 10 f.

[222] *Engel*, NJW Heft 48/1999, (NJW-Echo) S. XXIV; auf diesen Gesichtspunkt hat *Jung* bereits im Jahre 1989 im Hinblick auf erste Überlegungen zur Einrichtung von „Gendateien" hingewiesen (*Jung*, MschKrim 1989, 103, 107); ebenso *Pätzel*, ZFIS 1998, 90, 92; ähnlich *Hamm*, DuD 1998, 457, 458 f.; vgl. weiter: ‚Autor unbekannt', DRiZ 1998, 418; *Bäumler*, DER SPIEGEL 18/1998 S. 194 ff. und *Nogala*, http://www.info-links.de/cilip/ausgabe/61/dna.htm. (10.09.2000); ähnlich auch *Schulz*, Boyd/Hruschka/Joerden-Ethik und Recht, S. 205.

Genoms noch haltbar ist; bereits seit einigen Jahren wird nämlich davon ausgegangen, daß auch nicht-codierende DNA-Sequenzen, welche an sich zwar „*keine relevanten Informationen für die Ausformung und die Körperfunktionen des Individuums tragen*"[223], zumindestens gewisse Rückschlüsse zulassen auf informative Bereiche.[224] **Vesting/Müller** haben in diesem Zusammenhang darauf hingewiesen, daß sich herausgestellt hat, daß gewisse – als nicht-codierend definierte – repetitive DNA-Bereiche sich bei an myotoner Dystrophie (Muskelschwund) Erkrankten auffällig häufig wiederholen.[225]/[226] Es dürfte daher zutreffend gewesen sein, wenn bereits der Entwurf eines Strafverfahrensänderungsgesetzes – DNA-Analyse der damaligen Bundesregierung unter dem 02.03.1995 im Hinblick auf den naturwissenschaftlichen Erkenntnisstand von folgendem ausgegangen ist:

„Eine Unterscheidung von zulässigen und nichtzulässigen Untersuchungen anhand der Begriffe „kodierender" und „nicht-kodierender" Merkmale berücksichtigt ohnehin nicht ausreichend die neueren wissenschaftlichen Erkenntnisse. Auch nicht-kodierende Abschnitte des menschlichen Genoms sind nämlich Persönlichkeitsmerkmale. Sie können im flankierenden Bereich eines Gens lokalisiert sein und aufgrund enger Koppelung evtl. Wahrscheinlichkeitsrückschlüsse auf bestimmte Merkmale zulassen."[227]/[228]

Daß dem Begriffspaar „codierende – nicht-codierende Merkmale" überhaupt noch immer ein herausragender Stellenwert in der Diskussion der forensischen DNA-Analyse zukommt, mag damit zusammenhängen, daß das **BVerfG** gleichwohl seine Ausführungen zur Zulässigkeit der forensischen DNA-Analyse für Zwecke der aktuellen Strafverfolgung in seinen Beschlüssen vom

---

[223] *Klumpe*, Der „genetischer Fingerabdruck" im Strafverfahren, S. 9.
[224] SK-*Rogall*, § 81 a Rn. 68.
[225] *Vesting/Müller*, KritJ 1996, 466, 478 f.
[226] *Schneider* will dagegen jede Rückschlußmöglichkeit auf der Grundlage der Analyse von nicht-codierenden Bereichen der DNA auf Gendefekte in benachbarten codierenden Systemen mit der Überlegung ausschließen, daß die Häufigkeit genetisch bedingter Krankheiten in der Bevölkerung „*um wenigstens eine Größenordnung*" kleiner ist, als diejenige des seltensten untersuchten Systems (*Schneider*, DuD 1998, 330, 332); diesem Ansatz begegnet *Hamm* mit dem Hinweis, daß von informationeller Relevanz nun nicht allein genetische Defekte, sondern auch andere personenbezogene Eigenschaften sein können (*Hamm*, DuD 1998, 457, 459).
[227] BT-Dr. 13/667, S. 6.
[228] Dessen ungeachtet sind nach § 67 III des österreichischen SPG, der am 01.09.1999 in Kraft getreten ist (*Dearing*, SPG, S. 17) diejenigen wissenschaftlichen Einrichtungen, welche mit der Durchführung von DNA-Analysen für Zwecke des Erkennungsdienstes beauftragt werden, vertraglich zu verpflichten, hierbei nur die nicht codierten Bereiche der Human-DNA zu untersuchen (*Dearing*, SPG, Erl. zu § 67).

18.09.1995 und vom 02.08.1996 und nunmehr auch in dem Beschluß zum DNA-IFG vom 14.12.2000 ausdrücklich beschränkt auf Untersuchungen an nicht-codierenden Bereichen der DNA, die es als informationslos erachtet hat und damit an dem kritisierten Differenzierungskriterium weiterhin festhält.[229]/[230]

Entgegenzutreten ist im Ergebnis jedoch auch derjenigen Meinungsgruppe, die von einer ganz besonders hohen Grundrechtsrelevanz der Maßnahmen nach dem DNA-IFG ausgeht. In dieser Richtung haben insbesondere **Seibel/Gross** die weitreichende Behauptung aufgestellt, daß der „genetische Fingerabdruck" die *„Persönlichkeit gänzlich umfaßt"*; die Einrichtung der DNA-Analyse-Datei berge insoweit die Gefahr, daß der *„gläserne Mensch"* geschaffen werde.[231] Und auch das **LG Münster** hat die Gefahr gesehen, daß bei der Erhebung eines DNA-Identifizierungsmusters *„eine unübersehbare Vielzahl von Informationen aus der DNA gesammelt werden."*[232] Zumindest überwiege der Persönlichkeitsbezug des Datums „genetischer Fingerabdruck" jedoch *„fraglos"* denjenigen, der im Rahmen der Volkszählung 1983 erhobenen Daten.[233]

Es wird – soweit ersichtlich – jedoch nicht vertreten, daß die nach dem DNA-IFG gewonnenen DNA-Identifizierungsmuster unzulässige Persönlichkeitsbilder darstellen.[234] Insoweit ein gewisses in der Natur der Sache begründetes theoretisches Gefährdungspotential bezüglich der informationellen Rechte des der Maßnahme Unterworfenen verbleibt, geht es um drei Gesichtspunkte. Zunächst ist theoretisch denkbar, daß bei der Untersuchung einer nach dem DNA-IFG gewonnenen Körperzellprobe zielgerichtet persönlichkeitsrelevante Feststellungen getroffen werden. Ein solches Vorgehen wäre jedoch nicht mit der Zweckbestimmung in § 81 g I StPO vereinbar, auf welche sich ausschließlich Eingriffe zur Erstellung eines DNA-Identifizierungsmusters stützen lassen; des weiteren verstieße eine hierüber hinausgehende Untersuchung einer Körperzellprobe gegen die ausdrücklichen Handlungsgebote beziehungsweise -verbote des § 81 g II

---

[229] BVerfG, NJW 1996, 771, 772 f.; 3071, 3072; BVerfG, EuGRZ 2001, 70, 73.
[230] Mit Recht kritisieren *Vesting/Müller*, daß das BVerfG sich bezüglich der Verfassungsmäßigkeit der DNA-Analyse für Zwecke aktueller Strafverfolgung hinsichtlich des naturwissenschaftlichen Erkenntnisstands des Jahres 1995 auf einen Beitrag aus dem Jahre 1990 stützt (*Vesting/Müller*, KritJ 1996, 466, 468).
[231] *Seibel/Gross*, StraFo 1999, 117, 118; vgl. auch *Singe*, Betrifft: JUSTIZ 1999, 102, 102.
[232] LG Münster, StV 1999, 141, 143; vgl. auch den Antrag von Abgeordneten und der Fraktion Bündnis 90/Die Grünen vom 07.05.1998 (BT-Dr. 13/10656, S. 2).
[233] *Kaufmann/Ureta*, StV 2000, 103, 105; NStZ 2000, 221, 221.
[234] Auch *Seibel/Gross*, StraFo 1999, 117, 118, dürften dahingehend zu verstehen sein, daß – nach ihrer Befürchtung – die DNA-Identifizierungsmuster umfassende persönlichkeitsrelevante Informationen enthalten könnten, welche durch zukünftige Untersuchungsmethoden erschlossen werden könnten, so daß dann die DNA-Analyse-Datei vielleicht die Grundlage für den *„gläsernen Menschen"* bieten könnte.

StPO.²³⁵ Die theoretische Gefahr, daß von der Eingriffsnorm ihrem Zweck nach nicht mehr gedeckte Untersuchungen angestellt werden, ist jedoch durchaus auch bei jeder (anderen) Blutprobenuntersuchung gegeben.²³⁶ Theoretisch denkbare Gefahren durch mißbräuchliche Untersuchungen haften daher nicht allein der DNA-Analyse an.²³⁷ Hinzu tritt noch der Gesichtspunkt, daß es – wie dargelegt – für Zwecke der DNA-analytischen Zuordnung von vorzuhaltenden DNA-Identifizierungsmustern zu aufgefundenem Körpermaterial nicht sinnvoll ist, Untersuchungen gerade der für die individuelle Ausprägung der Person maßgeblichen DNA-Bereiche vorzunehmen, da *„die Unterschiede zwischen den verschiedenen Menschen dort nicht sehr groß sind, so daß kein hoher Aussagewert erzielt werden kann."*²³⁸

Der mit einer molekulargenetischen Untersuchung beauftragte Wissenschaftler müßte also das Risiko eingehen, aus dem allgemeinen Laborbetrieb „auszuscheren" und an einer bestimmten Körperzellprobe plötzlich grundlegend andersartige Analysen unternehmen, um im Wege gegebenenfalls sehr umfangreicher Untersuchungen zum Beispiel unzulässige Erkenntnisse über Krankheitsdispositionen des Probanden zu gewinnen.²³⁹ Derartiges erscheint so fernliegend, daß die theoretische Gefahr, daß neben der zulässigen molekulargenetischen Untersuchung zur Erstellung des DNA-Identifizierungsmusters im Sinne des § 81 g I StPO gezielt unzulässige Analysen durchgeführt werden, nicht zu einer relevant erhöhten Eingriffstiefe der Maßnahmen nach dem DNA-IFG führen kann.

Entsprechendes gilt im Ergebnis auch für das zweite denkbare „Gefährdungsszenario". Ergeben sich etwa gelegentlich der Untersuchung (nicht-codierender) DNA-Bereiche) einer Körperzellprobe signifikante Code-Wiederholungen, welche mit einem gewissen Wahrscheinlichkeitsgrad mit einer Anlage des Probanden zu Muskelschwund assoziiert werden können²⁴⁰, so verwehrten es der exklusive Zweck der Untersuchung und die Schutzvorschriften des § 81 g II StPO dem mit der Untersuchung betrauten Sachverständigen einen derartigen Schluß zu ziehen. Hierin läge nämlich eine unzulässige Feststellung, welcher zumin-

---

[235] S. o. S. 43 f.
[236] So schon *Jung,* MschKrim 1989 103, 104.
[237] *Harbort,* Der Beweiswert der Blutprobe, Rn. 407; *Klumpe,* Der „genetische Fingerabdruck" im Strafverfahren, S. 147; *Röger,* Verwertbarkeit, S. 40; SK-*Rogall,* § 81 a Rn. 77.
[238] *Klumpe,* Der „genetische Fingerabdruck" im Strafverfahren, S. 147.
[239] *Henke/Schmitter* weisen in diesem Zusammenhang darauf hin, daß z.B. Aussagen zur Frage, ob jemand an Chorea Huntington erkranken wird, erst durch Kopplungsanalysen, d.h. durch die molekulargenetische Untersuchung ganzer Familien – möglichst über drei Generationen – getroffen werden können (*Henke/Schmitter,* Taschke/Breidenstein-Genomanalyse, S. 36); vgl. auch *Burr,* Das DNA-Profil im Strafverfahren, S. 45.
[240] Vgl. *Vesting/Müller,* KritJ 1996, 446, 478 f.

dest auch keine unmittelbare Bedeutung für den Vergleich eines vorgehaltenen DNA-Identifizierungsmusters mit einer Tatspur zukäme. Erkenntnisse, die über das in der Erstellung des DNA-Identifizierungsmusters liegende hinausgehen, darf der Sachverständige weder ermitteln noch für eigene Zwecke – etwa Forschungszwecke – festhalten oder mitteilen.

Mit der Regelung des § 81 g II StPO hat der Gesetzgeber nämlich die Gewinnung derartiger *„Überschußinformationen"*[241] ausdrücklich untersagt, so daß es sich bei den hier betrachteten „Szenarien" in jedem Fall um Überschreitungen der Grenzen der Ermächtigungsgrundlage des § 81 g StPO handelte. Dazu stellt **Röger** treffend fest: *„Die theoretische Möglichkeit der rechtswidrigen Überschreitung der (...) Grenzen einer Ermächtigungsgrundlage stellt aber nicht die Zulässigkeit der rechtmäßigen, innerhalb der gesetzlichen Grenzen liegenden Maßnahmen in Frage."*[242]

Im übrigen wird die tatsächliche Relevanz des letztgenannten „Gefährdungsszenarios" noch weiter durch den Umstand geschmälert, daß im Rahmen des „Massengeschäfts" der Erstellung von DNA-Identifizierungsmustern für die DNA-Analyse-Datei jeweils dieselben fünf definierten DNA-Merkmalssysteme im hochvariablen nicht-codierenden Bereich untersucht werden.[243]/[244] Dabei kommt noch hinzu, daß für die Auswahl der bei der forensischen DNA-Analyse betrachteten Systeme allein deren labortechnische Verwendbarkeit für Identifizierungszwecke maßgeblich ist[245] - nicht etwa deren Verortung in der Nachbarschaft eines besonders sensiblen codierenden Bereichs. Die im Rahmen einer fo-

---

[241] Vgl. zu diesem Begriff etwa *Tinnefeld/Ehmann*, Datenschutzrecht, S. 25 f.

[242] Die Ausführungen beziehen sich auf die DNA-Analyse für Zwecke des laufenden Strafverfahrens, lassen sich jedoch auf den hier gegebenen Zusammenhang ohne weiteres übertragen (*Röger*, Verwertbarkeit, S. 40; ähnlich *Harbort*, Der Beweiswert der Blutprobe, Rn. 407).

[243] Hierbei handelt es sich um die so bezeichneten Merkmalssysteme SE33, VWA, TH01, D21S11, deren *„Individualisierungskraft"* mit ca. 1 zu 300 Millionen angegeben wird (*Schmitter*, Vordermayer/v.Heintschel-Heinegg-Handbuch, Teil A Kap. 5 Rn. 29).

[244] Unklar bleibt daher, ob das LG Münster seiner Befürchtung, daß *„eine unübersehbare Vielzahl von Informationen aus der DNA gesammelt werden müssen, um wirklich eine Identifizierung leisten zu können"* (LG Münster, StV 1999, 141, 143) die Annahme zugrunde legt, daß tatsächlich unzutreffende Angaben über den Umfang der für die Erstellung eines in die Datei einzuspeisenden DNA-Identifizierungsmusters durchgeführten Analyse im Raume stehen.

[245] *Schneider*, DuD 1998, 330, 332; nicht zuletzt geht es bei der Auswahl zu Identifizierungszwecken zu untersuchender Systeme auch darum, die internationale Kompatibilität der Identifizierungsmuster zu gewährleisten (zu diesem Aspekt: *Simmross*, Kriminalistik 2000, 737, 741 u. 743; *Schneider*, Bäumler-Polizei und Datenschutz, S. 220 f. m.w.N.; vgl. auch *Schneider*, http://www.uni-mainz.de/FB/Medizin/Rechtsmedizin/molgen/databas1.htm (10.09.2000).

rensischen DNA-Analyse zum Zweck der Personenidentifizierung zu untersuchenden DNA-Bereiche werden im Hinblick auf größtmögliche Variabilität ausgesucht.[246]

Das zweite der dargestellten theoretischen „Gefährdungsszenarien"[247] setzt für seine Verwirklichung also voraus, daß sich (zufällig) gerade bezüglich der bei einer DNA-Analyse nach dem DNA-IFG betrachteten Merkmalssysteme Rückschlußmöglichkeiten auf bestimmte codierende DNA-Abschnitte herausstellen. Für den Jetztzeitpunkt[248] wird dies – soweit ersichtlich – nicht angenommen.[249] Eine relevant erhöhte Eingriffstiefe von Maßnahmen zur Datengewinnung nach dem DNA-IFG ergibt sich aus den betrachteten theoretischen „Gefährdungsszenarien" daher nicht. Anderenfalls würden die die Untersuchungen durchführenden Sachverständigen einem wenig konstruktiven Generalverdacht ausgesetzt.[250]

Dagegen wirkt sich allerdings der Gesichtspunkt, daß durch die Verwendung der nach dem DNA-IFG gewonnenen Daten in künftigen Strafverfahren gegebenenfalls auch Unschuldige schnell und zur Gewißheit von einem Tatverdacht entlastet werden können nicht in relevanter Weise eingriffsmildernd auf die Da-

---

[246] Vgl. *Jeffreys/Allen/Hagelberg/Sonnberg*, Forensic Science Int. 56 (1992), 65, 69.
[247] Es sei grundsätzlich unterstellt, daß sich mindestens gewisse Möglichkeiten des Rückschlusses von nicht-codierenden auf codierende Bereiche der DNA nicht kategorisch ausschließen lassen (a. A. mindestens im Hinblick auf krankheitsverursachende Defekte des codierenden DNA-Bereichs: *Schneider*, DuD 1998, 330, 332; vgl. in diesem Zusammenhang auch *Karioth*, DIE POLIZEI 1997, 195, 196 der – auf dem Stand des Jahres 1997 – besonders herausstellt, daß bislang lediglich für zehn Erbkrankheiten, u.a. die anlagebedingte Geisteskrankheit Chorea Huntington, die verantwortlichen DNA-Bereiche identifiziert worden sind).
[248] Stand der Untersuchung: 7. März 2001.
[249] Soweit eine Recherche in der DNA-Analyse-Datei in einem Einzelfall ein uneindeutiges Ergebnis zu Tage bringt, so daß dann eine weitere Vergleichsanalyse diskriminativerer Systeme durchzuführen wäre, hinge es in entsprechender Weise von Zufälligkeiten ab, inwieweit sich dabei die hier nicht grundsätzlich ausgeschlossene Möglichkeit eines Rückschlusses auf personenbezogene Merkmale tatsächlich ergibt; dies stellte sich dann jedoch gerade nicht – und diesen Umstand scheint das LG Münster zu übersehen – um eine jeder DNA-Analyse spezifische Problematik des DNA-IFG, sondern um eine solche dar, wie sie im Rahmen jeder DNA-Analyse zu Zwecke eines anhängigen Strafverfahrens auftreten kann (vgl. LG Münster, StV 1999, 141, 143).
[250] Zuspitzend formulieren *Henke/Schmitter*, Taschke/Breidenstein-Genomanalyse, S. 36, zur DNA-Analyse im aktuellen Strafverfahren: *„Bedenkt man, daß ein Untersucher tagein-tagaus vor Bergen schmutziger und stinkender Asservate sitzt, die daraufhin untersucht werden müssen, von wem ein Sekret- oder Blutfleck stammt, so muß die Furcht vor einer 'genetischen Ausforschung' erst recht nicht nur unbegründet, sondern völlig absurd erscheinen."*

tenerhebungen aus. Dieser Nebenaspekt – der dann im übrigen auch zum Beispiel für die Erhebung von Fingerabdrücken nach § 81 b 2. Alt. StPO gelten müßte – macht nicht den Kern der Maßnahmen nach dem DNA-IFG aus, die nicht der Suche nach Unschuldigen, sondern der Identifizierung von Straftätern dienen.[251] Daß durch ein bestimmtes im jetzigen Zeitpunkt im Wege eines informationellen Eingriffs gewonnenes Datum in der Zukunft, diejenige Person, auf welche das Datum bezogen ist, von einem Straftatverdacht (vielleicht) entlastet werden könnte, vermag kein tragendes Element für die Legitimation des permanenten Vorhaltens des Datums darstellen.[252] Entsprechendes gilt auch für die Erhebung des Datums.

Insgesamt ist nach alldem davon auszugehen, daß Maßnahmen nach den Erhebungsregelungen des DNA-IFG, die zwar ebenso wie die Speicherung von gewonnenen DNA-Identifizierungsmusters und deren etwaiger (künftiger) Verwendung in das Grundrecht auf informationelle Selbstbestimmung eingreifen[253], nicht etwa aufgrund einer spezifischen Eingriffstiefe solchen nach § 81 b 2. Alt. StPO unvergleichbar sind. Es ist stattdessen im Hinblick auf die ähnliche Zielsetzung grundsätzlich möglich, bei der Erörterung der tatbestandlichen Voraussetzungen des DNA-IFG auf die Behandlung der verwandten Norm des § 81 b 2. Alt. StPO zurückzugreifen. Vorrangig ist bei der Auslegung etwa des § 81 g StPO jedoch auf die Systematik der Gesamtregelung des DNA-IFG abzustellen.[254]

Insoweit nun jedoch die DNA-Identifizierungsmuster gerade der Täteridentifizierung in künftigen Strafverfahren zu dienen bestimmt sind[255], werden die Regelungen zur (zukünftigen) Verwendung der DNA-Identifizierungsmuster im Hinblick auf ihnen innewohnende Gefährdungen informationeller Rechtspositionen kritisch zu betrachten sein. Je weniger überschaubar der weitere Weg der DNA-Identifizierungsmuster ist, desto schwerer wiegt das immanente Gefährdungspotential im Hinblick darauf, daß den für die Zukunft zu speichernden Daten in absehbarer oder in aktuell noch nicht absehbarer Zeit möglicherweise doch ein bedeutsames Maß an persönlichkeitsrelevanten Informationen zu entnehmen sein wird.

Für die Gegenwart ist jedoch im Ergebnis der Bewertung des Bundesverfassungsgerichts zuzustimmen, welches den absolut geschützten Kernbereich der

---

[251] Vgl. *Messer/Siebenbürger,* Vordermayer/v.Heintschel-Heinegg-Handbuch, Teil A Kap. 1 Rn. 111, 115.
[252] *Kamann,* Beilage zu ZAP 5/2000, S. 32.
[253] BVerfG, EuGRZ 2001, 70, 73.
[254] Vgl. zur systematischen Gesetzesauslegung: AK-*Loos,* Einl. III Rn. 13.
[255] BT-Dr. 13/10791, S. 4.

Persönlichkeit durch Maßnahmen nach den Erhebungsregelungen des DNA-IFG noch nicht als betroffen erachtet hat.[256] Allerdings ist zu bezweifeln, ob das Bundesverfassungsgericht zur Begründung einer hinreichend flexiblen Argumentationslinie folgt.

Im Hinblick auf den aktuellen Erkenntnisstand erscheint es – wie dargelegt – bereits als durchaus problematisch, DNA-Identifizierungsmuster als „persönlichkeitsirrelevant" einzuordnen, weil beziehungsweise soweit bei ihrer Erstellung die nicht-codierenden DNA-Wiederholungseinheiten herangezogen werden.[257] Denkbare weitere Fortschritte der naturwissenschaftlichen Erkenntnis zum Gehalt der DNA-Wiederholungseinheiten könnten der Argumentation des Bundesverfassungsgerichts den Boden vollends entziehen.

2. Voraussetzungen

Die Körperzellentnahme und molekulargenetische Untersuchung des erhobenen Materials setzen gemäß § 81 g I StPO voraus, daß sich die Maßnahme *„zum Zweck der Identitätsfeststellung in künftigen Strafverfahren"* richtet gegen einen *„Beschuldigten, der einer Straftat von erheblicher Bedeutung, insbesondere eines Verbrechens, eines Vergehens gegen die sexuelle Selbstbestimmung, einer gefährlichen Körperverletzung, eines Diebstahls in besonders schwerem Fall oder einer Erpressung verdächtig ist"* und des weiteren *„wegen der Art oder Ausführung der Tat, der Persönlichkeit des Beschuldigten oder sonstiger Erkenntnisse Grund zu der Annahme besteht, daß gegen ihn künftig erneut Strafverfahren wegen einer der vorgenannten Straftaten zu führen sind."*

Der Adressat von Maßnahmen nach § 81 g I StPO muß zunächst also Beschuldigter sein, der einer Straftat von erheblicher Bedeutung verdächtig ist. Dieses Erfordernis ist funktional insofern von Bedeutung, als Regelungen, die zum Zweck der Vorsorge für zukünftige Strafverfolgung Eingriffsmaßnahmen gegenüber Personen ermöglichen sollen, bezüglich derer keinerlei Anhaltspunkte für ihre Urheberschaft hinsichtlich zeitlich zurückliegender straftatbestandlicher Handlungen bestehen, nicht zu legitimieren wären.[258]

---

[256] BVerfG, EuGRZ 2001, 70, 73.
[257] BVerfG, EuGRZ 2001, 70, 73.
[258] Lisken/Denninger-*Bäumler*, Handbuch des Polizeirecht, J Rn. 538; *Schwan* weist im Zusammenhang mit der Einführung des § 81 b 2. Alt. StPO durch das „Gewohnheitsverbrechergesetz" darauf hin, daß nicht einmal unter den Bedingungen des Jahres 1933 Forderungen nach der sog. „Volksdaktyloskopie" – der prophylaktischen erkennungsdienstlichen Erfassung der gesamten Bevölkerung – umgesetzt worden sind, stattdessen durch die Verwendung des Begriffs des Beschuldigten in § 81 b StPO diese Norm ausgerichtet

a) Beschuldigteneigenschaft des Maßnahmeunterworfenen

Die grundsätzliche Schwierigkeit des Beschuldigtenbegriffs liegt nun darin, daß die StPO diesen Begriff in diversen Vorschriften verwendet[259] beziehungsweise voraussetzt[260], ihn jedoch an keiner Stelle definiert.[261] Im Grundsatz geht die herrschende Meinung von einem formell-verfahrensrechtlich ausgerichteten Beschuldigtenbegriff der StPO aus, wonach Beschuldigter nur derjenige Tatverdächtige ist, gegen den das Verfahren als Beschuldigten betrieben wird; das heißt zu dem subjektiven Element des Tatverdachts muß das objektive Element der Inkulpation der betreffenden Person treten, welche sich in dem Willensakt der zuständigen Strafverfolgungsbehörde manifestiert, durch den der Betreffende in das Verfahren eingebunden wird.[262] Während dieser Beschuldigtenbegriff der herrschenden Meinung eine allgemeine am grundlegenden Ablauf des Strafprozesses, als eines Verfahrens, welches auf strafrechtliche Verurteilung einer Person wegen einer zurückliegenden (Straf-)Tat abzielt, orientierte Inhaltsbestimmung vornimmt, wird im Rahmen des § 81 b StPO, der in seinen beiden Alternativen die Beschuldigteneigenschaft des Maßnahmeadressaten voraussetzt, über Umfang und Inhalt des Beschuldigtenbegriffs im Sinne dieser Norm gestritten. Die verschiedenen extensiven Definitionsansätze knüpfen dabei an Besonderheiten der Norm an und argumentieren dabei losgelöst von dem formell-verfahrensrechtlichen Beschuldigtenbegriff.[263]

Bedeutung erlangt diese Problematik für die hier vorzunehmende Bestimmung von Inhalt und Umfang des Begriffs des Beschuldigten im Rahmen der Vorschriften des DNA-IFG nun dadurch, daß **König**[264] den Standpunkt vertritt, der

---

wurde auf Adressaten, *„die sich wegen einer anderen Tat bereits in den Maschen der Strafverfolgung verfangen haben"* (*Schwan*, DVR 1982, 311, 326); vgl. auch *Wolter*, Brauneck-Ehrengabe, 514.

[259] Vgl. §§ 81, 81 b, 99, 100 a S. 2, 111 a I, 112 I, 137, 153 a I, 415 StPO.
[260] Insbesondere in § 157 StPO.
[261] *Benfer*, Eingriffsrechte, Rn. 93; *Dreier*, JZ 1987, 1009, 1012 Fn. 62; *Eisenberg*, Beweisrecht der StPO, Rn. 505; *Fuss*, Wacke-Festschrift, S. 306; *Schoene*, DRiZ 1999, 321, 321.
[262] *Benfer*, Eingriffsrechte, Rn. 93 f.; LR-*Dahs*, § 81 b Rn. 6; *Eisenberg*, Beweisrecht der StPO, Rn. 505; *Harbort*, Der Beweiswert der Blutprobe, Rn. 70; *Kleinknecht/Meyer-Goßner*, Einl. Rn. 76 ff mit umfangreichen Nachweisen; *Vahle*, DuD 1996, 397, 398; vgl. auch *Fugmann*, NJW 1981, 2227, 2228 und *Fuss*, Wacke-Festschrift S. 308; vgl. ferner BVerfG, NJW 1996, 3071, 3072 für einen Fall eines „genetischen Massenscreenings" von Porsche-Haltern zum Zweck der Täteridentifizierung im Rahmen des aktuellen Verfahrens auf der Grundlage von § 81 a StPO; vgl jedoch auch *Geerds*, der im Rahmen des § 81 a StPO nicht voraussetzt, daß tatsächlich ein Tatverdacht gegen den „Beschuldigten" gegeben ist (*Geerds*, Jura 1988, 1, 2).
[263] Zu den verschiedenen vertretenen Definitionsansätzen: *Kramer*, JR 1994, 224, 226.
[264] *König*, Kriminalistik 1999, 325, 325.

Beschuldigtenbegriff sei für das DNA-IFG so auszulegen wie bei § 81 b 2. Alt. StPO. Er argumentiert dabei unter Verweis auf die Kommentierung von **Pelchen**[265] zu der erkennungsdienstlichen Alternative des § 81 b StPO, welche im Gegensatz zu der ersten Alternative keine Identifizierungsmaßnahmen für Zwecke aktueller Strafverfolgung ermöglicht, sondern die vorsorgliche Bereitstellung von sächlichen Hilfsmitteln[266] für die Erforschung und Aufklärung von (bereits verübten und zukünftigen) Straftaten betrifft[267]. Beschuldigte im Sinne des § 81 g I StPO seien danach Personen, gegen die aufgrund zureichender tatsächlicher Anhaltspunkte im Sinne des Anfangsverdachts des § 152 II StPO das Strafverfahren betrieben wird; wie bei § 81 b 2. Alt. StPO könnten (daneben) auch Schuldunfähige und Kinder Beschuldigte im Sinne von § 81 g I StPO sein.[268]/[269]

Die in Anspruch genommene Kommentierung zu § 81 b 2. Alt. StPO[270] verweist zur Begründung der Einbeziehung von Strafunmündigen[271] insbesondere auf eine Entscheidung des **VG Freiburg,** welche zunächst auf den Aspekt der Effizienz des polizeilichen Erkennungsdienstes abhebt, welcher das Ausklammern von Strafunmündigen aus dem Beschuldigtenbegriff des § 81 b 2. Alt. StPO abträglich wäre, zumal es beim Erkennungsdienst darum geht, der Polizei zukünftige Ermittlungen zu erleichtern. Die Verwendung des Begriffs des Beschuldigten in § 81 b 2. Alt. StPO bedeute daher lediglich, daß erkennungsdienstliche Maßnahmen *„nicht gegen harmlose Bürger"* zulässig seien.[272] Neben diesen Gesichtspunkt tritt der Verweis auf den – angeblich[273] – materiellpolizeirechtlichen Charakter erkennungsdienstlicher Maßnahmen nach der

---

[265] KK³-*Pelchen*, § 81 b Rn. 2; ebenso *Senge* in der aktuellen vierten Auflage des Karlsruher Kommentars: KK-*Senge*, § 81 b Rn. 2.

[266] Insbesondere geht es um die Abnahme von Fingerabdrücken (vgl. *Kleinknecht/Meyer-Goßner*, § 81 b Rn. 8).

[267] *Kleinknecht/Meyer-Goßner*, § 81 b Rn. 3 m.w.N.; KMR-*Paulus*, § 81 b Rn. 4.

[268] *König*, Kriminalistik 1999, 325, 325; ohne eine Begründung für die Einbeziehung von Schuldunfähigen *und* Kindern auch *Messer/Siebenbürger,* Vordermayer/v.Heintschel-Heinegg-Handbuch, Teil A Kap. 1 Rn. 120.

[269] Insoweit hier und im folgenden entsprechend der Terminologie im Schrifttum zum DNA-IFG (vgl. etwa die Fundstellen bei Fn. 268) die Rede ist von Schuldunfähigen und Kindern, sind mit dem Begriff der Schuldunfähigen nur solche Personen gemeint, deren Schuldunfähigkeit auf einer psychischen Störung beruht, ohne daß dabei übersehen werden soll, daß § 19 StGB Kinder generell als schuldunfähig bezeichnet.

[270] KK³-*Pelchen*, § 81 b Rn. 2.

[271] Ausführungen zur Problematik des Schuldunfähigen finden sich dagegen lediglich bezüglich der ersten Alternative des § 81 b StPO, welche Maßnahmen im Rahmen und für Zwecke eines aktuellen Strafverfahrens betrifft, KK³-*Pelchen*, § 81 b Rn. 2.

[272] VG Freiburg, NJW 1980, 901, 901; vgl auch KMR-*Paulus*, § 81 b Rn. 7.

[273] Vgl. *Kleinknecht/Meyer-Goßner*, § 81 b Rn. 3 mit Nachweisen auch zur Gegenansicht.

zweiten Alternative des § 81 b StPO[274], welcher bezüglich des Beschuldigtenbegriffs eine von den Strukturen des Strafprozeßrechts befreite extensive Handhabung ermögliche.[275]

Zuzugestehen ist dem von einer Nähe der Regelungen des DNA-IFG zur zweiten Alternative des § 81 b StPO ausgehenden Ansatz, daß bezüglich der Zielsetzung sich in der Tat eine Parallele darstellen läßt: § 81 g I StPO dient – dies ergibt sich bereits aus seinem Wortlaut – wie das Gesamtregelungswerk des DNA-IFG der Identitätsfeststellung in künftigen Strafverfahren[276], während § 81 b 2. Alt. StPO die vorsorgliche Bereitstellung von sächlichen Hilfsmitteln für die Erforschung und Aufklärung von (künftigen) Straftaten ermöglicht.[277] Dies führt naturgemäß auch dazu, daß hier wie dort eine rein auf die Steigerung der Wirksamkeit der „konventionell"-erkennungsdienstlichen Erfassung beziehungsweise der Erfassung durch Vorhalten von DNA-Identifizierungsmustern ausgerichtete Sichtweise eine möglichst extensive Anwendung der Vorschriften und damit auch ein möglichst weitgehendes Verständnis vom Begriff des Beschuldigten nahelegt.[278]

Zweifelhaft bleibt jedoch, ob diese Gesichtspunkte ein extensives Konzept des Beschuldigtenbegriffs des § 81 g I StPO unter Einschluß von Schuldunfähigen und strafunmündigen Kindern tatsächlich zu tragen vermögen.

Zustimmung verdient zunächst, daß als Ausgangspunkt der formell-verfahrensrechtliche Beschuldigtenbegriff der herrschenden Meinung dient.[279] Eine Auslegung, die diesen allgemeinen Beschuldigtenbegriff übergeht beziehungsweise gar ausschließt, erscheint nicht vertretbar, da § 81 g I StPO vom Gesetzgeber des DNA-IFG durch § 1 DNA-IFG in die Strafprozeßordnung eingestellt worden ist und auch nicht nur durch die Verwendung des Beschuldigtenbegriffs, sondern darüber hinaus durch die Verwendung des Erfordernisses des Tatverdachts auf die Terminologie beziehungsweise die Strukturen der Strafprozeßordnung zurückgreift. Im übrigen spricht auch der Umstand, daß § 81 g I StPO der Regelungskompetenz des Bundes für das „gerichtliche Verfahren" (für das materielle) Strafrecht im Sinne von Art. 74 I Nr. 1 GG unterfällt, dafür, bei der näheren Bestimmung des Inhalts der Vorschrift zunächst (auch) formal-strafprozessuale Kategorien heranzuziehen. Beschuldigte im Sinne des § 81 g I

---

[274] VG Freiburg, NJW 1980, 901, 901; vgl. bereits *Eb.Schmidt*, LK II, § 81 b Rn. 1.
[275] So ausdrücklich: *Dreier*, JZ 1987, 1009, 1012 Fn. 62.
[276] BT-Dr. 13/10791, S. 4.
[277] Vgl. *Kleinknecht/Meyer-Goßner*, § 81 b Rn. 3.
[278] *Kramer* weist pointiert darauf hin, daß es kriminalistisch letztlich zweckmäßig sei, die gesamte Bevölkerung erkennungsdienstlich zu erfassen (*Kramer*, JR 1994, 224, 227).
[279] Vgl. *König*, Kriminalistik 1999, 325, 325.

StPO sind damit (zunächst) Personen, die einer Straftat (von erheblicher Bedeutung) verdächtig sind und gegen die deshalb das Verfahren als Beschuldigte betrieben wird.

Für eine demgegenüber – gegebenenfalls gebotene – weitere Umfangsbestimmung des Begriffs des Beschuldigten des § 81 g I StPO, das heißt zur Ermittlung eventuell anzuerkennender normspezifischer Besonderheiten, ist darüber hinaus in erster Linie auf die Systematik der Gesamtregelung des DNA-IFG abzustellen. Ein Rückgriff auf die Behandlung des verwandten § 81 b 2. Alt. StPO, welcher gleichsam im weiteren systematischen Umfeld des DNA-IFG angesiedelt ist, kommt in Frage, sofern die Betrachtung des unmittelbaren systematischen Zusammenhangs zu keiner zwingenden Auslegung führt.

Für die Auslegung des Begriffs des Beschuldigten in § 81 g I StPO soll daher nunmehr die Gesamtregelung des DNA-IFG in das Blickfeld gerückt werden. Charakteristisch für das DNA-IFG ist das Nebeneinander der Vorschriften der Neufall- und der Altfallregelung. Die Altfallregelung des § 2 I DNA-IFG bezieht sich auf solche Personen, die *„wegen einer der in § 81 g Abs. 1 der Strafprozeßordnung genannten Straftaten rechtskräftig verurteilt oder nur wegen erwiesener oder nicht auszuschließender Schuldunfähigkeit, auf Geisteskrankheit beruhender Verhandlungsunfähigkeit oder fehlender oder nicht ausschließbar fehlender Verantwortlichkeit (§ 3 des Jugendgerichtsgesetzes) nicht verurteilt worden"* sind.

Die Altfallregelung ermöglicht somit Datenerhebungsmaßnahmen nach Beendigung des Strafverfahrens wegen der Anlaßstraftat.[280] Ab diesem Zeitpunkt gilt dabei für den Adressaten der Maßnahme der Begriff des Betroffenen.[281]

Trotz dieses grundsätzlichen Unterschiedes zwischen der Neu- und der Altfallregelung läßt sich aus der Regelung des § 2 I DNA-IFG gleichwohl ersehen, daß Schuldunfähige und Jugendliche, denen die Verantwortlichkeit im Sinne des § 3 S. 1 JGG fehlt, ebenso wie verhandlungsunfähige Geisteskranke grundsätzlich durch Erfassungsmaßnahmen nach dem DNA-IFG erreichbar sein sollen. Diese Erwägung spricht nachhaltig dafür, (möglicherweise) Schuldunfähige und

---

[280] Vgl. dazu im einzelnen S. 143 ff.
[281] Der Begriff des Betroffenen wird ansonsten in allen Stadien des Bußgeldverfahrens verwendet; wenn ein Betroffener iSd. OWiG in ein Strafverfahren dergestalt eingebunden ist, daß ihm zwar nur eine Ordnungswidrigkeit vorgeworfen wird, diese jedoch wegen des sachlichen Zusammenhangs mit der Straftat eines Beschuldigten strafprozessual verfolgt wird, so wird er zum Beteiligten des Strafprozesses, nicht etwa zum Beschuldigten (*Kleinknecht/Meyer-Goßner*, Einl. Rn. 93).

(möglicherweise) nach § 3 S. 1 JGG nichtverantwortliche Jugendliche auch in den Beschuldigtenbegriff des § 81 g I StPO einzubeziehen.[282]

Die Problematik soll durch den folgenden modellhaft gestalteten Fall verdeutlicht werden:

Die zuständige Staatsanwaltschaft führt gegen den schuldfähigen T als Beschuldigten Ermittlungen auf der Grundlage eines Anfangsverdachts wegen Vergewaltigung. Der Anfangsverdacht ergibt sich aus der Anzeige der Prostituierten O, derzufolge T ihr den Geschlechtsverkehr mit Gewalt abgenötigt habe. T läßt sich dahingehend ein, daß ein einvernehmlicher Geschlechtsverkehr stattgefunden habe.

Unabhängige Beweismittel sind nicht zu erlangen.

Unterstellt sei in der betrachteten Konstellation, daß hinsichtlich T im Sinne des § 81 g I StPO „ (...) Grund zu der Annahme besteht, daß gegen ihn künftig erneut Strafverfahren wegen einer der vorgenannten Straftaten zu führen sind."

Im Hinblick hierauf werden dem T im zeitlichen Rahmen des Ermittlungsverfahrens nach § 81 g I StPO Körperzellen entnommen; diese werden untersucht. Das gewonnene DNA-Identifizierungsmuster wird beim BKA in der DNA-Analyse-Datei gespeichert.

Später wird das Verfahren nach § 170 II StPO eingestellt; die Einstellung wird von der Staatsanwaltschaft damit begründet, daß zwar nicht positiv festzustellen sei, daß ein einvernehmlicher Geschlechtsverkehr stattgefunden hat, jedoch ebensowenig dem T seine Version mit der erforderlichen Gewißheit zu widerlegen sei, so daß gemäß dem in-dubio-pro-reo Grundsatz mangels hinreichendem Tatverdacht das Verfahren habe eingestellt werden müssen.

Die Maßnahmen gegen den T konnten zulässigerweise erfolgen.[283] Im Zeitpunkt der Maßnahmen ist der T Beschuldigter gewesen, der einer Straftat von erheb-

---

[282] *Kleinknecht/Meyer-Goßner*, § 81 g Rn. 3.
[283] Allerdings könnte die Körperzellentnahme und die molekulargenetische Untersuchung mangels Erforderlichkeit nicht auf §§ 81 a und 81 e StPO gestützt werden, da die Überführung des T nicht vom Nachweis des Geschlechtsverkehrs – den dieser nach Lage der Dinge unwiderleglich als einvernehmlich darstellt – abhängt (vgl. *Schneider*, Bäumler-Polizei und Datenschutz, S. 218). Zur Möglichkeit, DNA-Identifizierungsmuster, welche für Zwecke gegenwärtiger Strafverfolgung erhoben worden sind, zum Zweck zukünftiger Strafverfolgung in der DNA-Analyse-Datei des BKA zu speichern vgl. im einzelnen unten S. 186 ff.

licher Bedeutung, nämlich der Vergewaltigung der O, verdächtigt wird. Des weiteren ist auch die „Negativprognose" gegeben. Zudem erscheint der Eingriff nicht unverhältnismäßig.[284] Das weitere Schicksal des DNA-Identifizierungsmusters richtet sich in erster Linie nach dem BKAG; dabei ist insbesondere auch § 8 III BKAG anwendbar.[285] Die fortdauernde Speicherung und Nutzung der gewonnenen Identifizierungsmuster würde danach gemäß § 8 III BKAG unzulässig, wenn das Verfahren endgültig abgeschlossen wird *„und sich aus den Gründen dieser Entscheidung ergibt, daß der Betroffene die Tat nicht oder nicht rechtswidrig begangen hat."*[286] Entscheidend ist in dieser Hinsicht, daß § 8 III BKAG folglich diejenigen Fälle nicht betrifft, in denen die Beweislage zu einer Verurteilung zwar nicht ausreicht, ein Tatverdacht gegen den Betreffenden jedoch verblieben ist.[287] Die Löschung der DNA-Identifizierungsmuster erfolgt dagegen bei rechtskräftigem Freispruch beziehungsweise der Einstellung des Verfahrens wegen erwiesener Unschuld.[288]

Aus der Begründung des Einstellungsbescheides ergibt sich nun gerade nicht positiv, daß T die Tat nicht begangen hat; es handelt sich stattdessen um eine Entscheidung auf der Grundlage des Zweifelssatzes. Das genetische Identifizierungsmuster des T könnte also für unbestimmte Zeit gespeichert und in der Zukunft nötigenfalls durch Abgleiche mit aus Straftaten stammendem Spurenmaterial genutzt werden, obgleich der schuldfähige T in dem Anlaßverfahren nicht überführt und verurteilt werden konnte.

Handelte es sich in der hier betrachteten Konstellation – bei ansonsten unveränderten Umständen – nun um einen (erkannt) schuldunfähigen Betroffenen, so hinge die Frage, ob Maßnahmen der Erhebung des „genetischen Fingerabdrucks", seiner Speicherung und Nutzung überhaupt über § 81 g I StPO durch die Körperzellentnahme als ersten Schritt in die Wege geleitet werden können, davon ab, ob ein (erkannt) Schuldunfähiger überhaupt (tatverdächtiger[289]) Beschuldigter im Sinne von § 81 g I StPO sein kann. Wäre dies bereits nicht der Fall, so könnte der schuldunfähige T nämlich nicht erfaßt werden, zumal auch nach der Beendigung des auf der Anzeige der O beruhenden Vorgangs Maß-

---

[284] Vgl. zu den Einzelheiten der angesprochenen Eingriffsvoraussetzungen des § 81 g I StPO unten S. 70 ff.

[285] Der Rechtsausschuß geht ohne weiteres von der Geltung des § 8 III BKAG für die DNA-Analyse-Datei aus (BT-Dr. 11116, S. 7); ebenso *Kleinknecht/Meyer-Goßner*, § 81 g Rn. 10 unter Hinweis darauf, daß keine entgegenstehende Regelung getroffen ist.

[286] Vgl. BT-Dr. 13/11116, S. 7 f.; *Ahlf/Daub/Lersch/Störzer*, BKAG, § 8 Rn. 6; *Kleinknecht/Meyer-Goßner*, § 81 g Rn. 10.

[287] Zu den Einzelheiten s. unten S. 200 ff.

[288] *Schneider*, Bäumler-Polizei und Datenschutz, S. 217.

[289] Zu den Auswirkungen der hier aufgezeigten Problematik für das Tatbestandsmerkmal des „Verdachts" S. 82 f.

nahmen nach der Altfallregelung jedenfalls schon deshalb ausschieden, weil eine Verurteilung des schuldunfähigen T nicht allein wegen dessen Schuldunfähigkeit unterblieben ist, sondern bereits deshalb nicht erfolgen konnte, weil nicht mit der erforderlichen Gewißheit vom Vorliegen eines Verbrechens nach § 177 II Nr. 1 StGB ausgegangen werden konnte.

Das heißt die Schuldunfähigkeit des T war gerade nicht condicio-sine-qua-non für die Verfahrensbeendigung. Derartiges setzen jedoch Maßnahmen im Rahmen der Altfallregelung nach dem eindeutigen Wortlaut des § 2 I DNA-IFG voraus, der verlangt, daß die Verfahrensbeendigung nur (das heißt allein) auf der (erwiesenen oder nicht ausschließbaren) Schuldunfähigkeit des Betroffenen beruht.[290]

Hieran fehlt es in der vorliegenden Fallkonstellation. Für die Beendigung des Verfahrens wegen des Verdachts der Vergewaltigung der O kam es nicht auf die Frage der Schuldunfähigkeit des T an. Gegen den Schuldunfähigen T könnten somit keine Maßnahmen auf der Grundlage des § 2 I DNA-IFG durchgeführt werden.

Schuldfähige Erwachsene wären danach grundsätzlich uneingeschränkt durch die Alt- und durch die Neufallregelung erreichbar – Schuldunfähige demgegenüber nur durch die Altfallregelung und zwar soweit gerade ihre Schuldunfähigkeit der Verurteilung entgegenstand. Für eine derartige Diskrepanz ist kein nachvollziehbarer Grund ersichtlich.

Diese aufgezeigte Andersbehandlung von Schuldfähigen im Vergleich zu Schuldunfähigen im Bereich der Neufallregelung, welche eine Auslegung des Begriffs des Beschuldigten im Rahmen des § 81 g I StPO unter Ausschluß Schuldunfähiger zur Folge hätte, stellte sich stattdessen als wertungswidersprüchlich dar, da sie sich weder mit dem Gesetzeszweck, der Erleichterung zukünftiger Strafverfolgung von schweren Straftaten, insbesondere von Sexualstraftaten[291], noch mit der Systematik des DNA-IFG schlüssig in Einklang bringen ließe. Die Betrachtung des Gesetzeszwecks legt eine extensivere Auslegung der einzelnen Merkmale der in Betracht kommenden Eingriffsgrundlage nahe. Die Effizienz der DNA-Analyse-Datei steht evident in einem Zusammenhang mit der Anzahl zum Abgleich bereitstehender DNA-Identifizierungsmuster.[292]

Den Ausschlag gibt jedoch die Gesamtbetrachtung der Erhebungsregelungen des DNA-IFG, aus der sich ergibt, daß Schuldunfähige und nichtverantwortliche Ju-

---

[290] Vgl. SK-*Rogall*, Anhang zu § 81 g Rn. 9.
[291] BT-Dr. 13/10791, S. 4.
[292] *Volk*, NStZ 1999, 165, 166.

gendliche grundsätzlich durch das DNA-IFG erreichbar sein sollen.[293] Daher wäre es nicht nachvollziehbar, (erkannt) schuldunfähige Personen aus dem Regelungsbereich (nur) der Neufallregelung herauszuhalten. Entsprechendes gilt für Jugendliche, deren Verantwortlichkeit im Sinne des § 3 S. 1 JGG mindestens zweifelhaft ist.[294] **König**[295] ist damit in seinem Ergebnis im Hinblick auf die Einbeziehung von (möglicherweise) Schuldunfähigen und (möglicherweise) im Sinne von § 3 S. 1 JGG nichtverantwortlichen Jugendlichen zuzustimmen.

Es ist jedoch die folgende Einschränkung vorzunehmen im Hinblick darauf, daß die Beschuldigteneigenschaft eines schuldfähigen Beschuldigten grundsätzlich mit der Einstellung des Ermittlungsverfahrens endet[296], so daß die Erhebung des DNA-Identifizierungsmusters ab diesem Zeitpunkt nicht mehr erfolgen kann, selbst wenn ein „Restverdacht" nicht auszuräumen ist und die Verfahrensbeendigung auf dem Grundsatz in-dubio-pro-reo beruht.[297] Der entgegengesetzten Vorgehensweise, das heißt also das Ende der Beschuldigteneigenschaft im Sinne des § 81 g I StPO generell (also bei Schuldfähigen und bei Schuldunfähigen) von dem Zeitpunkt der Verfahrenseinstellung abzukoppeln[298], stünde nämlich die Ausgestaltung der Altfallregelung entgegen. Erforderlich für Maßnahmen bei „Altfällen" ist, daß eine Registereintragung[299] vorliegt. Selbst bei denjenigen Personen, deren Urheberschaft für eine Straftat von erheblicher Bedeutung durch eine diesbezügliche Registereintragung zur Gewißheit dokumentiert wird, sieht der Gesetzgeber also grundsätzlich keine hierauf aufbauende tatbestandlich unbefristete Erfassungsmöglichkeit vor.[300] Demgegenüber nun an einen unaus-

---

[293] Insbesondere führte insoweit der Verweis darauf, daß die Altfallregelung gegenüber der Neufallregelung insofern engere Eingriffsvoraussetzungen aufweist, als sich der Verdacht gegen den Betroffenen gewissermaßen in der nicht gelöschten Registereintragung materialisiert haben muß, nicht weiter, da dieses Erfordernis ersichtlich an die Verfahrenssituation der Altfallregelung anknüpft und demzufolge natürlich auch für schuldfähige Betroffene gilt.
[294] Vgl. *Kleinknecht/Meyer-Goßner*, § 81 g Rn. 3.
[295] Vgl. *König*, Kriminalistik 1999, 325, 325.
[296] *Eisenberg*, Beweisrecht der StPO, Rn. 508; *Fuss*, Wacke-Festschrift, S. 307; *Geerds*, JURA 1988, 1, 2; *Kleinknecht/Meyer-Goßner*, Einl. Rn. 81.
[297] Von der hier behandelten Problematik der Erhebung des DNA-Identifizierungsmusters zu unterscheiden ist die Frage, welchen Einfluß die Beendigung des Verfahrens auf die Zulässigkeit der (fortdauernden) Speicherung, Veränderung und Nutzung der Daten hat.
[298] Bzgl. der erkennungsdienstlichen Alternative des § 81 b StPO wird verbreitet vertreten, daß die Beschuldigteneigenschaft im Sinne dieser Norm nicht mit der Einstellung des Verfahrens ende (*Kleinknecht/Meyer-Goßner*, § 81 b Rn. 7; KMR-*Paulus*, § 81 b Rn. 7; KK-*Senge*, § 81 b Rn. 2; a.A. BVerwG, NJW 1956, 234, 235; NJW 1983, 772, 773; LR-*Dahs*, § 81 b Rn. 7; *Kramer*, JR 1994, 224, 226 f.; AK-*Wassermann*, § 81 b Rn. 4).
[299] Diese darf i.ü. noch nicht tilgungsreif sein (wie hier: *Senge*, NJW 1999, 253, 255); vgl. im einzelnen unten S. 146 ff.
[300] Vgl. die Regelungen über Tilgungsfristen in den §§ 45 ff BZRG.

geräumten Verdacht der Urheberschaft einer Straftat von erheblicher Bedeutung grundsätzlich eine in zeitlicher Hinsicht tatbestandlich unbegrenzte Eingriffsmöglichkeit nach § 81 g I StPO knüpfen zu wollen, stünde hierzu in einem unter systematischen Gesichtspunkten nicht aufzulösenden Wertungswiderspruch.

In dieser Hinsicht kann nun ein nicht-inkulpierter (erkannt) schuldunfähiger Beschuldigter im Sinne des § 81 g I StPO nicht schlechter gestellt sein im Vergleich zu einem schuldfähigen Beschuldigten. In einem derartigen Fall ist daher hinsichtlich der Frage des Beendigungszeitpunkts der Beschuldigteneigenschaft (im Sinne des § 81 g I StPO) auf den fiktiven Einstellungszeitpunkt eines in jeglicher Hinsicht gleichgelagerten Ermittlungsverfahrens gegen einen schuldfähigen Beschuldigten abzustellen. Denn ansonsten müßte ein (erkannt) schuldunfähiger Beschuldigter (im Sinne des § 81 g I StPO) – soweit sich die für seine Urheberschaft hinsichtlich der Anlaßtat sprechenden Anhaltspunkte nicht noch ausräumen lassen – im Gegensatz zu einem schuldfähigen Beschuldigten, dessen Verfahren in einem ansonsten gleichgelagerten Fall zu irgendeinem Zeitpunkt nach § 170 II StPO eingestellt wird, praktisch unbefristet mit der Anordnung von Maßnahmen nach der Neufallregelung rechnen.

Durch die hier vertretene Einbeziehung auch erkannt Schuldunfähiger in den Beschuldigtenbegriff des § 81 g I StPO wird nun um so nachhaltiger die Frage aufgeworfen, wie gemäß § 19 StGB strafunmündige Personen zu behandeln sind. Würde es sich etwa bei dem potentiellen Adressaten von Maßnahmen nach der „Neufallregelung" nicht um einen schuldunfähigen Erwachsenen, sondern um eine Person handeln, die zur Tatzeit 13 Jahre und 11 Monate alt und damit unwiderleglich schuldunfähig gewesen ist[301], so hätte der Ausschluß dieser Person aus dem Beschuldigtenbegriff des § 81 g I StPO zur Folge, daß es nicht zulässig wäre, ihr DNA-Identifizierungsmuster zu erheben und für zukünftige Strafverfolgung bereitzuhalten. Selbst bei einer Person, bezüglich derer die unwiderlegliche Vermutung der Schuldunfähigkeit nach § 19 StGB innerhalb kürzester Zeit wegfallen wird und von der nach aller kriminalistischer Erfahrung – gegebenenfalls mit großer Wahrscheinlichkeit – in der Zukunft verfolgbare erhebliche Delinquenz zu erwarten ist, könnte unter keinen Umständen ein DNA-Identifizierungsmuster erhoben und für die Zukunft gespeichert werden, während dies dagegen bei einem erwachsenen Schuldunfähigen, der seine Schuldfähigkeit möglicherweise nie wieder erlangen wird, ohne weiteres möglich wäre.

Unter dem Gesichtspunkt der kriminalistischen Zweckmäßigkeit[302] wäre es eindeutig wünschenswert, auch Kinder, bezüglich derer sich Anhaltspunkte erge-

---

[301] Vgl. *Kintzi*, DRiZ 1997, 32, 33; *Tröndle/Fischer*, § 19 Rn. 2; *Walter*, DRiZ 1999, 325, 325.
[302] Vgl. *Kramer*, JR 1994, 224, 227.

ben, daß sie die Urheber einer Straftat von erheblicher Bedeutung sind, nach dem DNA-IFG zu erfassen, soweit im Einzellfall die weiteren tatbestandlichen Voraussetzungen des § 81 g I StPO gegeben sind.

Einer derartigen Auslegung stünde im übrigen auch der Wortsinn des Begriffs des „Beschuldigten" nicht entgegen. **Kramer** schreibt der Umgangssprache ein bei weitem zu großes Maß an juristischer Präzision zu, wenn er meint, Beschuldigter sei *„bereits nach allgemeinem umgangssprachlichen Sprachgebrauch"* jemand, *„gegen den von Strafverfolgungsbehörden oder –organen ermittelt wird."*[303] Der Begriff „Beschuldigter" wird demgegenüber durch den „Duden" wie folgt erläutert: *„jmd., der wegen einer Sache, einer Tat beschuldigt wird, gegen den ein Strafverfahren betrieben wird (...)."*[304] Weder wird danach die Inkulpationsfähigkeit zwingend vorausgesetzt, insoweit es nach der vorstehenden Erläuterung nicht unbedingt darauf ankommt, daß gegen die fragliche Person ein Strafverfahren betrieben wird, noch muß sich die „Beschuldigung" überhaupt auf eine Straftat beziehen, vom Begriff des Beschuldigten umfaßt ist jeglicher Vorwurf einer „Sache". Einer „Sache" beschuldigt ist nach den Erläuterungen im „Duden" zum Beispiel auch jemand, dem ein Ehebruch zur Last gelegt wird.[305]

Hinzu kommt, daß selbst die StPO den Beschuldigtenbegriff uneinheitlich verwendet. Im Rahmen der §§ 99, 100 a S. 2, 111 a I, 112 I, 137 StPO umfaßt der Beschuldigtenbegriff – ganz im Sinne der Regelung des § 157 StPO – den „Angeschuldigten" und den „Angeklagten", während demgegenüber § 153 a I StPO „Beschuldigte" nach Erhebung der öffentlichen Klage beziehungsweise Personen, gegen die bereits das Hauptverfahren eröffnet ist, gerade nicht einschließt.[306] Während einerseits der „Verurteilte" definiert wird, als Beschuldigter nach Rechtskraft eines verurteilenden Erkenntnisses[307], soll demgegenüber im Rahmen des § 81 StPO nur eine Person Beschuldigter sein können, gegen die das öffentliche Strafverfahren eingeleitet ist, ohne das bereits eine das Erkenntnisverfahren abschließende rechtskräftige Entscheidung ergangen ist.[308]

Der Begriff des Beschuldigten wird durch die StPO nicht eindeutig definiert beziehungsweise nicht einheitlich verwendet.[309] Der Gesichtspunkt grammatischer

---

[303] *Kramer*, JR 1994, 224, 227.
[304] *Wissenschaftlicher Rat der Dudenredaktion*, Duden, Bd. 2, S. 551.
[305] Vgl. die Ausführungen zum Verb „beschuldigen": *Wissenschaftlicher Rat der Dudenredaktion*, Duden, Bd. 2, S. 551.
[306] LR-*Rieß*, § 157 Rn. 2.
[307] *Kleinknecht/Meyer-Goßner*, § 157 Rn. 5.
[308] OLG Hamm, NJW 1974, 914, 915; *Kleinknecht/Meyer-Goßner*, § 81 Rn. 1.
[309] *Dreier*, JZ 1987, 1009, 1012 Fn. 62.

Auslegung steht daher nicht dem hier eingeschlagenen Weg entgegen, zunächst auf den vergleichsweise engen formal-verfahrensrechtlichen Beschuldigtenbegriff abzustellen, auf dieser Basis dann jedoch unter teleologischen Aspekten normspezifische Besonderheiten anzuerkennen, soweit die Gesetzessystematik im jeweiligen Fall die vertretene Auslegung mitträgt.

Damit verbleibt die Frage, ob systematische Gesichtspunkte für oder gegen die Einbeziehung Strafunmündiger in den Beschuldigtenbegriff des § 81 g I StPO sprechen. Es soll daher wiederum die Gesamtregelung des DNA-IFG in das Blickfeld gerückt werden.

§ 2 I DNA-IFG zeichnet sich dadurch aus, daß diese Norm zunächst von dem „typischen" Altfall ausgeht, das heißt von einer Person, die wegen einer Straftat von erheblicher Bedeutung rechtskräftig verurteilt worden ist. Darüber hinaus sind Personen einbezogen, die allein aufgrund einer bestimmten besonderen Disposition nicht verurteilt werden konnten. Diese besondere Disposition kann dabei in erwiesener oder nicht auszuschließender Schuldunfähigkeit, auf Geisteskrankheit beruhender Verhandlungsunfähigkeit oder auf fehlender oder nicht ausschließbar fehlender Verantwortlichkeit nach § 3 S. 1 JGG bestehen. Der Ausnahmecharakter des den Verurteilten gleichgestellten Personenkreises kommt darin zum Ausdruck, daß Erwachsene grundsätzlich und unter Umständen auch Jugendliche im Sinne des JGG durch das zuständige Gericht – materiell auf der Grundlage des StGB und formell gemäß den Regelungen der StPO (beziehungsweise des JGG) – verurteilt werden, sofern sich zur Überzeugung des Gerichts ergibt, daß sie Täter einer Straftat sind. Hierzu kann es jedoch dann nicht kommen, wenn sich herausstellt, daß der Erwachsene gemäß § 20 StGB schuldunfähig oder endgültig verhandlungsunfähig ist.[310] Eine strafrechtliche Verurteilung des Jugendlichen erfolgt gemäß § 3 S. 1 JGG immerhin, wenn der Jugendliche „*nach seiner sittlichen und geistigen Entwicklung reif genug ist, das Unrecht der Tat einzusehen und nach dieser Einsicht zu handeln*", anderenfalls nicht.[311]

Kinder fallen aus diesem System nun insofern heraus, als sie im Gegensatz zu Erwachsenen, welche regelmäßig nach materiellem Strafrecht und formellem Strafverfahrensrecht zu behandeln sind, einerseits und auch im Gegensatz zu Jugendlichen andererseits, die zumindest unter den Voraussetzungen des § 3 S. 1 JGG strafrechtlich haften, unter keinen Umständen strafrechtlich verurteilt werden können. Es gibt keine auf Kinder anwendbare kriminalrechtliche Sankti-

---

[310] Vgl. zu letzterem nur *Kleinknecht/Meyer-Goßner*, Einl. Rn. 97.
[311] Vgl. *Lohner*, Der Tatverdacht im Ermittlungsverfahren, S. 56.

on[312]; es kann gegen ein Kind weder ein Strafverfahren, noch ein Sicherungs- oder Einziehungsverfahren durchgeführt werden.[313] Aus der Begründung des Gesetzentwurfs ergibt sich, daß Sinn und Zweck der Altfallregelung darin besteht, die DNA-Identifizierungsmuster gefährlicher Straftäter zu erfassen, *„gegen die bereits in der Vergangenheit Strafverfahren geführt wurden."*[314] Bereits hieran muß es bei Strafunmündigen fehlen. Die systematische Betrachtung des § 2 I DNA-IFG spricht daher gegen eine Einbeziehung von Kindern in den Beschuldigtenbegriff des § 81 g I StPO.[315]

Wenn davon ausgegangen wird, daß der Beschuldigtenbegriff aus dem jeweiligen normspezifischen Kontext heraus zu konkretisieren beziehungsweise zu modifizieren ist, so müssen in jedem Einzelfall für eine derartige Vorgehensweise überzeugende Gründe vorliegen. Die von **König** vorgeschlagene Einbeziehung Schuldunfähiger in den Beschuldigtenbegriff des § 81 g I StPO[316] läßt sich unter teleologischen und – dies gibt den Ausschlag – weiterhin auch unter normspezifischen systematischen Gesichtspunkten begründen, ohne daß der Begriffswortlaut dem entgegenstünde. Entsprechendes gilt auch für im Sinne von § 3 JGG (möglicherweise) nicht verantwortliche Jugendliche[317]; nichts anderes kann im übrigen für Personen angenommen werden, welche (möglicherweise) wegen Geisteskrankheit verhandlungsunfähig sind.

Auf Strafunmündige lassen sich diese Erwägungen jedoch nicht übertragen. Ihre Einbeziehung scheint unter grammatischen Gesichtspunkten vertretbar und unter teleologischen Aspekten wünschenswert, doch lassen sich dem DNA-IFG keine systematischen Anhaltspunkte entnehmen, die die Anwendung des § 81 g I StPO auf Kinder zu stützen geeignet wären. Im Gegenteil – nach der Altfallregelung können gemäß dem eindeutigen Wortlaut des § 2 I DNA-IFG keine Betroffenen, deren Nichtverurteilung wegen einer Straftat von erheblicher Bedeutung (allein) auf ihrer Strafunmündigkeit beruht, Eingriffsmaßnahmen ausgesetzt werden. Zu denken wäre etwa an den extremen Fall eines Angeklagten, der einer Straftat von erheblicher Bedeutung angeklagt worden ist und dessen Verfahren nur deshalb nach den §§ 206 a, 260 III StPO eingestellt werden mußte[318], weil sich (erst) in der Hauptverhandlung seine Strafunmündigkeit herausgestellt hat. Identifizierungsmaßnahmen nach dem DNA-IFG kommen demnach nicht ein-

---

[312] *Kintzi,* DRiZ 1997, 32, 33; *Ostendorf,* JGG, § 1 Rn. 1; vgl. auch *Tröndle/Fischer,* § 19 Rn. 2 f.; *Volckart,* Maßregelvollzug, S. 5; *Walter,* DRiZ 1999, 325, 326.
[313] *Lohner,* Der Tatverdacht im Ermittlungsverfahren, S. 55.
[314] BT-Dr. 13/10791, S. 5.
[315] *Kleinknecht/Meyer-Goßner,* § 81 g Rn. 3.
[316] *König,* Kriminalistik 1999, 325, 325.
[317] *Kleinknecht/Meyer-Goßner,* § 81 g Rn. 3.
[318] Vgl. *Kintzi,* DRiZ 1997, 32, 33.

mal in Betracht bei Kindern, deren Urheberschaft für eine Straftat von erheblicher Bedeutung eindeutig feststeht.[319]

Dann kann jedoch nichts anderes gelten für (lediglich) „tatverdächtige" Kinder.[320]

Dem DNA-IFG lassen sich keine Anhaltspunkte für die Einbeziehung von strafunmündigen Personen in den Regelungsbereich des Gesetzes entnehmen. Aus der Systematik des Gesetzes heraus läßt sich die von **König**[321] vertretene Einbeziehung strafunmündiger Personen in den Beschuldigtenbegriff des § 81 g I StPO danach nicht begründen.[322]

Es verbleibt allein der von **König** in den Raum gestellte Verweis auf die Behandlung des § 81 b 2. Alt. StPO[323], in dessen Beschuldigtenbegriff durch Teile der Rechtsprechung und Literatur strafunmündige Personen einbezogen werden. Ganz abgesehen davon, daß die Einbeziehung von Kindern im Rahmen des § 81 b 2. Alt. StPO jedoch wohl überwiegend zu Recht abgelehnt wird[324] und folgerichtig in der polizeilichen Dienstvorschrift „Bearbeitung von Jugendsachen" seit 1995 die erkennungsdienstliche Behandlung von Kindern als unzulässig eingestuft wird[325], unterscheidet sich § 81 g I StPO von § 81 b 2. Alt. StPO jedoch nachhaltig dadurch, daß die Neufallregelung (lediglich) einen Teil der Gesamtregelung des DNA-IFG darstellt.

Während bei § 81 b 2. Alt. StPO der Beschuldigtenbegriff die eigentliche Eingriffsschwelle der Regelung bildet[326], so daß dieses Tatbestandserfordernis sich als der Dreh- und Angelpunkt der Vorschrift darstellt, wobei es gerade durch seine Exponiertheit vielfältigen interpretatorischen Bemühungen offen steht[327],

---

[319] *Kamann*, Beilage zu ZAP 5/2000, S. 4.
[320] Konsequent dürfte es sein, wenn *Lohner* im Hinblick auf nicht vorhandene Verfahrensregelungen für strafunmündige Personen formuliert, daß „*gegen ein offensichtlich weniger als 14 Jahre altes Kind ein Tatverdacht* (begrifflich) *nicht bestehen* (kann)" (*Lohner*, Der Tatverdacht im Ermittlungsverfahren, S. 55).
[321] *König*, Kriminalistik 1999, 325, 325.
[322] *Kleinknecht/Meyer-Goßner*, § 81 g Rn. 3 unter Verweis auf die Regelung des § 2 DNA-IFG.
[323] *König*, Kriminalistik 1999, 325, 325.
[324] *Fugmann*, NJW 1981, 2227, 2228; *Kleinknecht/Meyer-Goßner*, § 81 b Rn. 7 m.w.N.; *Kramer*, JR 1994, 224, 226 ff.; *Vahle*, DuD 1996, 397, 398; a.A. KK³-*Pelchen*, § 81 b Rn. 2; KK-*Senge*, § 81 b Rn. 2; *Schoene*, DRiZ 1999, 321, 323.
[325] (PDV 382) „Bearbeitung von Jugendsachen", 1995 Nr. 9.1.1, zit. nach *Ostendorf*, JGG, § 1 Rn. 2.
[326] *Kramer*, JR 1994, 224, 227.
[327] Vgl. wiederum die Nachweise bei *Kramer*, JR 1994, 224, 226.

sind die einzelnen Tatbestandsmerkmale der Regelungen des DNA-IFG in einem unvergleichbar größeren Maße als integrierte Elemente einer Gesamtregelung aufzufassen. Die Betrachtung dieser Gesamtregelung spricht im Hinblick auf den von der Altfallregelung angezielten Personenkreis, der keine strafunmündigen Personen umfaßt, gegen die Einbeziehung von Kindern in den Beschuldigtenbegriff des § 81 g I StPO.[328] Im Ergebnis trägt der von **König** nicht näher begründete Rückgriff auf § 81 b 2. Alt. StPO die Einbeziehung von Kindern in den Regelungsbereich des § 81 g I StPO daher nicht.

Zusammenfassend sei festgehalten, daß im Rahmen des Beschuldigtenbegriffs des § 81 g I StPO vom formell-verfahrensrechtlichen Beschuldigtenbegriff auszugehen ist; Maßnahmen nach der Neufallregelung können sich auch gegen solche „Beschuldigte" richten, die (möglicherweise) schuldunfähig sind, die (möglicherweise) verhandlungsunfähig oder (möglicherweise) nicht verantwortlich im Sinne des § 3 JGG gehandelt haben, nicht jedoch gegen Kinder.[329]

Die Beschuldigteneigenschaft im Sinne des § 81 g I StPO geht dabei – dies ergibt sich bereits aus § 157 StPO und Sinn und Zweck der Neufallregelung – selbstverständlich nicht dadurch wieder verloren, daß der „Beschuldigte" durch Erhebung der öffentlichen Klage Angeschuldigten- beziehungsweise durch Eröffnung des Hauptverfahrens Angeklagtenqualität erlangt.[330]

b) Verdacht einer Straftat von erheblicher Bedeutung

Die „Beschuldigung" muß sich auf eine „*Straftat von erheblicher Bedeutung*" beziehen, derer der Beschuldigte „*verdächtig ist*"; eine solche liegt nach dem Gesetzestext „*insbesondere*" vor im Falle eines „*Verbrechens, eines Vergehens gegen die sexuelle Selbstbestimmung, einer gefährlichen Körperverletzung, eines Diebstahls in einem besonders schweren Fall oder einer Erpressung.*" Eine Beschränkung des Regelungsbereichs des § 81 g I StPO auf Beschuldigte, die verdächtig sind, etwa eine vollendete Straftat von erheblicher Bedeutung täterschaftlich verwirklicht zu haben, läßt sich dem Gesetz dabei nicht entnehmen. Gemessen an dem Ziel, „*eine verbesserte Aufklärung von schweren Straftaten, insbesondere von Sexualstraftaten*" zu erreichen[331], kann es daher nicht darauf ankommen, ob ein Verbrechen gegen die sexuelle Selbstbestimmung zum Bei-

---

[328] *Kleinknecht/Meyer-Goßner*, § 81 g Rn. 3.
[329] Vgl. *Kleinknecht/Meyer-Goßner*, § 81 g Rn. 3.
[330] SK-*Rogall*, § 81 g Rn. 8; *Senge*, NJW 1999, 253, 254.
[331] BT-Dr. 13/10791, S. 4.

spiel im Versuch stecken geblieben ist[332] oder der Beschuldigte sich nicht als Täter an einer Straftat von erheblicher Bedeutung beteiligt hat.

Bezüglich der tatbestandlichen Voraussetzung „Verdacht einer Straftat von erheblicher Bedeutung" stellt sich nun zum einen die Frage, was unter einer „Straftat von *erheblicher Bedeutung*" zu verstehen ist, zum anderen gilt es zu erörtern, in welcher Weise das Erfordernis des Verdachts, der sich gegen den Beschuldigten richten muß, begrifflich auszufüllen ist.

aa) Straftat von erheblicher Bedeutung

Im Vorfeld des Gesetzentwurfs vom 25.05.1998[333] war die Forderung erhoben worden, im Hinblick auf den verfassungsrechtlichen Verhältnismäßigkeitsgrundsatz die Erhebung von DNA-Identifizierungsmustern auf den Bereich konkret zu bezeichnender Straftaten mit besonderer Schwere zu beschränken, auf Straftaten etwa gegen die sexuelle Selbstbestimmung oder Straftaten, die sich gegen Leib und Leben richten. Delikte mittlerer Kriminalität, wie insbesondere der Bandendiebstahl, sollten dagegen außer Betracht bleiben.[334]

Dieser Ansatz ist jedoch nicht umgesetzt worden. Das Bezugsobjekt hinsichtlich dessen der Beschuldigte des § 81 g I StPO verdächtig sein muß, hat der Gesetzgeber des DNA-IFG – entsprechend den Regelungen etwa der §§ 98 a I, 100 c I Nr. 1 b, 110 a I, 163 e I StPO[335] - mit dem unbestimmten Rechtsbegriff[336] der *„Straftat von erheblicher Bedeutung"* umschrieben, der seit dem OrgKG vom 15.07.1992[337] in der StPO gebräuchlich ist[338] und darüberhinaus auch von der

---

[332] Vgl. LG Göttingen, Nds.Rpfl. 1999, 294, 295.
[333] BT-Dr. 13/10791.
[334] BT-Dr. 13/10656 (Antrag der Abgeordneten Volker Beck (Köln), Marina Steindor und der Fraktion BÜNDNIS 90/DIE GRÜNEN); aus *„kriminalistisch-kriminologischer Sicht"* dagegen ablehnend gegenüber einem abschließenden „Deliktskatalog": *Kube/Schmitter*, Kriminalistik 1998, 415, 417.
[335] Vgl. BT-Dr. 13/10791, S. 4; *Pfeiffer*, § 81 g Rn. 3; KK-*Senge*, § 81 g Rn. 3; *Senge*, NJW 1999, 253, 254.
[336] LG Freiburg, NStZ 2000, 165; *Fluck*, Kriminalistik 2000, 479, 480; *Graalmann-Scheerer*, Kriminalistik 2000, 328, 334; *König*, Kriminalistik 1999, 325, 325; *Kudlich*, JuS 1999, 514; *Marberth-Kubicki*, StraFo 1999, 205; KK-*Senge*, § 81 g Rn. 3; *Senge*, NJW 1999, 253, 254.
[337] BGBl. I 1992, S. 1302.
[338] Vgl. insbesondere SK-*Rogall*, § 81 g Rn. 10; *Hilger*, NStZ 1992, 457, 462 Fn. 93, meint in diesem Zusammenhang, der Begriff der Straftat von erheblicher Bedeutung entspräche *„im wesentlichen"* dem der schwerwiegenden Straftat im Sinne von RiStBV Anl. B II 1; vgl. auch *Lindemann*, KritJ 2000, 86, 92.

höchstrichterlichen Rechtsprechung als Kriterium für die Eingrenzung des Anwendungsbereichs nicht spezialgesetzlich geregelter Ermittlungsmethoden herangezogen wird.[339]

Eine *„Straftat von erheblicher Bedeutung"* liegt danach vor, wenn die in Betracht kommende Tat mindestens dem mittleren Kriminalitätsbereich zuzurechnen ist, den Rechtsfrieden empfindlich stört und geeignet ist, das Gefühl der Rechtssicherheit der Bevölkerung erheblich zu beeinträchtigen.[340]

Beispielhafte Konkretisierungen des Begriffs der „Straftat von erheblicher Bedeutung" bietet § 81 g I StPO in Form von Regelbeispielen[341]; danach ist eine Straftat von erheblicher Bedeutung *„insbesondere"* gegeben, wenn der Beschuldigte verdächtig ist *„eines Verbrechens, eines Vergehens gegen die sexuelle Selbstbestimmung, einer gefährlichen Körperverletzung, eines Diebstahls in besonders schwerem Fall oder einer Erpressung."* Im Verhältnis zu den im Gesetz ausdrücklich beispielhaft aufgeführten Delikten beziehungsweise Deliktsgruppen stellt der Begriff der „Straftat von erheblicher Bedeutung" jedoch den Oberbegriff dar.[342] Hieraus folgt, daß sich die Anlaßtat im Einzelfall stets als Straftat von erheblicher Bedeutung darstellen muß. Kommt als Anlaßtat etwa ein vergleichsweise weniger schwerwiegendes Vergehen aus dem Bereich der Sexualdelikte in Frage, wie die Erregung öffentlichen Ärgernisses oder die Ausübung der verbotenen Prostitution, so werden regelmäßig Erfassungsmaßnahmen nach § 81 g I StPO ausscheiden, obgleich ein in dieser Norm beispielhaft genannter Deliktsbereich einschlägig ist, da es mindestens im Regelfall gleichwohl am Vorliegen einer „Straftat von erheblicher Bedeutung" im Sinne des Oberbegriffs fehlen wird.[343] Entsprechendes gilt konsequenterweise auch außer-

---

[339] BVerfG, EuGRZ 2001, 70, 73 unter Verweis auf BGH St GSSt 42, 139, 157.

[340] BVerfG, EuGRZ 2001, 70, 73 f.; AG Hamburg, StV 2001, 11, 12; BT-Dr. 13/10791, S. 5; *Messer/Siebenbürger*-Vordermayer/v.Heintschel-Heinegg-Handbuch, Teil A Kap. 1 Rn. 121; *Pfeiffer,* § 81 g Rn. 3; *Rinio,* DIE POLIZEI 1999, 318, 318; KK-*Senge,* § 81 g Rn. 3; *Senge,* NJW 1999, 253, 254 m.w.N.; vgl. auch *Hilger,* NStZ 1992, 457, 462 Fn. 93; *König,* Kriminalistik 1999, 325, 325.

[341] BVerfG, EuGRZ 2001, 70, 74; LG Freiburg, NStZ 2000, 165; *König,* Kriminalistik 1999, 325, 325; *Messer/Siebenbürger,* Vordermayer/v.Heintschel-Heinegg-Handbuch, Teil A Kap. 1 Rn. 121; *Rinio,* DIE POLIZEI 1999, 318, 318; KK-*Senge,* § 81 g Rn. 3; *Senge,* NJW 1999, 253, 254.

[342] BT-Dr. 13/10791, S. 5; *Burhoff,* Ermittlungsverfahren, Rn. 267 c; *Messer/Siebenbürger,* Vordermayer/v.Heintschel-Heinegg-Handbuch, Teil A Kap. 1 Rn. 121; *Pfeiffer,* § 81 g Rn. 3; KK-*Senge,* § 81 g Rn. 3.

[343] BT-Dr. 13/10791, S. 5; *König,* Kriminalistik 1999, 325, 325; *Pfeiffer,* § 81 g Rn. 3; *Burhoff,* Ermittlungsverfahren, Rn. 267 c bzgl. § 183 a StGB; demgegenüber weitergehend *Senge* (KK-*Senge,* § 81 g Rn. 3; *Senge,* NJW 1999, 253, 254) unter regelmäßigem Ausschluß auch von Taten nach § 183 StGB (Exhibitionistische Handlungen) und § 224 I Nr. 4 StGB („mit einem anderen Beteiligten gemeinschaftlich"). Für die (regelmäßige) Er-

halb des Bereichs der Sexualdelikte. Darauf, daß etwa auch bei einem Vorliegen der tatbestandlichen Voraussetzungen eines Regelbeispiels nach § 243 I S. 2 StGB hinsichtlich der Anlaßtat nicht ohne weiteres von einer Straftat von erheblicher Bedeutung im Sinne des § 81 g I StPO ausgegangen werden kann, sondern daß dieses tatbestandliche Erfordernis in bezug auf den konkreten Einzelfall festgestellt sein muß, ist zu verweisen, soweit im Schrifttum mit Blick auf den Grundsatz der Verhältnismäßigkeit *„die doch relativ geringe Eingriffsschwelle"* des § 81 g I StPO problematisiert wird.[344]

Die Betrachtung des Bereichs der Vergehen gegen die sexuelle Selbstbestimmung bestätigt insoweit im Ergebnis die bereits ausgesprochene Einschätzung, daß § 81 g I StPO sich tatsächlich der Regelbeispielstechnik bedient.[345] Einen Anknüpfungspunkt für diesbezügliche Zweifel bietet der Gesetzeswortlaut zunächst jedoch durchaus: § 81 g I StPO verwendet nämlich die Formulierung *„insbesondere"*. Dies könnte als Hinweis verstanden werden, in den anschließend genannten Konkretisierungen keine Regelbeispiele zu sehen, sondern zwingende Beispiele für Straftaten von erheblicher Bedeutung.[346] Jedoch erscheint der Standpunkt unvertretbar, zum Beispiel in jedem konkreten Fall der Erregung öffentlichen Ärgernisses oder der Ausübung der unerlaubten Prostitution – abgelöst von dessen jeweiligen Umständen – eine Straftat zu sehen, die ohne weiteres bereits dem mittleren Kriminalitätsbereich zuzurechnen ist, die des weiteren den Rechtsfrieden empfindlich stört und geeignet ist, das Gefühl der Rechtssicherheit der Bevölkerung erheblich zu beeinträchtigen.[347] Hiervon ist auch der Gesetzgeber ausweislich der diesbezüglichen Ausführungen in der amtlichen Begründung zum Entwurf des DNA-IFG ausgegangen[348] - freilich ohne sich anstatt der Verwendung der mindestens in ihrer Tendenz mißver-

---

heblichkeit der gemeinschaftlich begangenen Körperverletzung dagegen: LG Göttingen, Nds.Rpfl. 1999, 294, 295; vgl. ferner *Messer/Siebenbürger,* Vordermayer/v.Heintschel-Heinegg-Handbuch, Teil A Kap. 1 Rn. 122.

[344] Vgl. *Kudlich,* der seine Zweifel illustriert mit dem Beispiel des Entwendens einer Altarkerze als besonders schwerer Fall des Diebstahls nach § 243 I Nr. 4 StGB (*Kudlich,* JuS 1999, 514).

[345] Vgl. LG Freiburg, NStZ 2000, 165; *König,* Kriminalistik 1999, 325, 325; *Rinio,* DIE POLIZEI 1999, 318, 318; KK-*Senge,* § 81 g Rn. 3; *Senge,* NJW 1999, 253, 254.

[346] So i.E. LG Göttingen, Nds.Rpfl. 1999, 294, 295; vgl. zu der grundsätzlichen Problematik: *Maiwald,* NStZ 1984, 433, 434; *Maiwald,* Gallas-Festschrift, S. 137 ff., insbes. 138 f.; vgl. ferner *Lindemann* zur Verwendung des Wortes „insbesondere" in § 8 III PolG NW, wodurch er eine *„kategorische Einbeziehung von Verbrechen"* in den Regelungsbereich dieser Norm bedingt sieht (*Lindemann,* KritJ 2000, 86, 90).

[347] Vgl. zum Begriff der „Straftat von erheblicher Bedeutung" BT-Dr. 13/10791, S. 5; *Pfeiffer,* § 81 g Rn. 3; *Rinio,* DIE POLIZEI 1999, 318, 318; KK-*Senge,* § 81 g Rn. 3; *Senge,* NJW 1999, 253, 254 m.w.N.; vgl. ferner *Hilger,* NStZ 1992, 457, 462 Fn. 93; *König,* Kriminalistik 1999, 325, 325.

[348] BT-Dr. 13/10791, S. 5.

ständlichen Formulierung *„insbesondere"* zu einer das angestrebte Verhältnis zwischen dem Oberbegriff der Straftat von erheblicher Bedeutung und den diesen Begriff beispielhaft illustrierenden Konkretisierungen sprachlich besser umsetzenden Fassung des § 81 g I StPO durchzuringen.[349]

Der in der Literatur und auch in der Rechtsprechung zum Teil vertretene Standpunkt, zu den Straftaten von erheblicher Bedeutung seien begrifflich (nur) diejenigen Verbrechen und schwerwiegenden Vergehen zu zählen, *„bei denen der Täter Körperzellen absondern könnte"*, so daß etwa Straftaten nach den §§ 154, 263 oder 266 StGB nicht als Straftaten von erheblicher Bedeutung zu werten seien, da die Täter eines Meineids, eines Betrugs oder einer Untreue bei der Tatbegehung kein Körpermaterial abzusondern pflegen[350], leuchtet nicht ein.[351] Ob eine bestimmte Straftat mindestens dem mittleren Kriminalitätsbereich zuzurechnen ist, den Rechtsfrieden empfindlich stört und geeignet ist, daß Gefühl der Rechtssicherheit der Bevölkerung erheblich zu beeinträchtigen[352], dürfte kaum zwingend davon abhängen, ob der Täter am Tatort Körperzellen zurückläßt.

Der erwähnten Meinungsgruppe, welche gleichwohl den Begriff der Straftat von erheblicher Bedeutung mit dem Aspekt der genetischen „Nachweiseignung" einer fraglichen Tat verknüpfen will[353], hat das Bundesverfassungsgericht nunmehr eine Absage erteilt, indem es herausstellt, daß *„es für die Frage der Erheblichkeit der Bedeutung einer Straftat nicht auf die Wahrscheinlichkeit der Spurenverursachung durch bestimmte Straftaten an"* (-kommt), *„diese vielmehr*

---

[349] In seiner sprachlichen Form gegenüber dem geltenden Recht allerdings noch problematischer gestaltet war § 81 g I StPO in seiner Fassung nach dem Gesetzentwurf vom 25.05.1998 (BT-Dr. 13/10791, S. 3): *„Zum Zwecke der Identitätsfeststellung in künftigen Strafverfahren dürfen dem Beschuldigten 1. eines Verbrechens, 2. einer Straftat gegen die sexuelle Selbstbestimmung oder 3. einer sonstigen Straftat von erheblicher Bedeutung Körperzellen entnommen (...) werden (...)."* Allerdings war – wie ausgeführt - auch für diese Fassung der Begriff der Straftat von erheblicher Bedeutung (bereits) als Oberbegriff intendiert, da nach der Begründung des Gesetzentwurfs *„auch im Bereich der Sexualdelikte eine Straftat von erheblicher Bedeutung vorliegen muß, so daß beispielsweise Straftaten wie die Erregung öffentlichen Ärgernisses (...) oder die Ausübung der verbotenen Prostitution (...) in der Regel ausscheiden werden"* (BT-Dr. 13/10791, S. 5); mißverständlich daher *Lindemann*, der meint, daß der Begriff der „Straftat von erheblicher Bedeutung" von einer *„Art Auffangtatbestand"* (erst) *„in der endgültigen Gesetzesfassung zum durch Regelbeispiele erläuterten Oberbegriff avanciert ist"* (Lindemann, KritJ 2000, 86, 95).

[350] LG Freiburg, NStZ 2000, 165; AG Hamburg, StV 2001, 11, 12; *Kleinknecht/Meyer-Goßner*, § 81 g Rn. 5; *Messer/Siebenbürger*-Vordermayer/v.Heintschel/Heinegg-Handbuch, Teil A Kap. 1 Rn. 122; vgl. auch *Burhoff*, Ermittlungsverfahren, Rn. 267 c.

[351] Vgl. *Markwardt/Brodersen*, NJW 2000, 692, 695.

[352] Vgl. Nachweise in Fn. 370.

[353] LG Freiburg, NStZ 2000, 165; *Kleinknecht/Meyer-Goßner*, § 81 g Rn. 5.

von Fall zu Fall unter dem Gesichtspunkt der Erforderlichkeit der Maßnahme zu prüfen" (ist).[354]

Die klare Aussage des Bundesverfassungsgerichts verdient Zustimmung: Die angesprochene Ansicht wählt für die Problematik der „Nachweiseignung" den falschen Bezugspunkt. Ein mit hoher krimineller Energie planmäßig ausgeführter Meineid, der etwa auch zu einem immensen wirtschaftlichen Schaden geführt hat, kann schwerlich deshalb als nicht-„erheblich" gewertet werden, weil der Täter dieses Verbrechens im konkreten Einzelfall im Gerichtssal kein nachweisgeeignetes Körpermaterial verloren hat.

Die Frage, ob eine bestimmte Anlaßtat sich als eine Straftat von erheblicher Bedeutung darstellt oder nicht, hat nichts zu tun mit der gänzlich anders gelagerten Frage, ob der Sinn von Erfassungsmaßnahmen nach dem DNA-IFG im Hinblick auf Art und Umstände des fraglichen Delinquenzbereichs möglicherweise anzuzweifeln ist.[355] Ob nach den jeweiligen konkreten Umständen durch Eingriffsmaßnahmen nach dem DNA-IFG erfolgreiche Täteridentifizierungen in künftigen Strafverfahren[356] erwartet werden können, ist eine Frage der Verhältnismäßigkeit der erwogenen Maßnahmen.

Hiervon geht auch die Begründung zu dem Gesetzesentwurf der Fraktionen der CDU/CSU und der FDP vom 25.05.1998 aus.[357] Diese spricht nämlich von einer auf dem Verhältnismäßigkeitsgrundsatz beruhenden systemimmanenten Ausgrenzung von Delikten, *„bei denen der Täter nicht deliktstypisch im Zusammenhang mit einer zukünftigen Straftat ‚Identifizierungsmaterial' (...) hinterlassen wird"*, wie dies bei Meineid, Verleumdung oder Exhibitionismus der Fall sei.[358] Die damit problematisierte Frage der Erforderlichkeit von Erfassungsmaßnahmen stellt sich nun jedoch erst, wenn überhaupt die tatbestandlichen Voraussetzungen für solche vorliegen[359], die genannten Delikte als Straftaten von er-

---

[354] BVerfG, EuGRZ 2001, 70, 74 m.w.N.
[355] Siehe hierzu unten S. 109 ff.
[356] Vgl. wiederum BT-Dr. 13/10791, S. 4.
[357] BT-Dr. 13/10791, S. 5.
[358] Zur Frage, ob es insoweit um die Anlaßstraftat oder allein um die Prognosetat geht unten S. 109 ff.
[359] Unzutreffend dürfte in diesem Zusammenhang der Verweis *Rogalls* (in: SK-*Rogall*, § 81 g Rn. 13) auf die Begründung des Gesetzesentwurfs sein, auf den er seine Ansicht zu stützen sucht, derzufolge die Delikte der Erregung öffentlichen Ärgernisses und der Ausübung der unerlaubten Prostitution aus dem Regelungsbereich des § 81 g StPO nicht aufgrund ihrer geringeren Gewichtigkeit ausscheiden, sondern wegen der *„systemimmanenten"* Beschränkung auf Taten, bei denen abgesondertes Körpermaterial zur Täteridentifizierung führen kann: Nach der Gesetzesbegründung scheiden Taten nach den §§ 183 a, 184 a StGB regelmäßig aus dem Anwendungsbereich des DNA-IFG aus, weil

heblicher Bedeutung in Betracht kommen. Warum nun stattdessen derartige Verhältnismäßigkeitserwägungen gerade im Rahmen der Frage, ob die Anlaßstraftat eine solche von erheblicher Bedeutung darstellt, unternommen werden sollten, ist nicht ersichtlich, erscheint als systemwidrig.

Es ist also zunächst festzustellen, ob die einzelnen tatbestandlichen Erfordernisse – etwa das Erfordernis der Anlaßstraftat von erheblicher Bedeutung – gegeben sind; anschließend ist die Verhältnismäßigkeit des Eingriffs zu problematisieren.[360] Wer demgegenüber bereits das Vorliegen einer Straftat von erheblicher Bedeutung an die Frage bindet, ob bei einem bestimmten Delikt typischerweise Körperzellen an Tatorten zurückbleiben, müßte im übrigen konsequenterweise einen normspezifischen Umgang mit dem Begriff der Straftat von erheblicher Bedeutung fordern. Soweit nämlich zum Beispiel der Betrug aufgrund angeblich fehlender Nachweiseignung bereits keine Straftat von erheblicher Bedeutung sein soll[361], hätte dies nur im Rahmen des § 81 g I StPO zu gelten. Aus der Nennung der Gewerbs- und Gewohnheitsmäßigkeit in § 98 a I Nr. 5 StPO läßt sich nämlich der Schluß ziehen, daß alle gewerbs- oder gewohnheitsmäßig begangenen Straftaten Maßnahmen der Rasterfahndung rechtfertigen können, welche – insoweit besteht die Parallele zur Regelung des § 81 g StPO – lediglich den Anfangsverdacht hinsichtlich einer erheblichen Straftat voraussetzen.[362]

---

es sich hierbei in der Regel nicht um Sexualdelikte handelt, welche Straftaten von erheblicher Bedeutung darstellen. Mißverständlich ist gleichwohl, daß im Rahmen der Ausführungen zu den Erfordernissen des Verhältnismäßigkeitsgrundsatzes *„beispielsweise"* auf die – an sich bereits aufgrund geringerer Gewichtigkeit – ausgeschiedenen Straftaten nach § 183 a und § 184 a StGB Rückbezug genommen wird (BT-Dr. 13/10791, S. 5); hieraus kann jedoch nicht geschlossen werden, daß Straftaten nach den §§ 154, 183, 187 StGB grundsätzlich nicht von erheblicher Bedeutung sein können mangels Nachweiseignung durch Maßnahmen der DNA-Analytik. Die fragliche Passage ist stattdessen so zu verstehen, daß herausgestellt wird, daß die im Zusammenhang mit der Frage der Erheblichkeit angesprochenen Delikte (§ 183 a und § 184 a StGB) zum einen in der Regel keine Straftaten von erheblicher Bedeutung darstellen und zum anderen unabhängig von diesem Gesichtspunkt auch nicht nachweisgeeignet wären. Zu der Frage der Beschränkung des Regelungsbereichs des § 81 g StPO aus dem Gesichtspunkt des Gesetzeszwecks bzw. durch den Grundsatz der Verhältnismäßigkeit im einzelnen unten S. 107 ff.

[360] Insoweit das LG Koblenz in der angesprochenen Art und Weise eine klare Trennung zwischen dem begrifflichen Vorliegen des tatbestandlichen Erfordernisses der Straftat von erheblicher Bedeutung und der Frage der Verhältnismäßigkeit vornimmt, verdient diese Entscheidung Zustimmung (LG Koblenz, StV 1999, 141). Zu den Einzelheiten der mit der Frage nach der „Nachweiseignung" verbundenen Verhältnismäßigkeitsproblematik siehe unten S. 109 ff.

[361] So in aller Deutlichkeit *Kleinknecht/Meyer-Goßner*, § 81 g Rn. 5.

[362] *Pfeiffer*, StPO § 98 a Rn. 2.

Ein gewerbsmäßig begangener Betrug (vergleiche § 263 III S. 2 Nr. 1 StGB) käme im Rahmen des § 98 a StPO danach als Anlaßstraftat von erheblicher Bedeutung in Betracht, während dies im Rahmen des § 81 g I StPO nicht der Fall wäre. Eine derartige Konzeption müßte die Handhabung des Begriffs der „Straftat von erheblicher Bedeutung"[363] unnötig in einer Art und Weise aufwendiger und schwieriger gestalten, die auch der gesetzgeberischen Intention zuwider liefe. Denn die amtliche Begründung zum Entwurf des DNA-IFG bezieht sich hinsichtlich des Begriffs der Straftat von erheblicher Bedeutung ausdrücklich auf diejenigen angesprochenen Normen der StPO, welche diesen Begriff bereits verwenden.[364]

Im übrigen ist es – gemessen am Zweck des § 81 g I StPO, der Identitätsfeststellung in künftigen Strafverfahren[365] – auch irrelevant, ob bei der Anlaßtat zurückgebliebene Spuren der DNA-Analyse zugänglich sind oder nicht; mit der Aufklärung der Anlaßtat haben Maßnahmen nach dem DNA-IFG nichts zu tun.[366] Der Wortlaut des § 81 g I StPO („*wegen einer der genannten Straftaten*") bringt zum Ausdruck, daß sich die Negativprognose auf irgendeine Straftat von erheblicher Bedeutung beziehen muß. Daß Anlaß- und Prognosetat sich auf denselben Straftatbestand in derselben Begehungsform beziehen müssen, kann hieraus nicht geschlossen werden.[367] Derartiges wäre nicht mit dem Gesetzeszweck vereinbar; es ist kein nachvollziehbarer Grund dafür ersichtlich, Fälle aus dem Regelungsbereich des DNA-IFG herauszuhalten, bei denen sich der Verdacht hinsichtlich der Anlaßstraftat etwa auf einen besonders schwerwiegenden Meineid bezieht und die Persönlichkeit des Beschuldigten zum Beispiel Grund zu der Annahme bietet, daß gegen ihn künftig Strafverfahren wegen Vergewaltigung zu führen sein werden[368], nur weil am Tatort (der Anlaßstraftat) kein identifizierungsgeeignetes Körpermaterial zurückgeblieben ist.

Hinsichtlich des Verhältnisses des Oberbegriffs der – als Voraussetzung einer Maßnahme nach § 81 g I StPO – als Anlaßtat stets erforderlichen „Straftat von erheblicher Bedeutung" zu den im Gesetz ausdrücklich genannten Delikte beziehungsweise Deliktsbereiche ist festzuhalten, daß letztere keine abschließende Aufzählung tauglicher Anlaßtaten etwa im Hinblick auf den Bereich im Rahmen

---

[363] Grundsätzlich kritisch zur Verwendung dieses Begriffs: *Lindemann*, KritJ 2000, 86, 86 ff., insbes. 95 ff.
[364] BT-Dr. 13/10791, S. 4 f.
[365] BT-Dr. 13/10791, S. 4.
[366] Treffend *Markwardt/Brodersen*, NJW 2000, 692, 695.
[367] *Markwardt/Brodersen*, NJW 2000, 692, 695 f.
[368] Zur Negativprognose im einzelnen unten S. 83 ff.

des § 81 g I StPO in Betracht kommender Vergehen darstellen sollen.[369] Dies ergibt sich unmittelbar aus dem Wortlaut des Gesetzes, demzufolge die dem Leitbegriff der Straftat von erheblicher Bedeutung nachfolgend angesprochenen Delikte beziehungsweise Deliktsgruppen ersteren eben „nur" „*insbesondere*" mithin nicht enumerativ-abschließend ausgestalten.[370]

Maßgeblich ist danach bei einem als Anlaßtat für eine Maßnahme auf der Grundlage des § 81 g I StPO in Betracht gezogenen Vergehen allein, ob dieses nach den Umständen des Einzelfalls als eine Straftat von erheblicher Bedeutung zu bewerten ist.[371]

Insoweit nun vertreten wird, daß demgegenüber jedes Verbrechen eine Straftat von erheblicher Bedeutung darstellt[372], erscheinen vorsichtige Zweifel angebracht.[373] Beispielsweise mögen Fälle des minder schweren Totschlags nach § 213 StGB denkbar sein, welche aufgrund besonderer Umstände zum Beispiel nicht geeignet scheinen, das Gefühl der Rechtssicherheit der Bevölkerung erheblich zu beeinträchtigen. Da nun nach dem allgemein vertretenen Verständnis

---

[369] *König*, Kriminalistik 1999, 325, 325; *Messer/Siebenbürger*-Vordermayer/v.Heintschel/Heinegg-Handbuch, Teil A Kap. 1 Rn. 122; *Schneider*, StV 2001, 5, 6 Fn. 6; vgl. auch Nr. 1.7 des Gem. RdErl. d. MI, d. MJ u. d. MFAS v. 19.11.1998 (4104 – 304.123) – Nds.Rpfl. 1999, 52, 52.

[370] Als problematisch erscheint vor diesem Hintergrund die Formulierung *Senges*, wonach die Regelbeispiele den unbestimmten Rechtsbegriff der Straftat von erheblicher Bedeutung eingrenzen (KK-*Senge*, § 81 g Rn. 3; *Senge*, NJW 1999, 253, 254); vgl. auch die Regelung des Art. 30 V BayPAG, welche eine Legaldefinition des Begriffs der Straftat von erheblicher Bedeutung durch einen nicht abschließenden Beispielskatalog anstrebt (vgl. Schmidbauer/Steiner/Roese-*Roese*, PAG, Art. 31 Rn. 13 f.).

[371] *Haller/Conzen*, Das Strafverfahren, Rn. 899; SK-*Rogall*, § 81 g Rn. 10 unter Hinweis auf *Hilger*, NStZ 1992, 457, 462 Fn. 94; KK-*Senge*, § 81 g Rn. 3; für eine einzelfallbezogene Prüfung des Vorliegens einer Straftat von erheblicher Bedeutung im Rahmen der §§ 110 a, 163 e StPO des weiteren KK-*Nack*, § 110 a Rn. 21 und KK-*Schoreit*, § 163 e Rn. 13.

[372] So LG Göttingen auf der Grundlage der Annahme, daß es sich bei den Katalogtaten des § 81 g I StPO nicht um Regelbeispiele handelt, stattdessen bei Vorliegen einer Katalogtaten oder eines Verbrechens stets von einer erheblichen Straftat auszugehen ist und die Umstände des Einzelfalls erst „*im Rahmen der Verhältnismäßigkeitsprüfung zu berücksichtigen*" sind, LG Göttingen, Nds.Rpfl. 1999, 294, 295; *Kleinknecht/Meyer-Goßner*, § 81 g Rn. 5; SK-*Rogall*, § 81 g Rn. 12; KK-*Senge*, § 81 g Rn. 3; *Senge*, NJW 1999, 253, 254.

[373] Vgl. in diesem Zusammenhang auch *Möhrenschlager*, der bzgl. der durch das OrgKG eingeführten §§ 98 a und 110 a StPO darauf verweist, daß der Begriff der Straftat von erheblicher Bedeutung bereits im Entwurf eines Strafverfahrensänderungsgesetzes 1989 verwendet wurde und der E-StVÄG diesbezüglich u.a. herausstellt, daß es in den Fällen der mittleren Kriminalität insofern weniger auf den abstrakten Charakter des Straftatbestandes, als vielmehr auf die jeweilige konkrete Tat ankommt (*Möhrenschlager*, wistra 1992, 326, 327).

vom Oberbegriff der Straftat von erheblicher Bedeutung insoweit (auch) auf die häufig stark an den besonderen Umständen eines konkreten Falles sich anlehnende Wahrnehmung und Bewertung von Straftaten durch die Bevölkerung abzustellen ist[374], sollte auch bei Vorliegen einer Anlaßtat, die sich im Sinne des § 12 I StGB als Verbrechen darstellt, nicht auf die einzelfallbezogene Prüfung verzichtet werden, ob eine Straftat vorliegt, die dem mittleren Kriminalitätsbereich zuzurechnen ist, den Rechtsfrieden empfindlich stört und über diese weitgehend verobjektiverbaren Kriterien noch hinausgehend geeignet ist, das Gefühl der Rechtssicherheit der Bevölkerung erheblich zu beeinträchtigen.[375] Der Versuch, diese Problematik dagegen durch eine „Verobjektivierung" des Erfordernisses der Eignung der Anlaßtat, das Gefühl der Rechtssicherheit der Bevölkerung erheblich zu beeinträchtigen, aufzulösen, müßte dagegen mindestens in eine gefährliche Nähe zu einem Rückschluß vom Sollen auf das Sein geraten. Erscheint eine konkrete Anlaßtat nach ihren spezifischen Umständen nicht geeignet, das Gefühl der Rechtssicherheit der Bevölkerung erheblich zu beeinträchtigen, so kann dies schwerlich durch den Hinweis überspielt werden, daß die fragliche Tat nun einmal § 12 I StGB unterfällt. Dem Begriffsgehalt der „Straftat von erheblicher Bedeutung" angemessen ist es daher bei Vorliegen eines Verbrechens in der Regel zwar von Erheblichkeit des Delikts auszugehen, hierbei jedoch einen einzelfallunabhängigen Automatismus zu vermeiden.[376]

Entsprechendes gilt – dies ergibt sich im Wege des Erst-Recht-Schlusses – um so mehr für Vergehen; eine Maßnahme nach § 81 g I StPO erfordert die positive Feststellung, daß es sich bei der Anlaßtat um eine Straftat von erheblicher Bedeutung handelt. Das heißt der Kreis der in der Norm ausdrücklich aufgeführten Delikte beziehungsweise Deliktsgruppen ist, wie dargelegt, einerseits nicht abschließend, so daß sich zum Beispiel durchaus auch ein Vergehen nach den Umständen des Einzelfalls als taugliche Straftat von erheblicher Bedeutung darstellen kann[377], andererseits ist jedoch auch im Fall einer ausdrücklich im Gesetz benannten Anlaßtat stets zu prüfen, ob diese nach ihren konkreten Umständen eine Straftat von erheblicher Bedeutung darstellt[378], also mindestens dem Be-

---

[374] BT-Dr. 13/10791, S. 5; *Pfeiffer*, § 81 g Rn. 3; KK-*Senge*, § 81 g Rn. 3; *Senge*, NJW 1999, 253, 254 m.w.N.; vgl. auch *Benfer*, MDR 1994, 12, 12; *Hilger*, NStZ 1992, 457, 462 Fn. 93; *König*, Kriminalistik 1999, 325, 325; die subjektive Komponente betont auch *Lemke* (HK-*Lemke*, § 98 a Rn. 9).
[375] Vgl. zu den Kriterien der Straftat von erheblicher Bedeutung die Nachweise in Fn. 370.
[376] So auch *Benfer* im Hinblick auf § 110 a StPO (*Benfer*, MDR 1994, 12, 12).
[377] Die Erheblichkeit eines Delikts aus dem Bereich der mittleren Kriminalität kann sich ergeben etwa aus der gewerbs-, gewohnheits- bzw. bandenmäßigen Begehung (*Benfer*, MDR 1994, 12, 12).
[378] A.A. wohl wiederum *Senge*, soweit er eine einzelfallbezogene Prüfung des Vorliegens einer „*mindestens dem Bereich der mittleren Kriminalität zuzurechnenden Straftat, die den Rechtsfrieden empfindlich stört und geeignet ist, das Gefühl der Rechtssicherheit der*

reich der mittleren Kriminalität zuzurechnen ist, den Rechtsfrieden empfindlich stört und geeignet ist, das Gefühl der Rechtssicherheit der Bevölkerung erheblich zu beeinträchtigen.[379]

Daß es der Intention des Gesetzgebers entspricht, generell eine einzelfallbezogene Prüfung des Vorliegens der Voraussetzungen einer Straftat von erheblicher Bedeutung zu fordern, läßt sich im übrigen schon der Begründung des Gesetzesentwurfs entnehmen. Es wird dort nämlich klargestellt, daß sich aus dem Charakter des Begriffs der Straftat von erheblicher Bedeutung als „Oberbegriff" ergibt, daß auch – mithin: nicht nur – im Bereich der Sexualdelikte eine Straftat von erheblicher Bedeutung vorliegen muß.[380] Letzteres erscheint um so bedeutungsvoller, zumal der Gesetzentwurf (anders als die geltende Gesetzesfassung) Straftaten – also auch Verbrechen – gegen die sexuelle Selbstbestimmung ansprach und sich den weiteren Materialien zum DNA-IFG nicht entnehmen läßt, daß dieses Grundverständnis vom Verhältnis des Begriffs der Straftat von erheblicher Bedeutung zu den im Gesetz aufgeführten Delikten beziehungsweise Deliktsgruppen aufgegeben worden wäre.[381]

Soweit schließlich die durch das Änderungsgesetz zum DNA-IFG vom 02.06.1999 geschaffene Anlage zu § 2 c DNA-IFG einen Straftatenkatalog beinhaltet, stellt dieser keineswegs eine abschließende Aufzählung beziehungsweise Definition der Straftaten von erheblicher Bedeutung dar.[382] Der Straftatenkatalog soll stattdessen dabei helfen, solche Personen durch systematische Auswertung der Datenbestände der Registerbehörde auszumachen, die für Maßnahmen nach der Altfallregelung in Betracht kommen.[383] Die Auflistung im Anhang zu § 2 c DNA-IFG kann damit nicht mehr als Anhaltspunkte liefern für die Frage, ob im konkreten Einzelfall eine Maßnahme nach der Neu- oder der Altfallregelung in Betracht kommen könnte.[384]/[385]

Bevölkerung erheblich zu beeinträchtigen" bei Vorliegen eines Vergehens, welches in § 81 g I StPO angesprochen ist, nur für nötig zu erachten scheint in den Fällen der §§ 183, 183 a, 184 a, 224 I Nr. 4 StGB (*Senge,* NJW 1999, 253, 254; KK-*Senge,* § 81 g Rn. 3).
[379] Vgl. BT-Dr. 13/10791, S. 5.
[380] BT-Dr. 13/10791, S. 5.
[381] Vgl. BT-Dr. 13/11116, S. 4, ff., insbes. 7.
[382] LG Hannover, Nds.Rpfl. 2000, 76; *Messer/Siebenbürger,* Vordermayer/v.Heintschel-Heinegg-Handbuch, Teil A Kap. 1 Rn. 128.
[383] BT-Dr. 14/445 S. 5; LG Hannover, Nds.Rpfl. 2000, 76; *Messer/Siebenbürger,* Vordermayer/v.Heintschel-Heinegg-Handbuch, Teil A Kap. 1 Rn. 128; *Vahle,* DSB 7+8/1999, S. 24.
[384] SK-*Rogall,* § 81 g Rn. 10 und Anhang zu § 81 g Rn. 22; a.A. unter Mißachtung des gesetzgeberischen Willens und der dementsprechenden systematischen Funktion des Straftatenkatalogs *Graalmann-Scheerer,* derzufolge der Gesetzgeber durch die Schaffung der

Entgegengetreten sei abschließend insbesondere[386] **Burhoff,** der die Bestimmtheit des § 81 g I StPO „*im Hinblick auf das vom BVerfG entwickelte Recht auf informationelle Selbstbestimmung*" in Frage stellt, da von dem verwendeten Begriff der Straftat von erheblicher Bedeutung „*viele Delikte (...) erfaßt werden, bei denen nach der gesetzgeberischen Intention eine DNA-Feststellung wohl kaum in Betracht kommen sollte (z. B. § 154 StGB).*"[387]

Zur Frage der Normenklarheit von Gesetzen hat das **BVerfG** im „Volkszählungsurteil" ausgeführt: „*Hinreichend bestimmt ist ein Gesetz, wenn sein Zweck aus dem Gesetzestext in Verbindung mit den Materialien deutlich wird (BVerfGE 27, 1 (8)); dabei reicht es aus, wenn sich der Gesetzeszweck aus dem Zusammenhang ergibt, in dem der Tatbestand des Gesetzes zu dem zu regelnden Lebensbereich steht (vgl. BVerfGE 62, 169 (183 f.)).*"[388] Eine bestimmte Vorschrift ist also dann normenklar und justitiabel, wenn „*sie mit herkömmlichen juristischen Methoden ausgelegt werden kann.*"[389] Aus dem Wortlaut des § 81 g I StPO läßt sich nun der Zweck dieser Norm durchaus ersehen; Zweck ist die „*Identitätsfeststellung in künftigen Strafverfahren*". Dabei muß es um die „*vorgenannten Straftaten*" gehen, also um solche von erheblicher Bedeutung. Eine von **Burhoff** möglicherweise assoziierte Beschränkung auf den Bereich der Sexualstraftaten und der Gewaltkriminalität läßt sich der Norm somit nicht entnehmen. Dies entspricht auch durchaus der Intention des Gesetzgebers; nach der amtlichen Begründung zu dem Gesetzentwurf vom 25.05.1998 wird mit dem DNA-IFG eine „*verbesserte Aufklärung von schweren Straftaten, insbesondere von Sexualstraftaten*" angestrebt.[390] Der Gesetzgeber intendierte keine exklusive Beschränkung des Regelungsbereichs des DNA-IFG etwa auf Sexualstraftaten und Gewaltkriminalität.[391] Dies kommt auch insoweit im Gesetz offensichtlich zum Ausdruck, als Diebstähle im besonders schweren Fall oder Erpressungen

---

Anlage zu § 2 c DNA-IFG n.F. klargestellt habe, was unter einer Straftat von erheblicher Bedeutung zu verstehen ist, so daß der Katalog eine „*bindende Auslegungshilfe für den unbestimmten Rechtsbegriff der 'Straftat von erheblicher Bedeutung' enthalte*" (*Graalmann-Scheerer,* Kriminalistik 2000, 328, 334).

[385] Siehe im einzelnen unten S. 168 f.
[386] Auch *Lindemann* erachtet den Begriff der „Straftat von erheblicher Bedeutung" (auch) im Hinblick auf § 81 g I StPO für als „*Tatbestandsvoraussetzung (...) verfassungswidrig*", da er nicht dem Gebot der Normenklarheit gerecht werde (*Lindemann*, KritJ 2000, 86, 96); ebenso *Gössner*, Geheim 3/98, http://www.infolinks.de/geheim/1998/03/004.htm (10.09.2000); kritisch auch *Kudlich*, JuS 1999, 514.
[387] *Burhoff,* Ermittlungsverfahren, Rn. 267 c.
[388] BVerfG 65, 1, 54.
[389] BVerfG, EuGRZ 2001, 70, 73 m.w.N.
[390] BT-Dr. 13/10791, S. 4.
[391] Eine derartige Beschränkung erscheint aus kriminologischer Sicht auch nicht angezeigt; vgl. *Kube/Schmitter,* Kriminalistik 1998, 415, 417; *Pätzel,* ZFIS 1998, 90, 94.

als mögliche Straftaten von erheblicher Bedeutung ausdrücklich genannt sind. Die von **Burhoff** angenommene Diskrepanz zwischen der gesetzgeberischen Absicht und der Reichweite der geschaffenen Regelung[392], bestätigt sich danach nicht.

Der in der Regelung des § 81 g I StPO verwendete Begriff der Straftat von erheblicher Bedeutung ist hinreichend bestimmt, zumal zu seiner Konkretisierung die in der Norm genannten Regelbeispiele und auch die Rechtsprechung zu anderen Vorschriften, die den fraglichen Begriff beinhalten, herangezogen werden können.[393]

bb) Verdachtsgrad

Im Hinblick auf den für eine Maßnahme nach § 81 g I StPO bezüglich einer Straftat von erheblicher Bedeutung gegenüber dem Beschuldigten erforderlichen Verdachtsgrad wird in Rechtsprechung und Literatur derjenige des bloßen (Anfangs-)Verdachts als ausreichend erachtet.[394]

Dieser Standpunkt verdient Zustimmung, zumal der Gesetzgeber ausweislich des Wortlauts des Gesetzestexts in § 81 g I StPO keinen an strengere Voraussetzungen gebundenen Verdachtsgrad geregelt hat.[395]

Aus dem spezifischen Beschuldigtenbegriff des § 81 g I StPO folgt jedoch, daß es für das Vorliegen des „Verdachts" hinsichtlich der Anlaßtat nicht auf die Schuldfähigkeit des potentiellen Maßnahmeadressaten ankommen kann.[396] Anderenfalls würde sich in einer bei systematischer Betrachtung evident unsinnigen Weise die Einbeziehung (erkannt) schuldunfähiger Personen in den Beschuldigtenbegriff des § 81 g I StPO als ergebnisloses „Null-Summen-Spiel"

---

[392] *Burhoff*, Ermittlungsverfahren, Rn. 267 c.
[393] BVerfG, EuGRZ 2001, 70, 73 f.; vgl. auch *Graf*, Rasterfahndung, S. 268; dagegen verneint *Lisken*, ZRP 1994, 264, 264 die Auslegbarkeit des Begriffs der Straftat von erheblicher Bedeutung.
[394] LG Waldshut-Tiengen, StV 1999, 365, 366; LG Freiburg, NStZ 2000, 165; AG Hamburg, StV 2001, 11, 12; *Burhoff*, Ermittlungsverfahren, Rn. 267 c; *Graalmann-Scheerer*, Kriminalistik 2000, 328, 333; *König*, Kriminalistik 1999, 325, 325; *Messer/Siebenbürger*, Vordermayer/v.Heintschel-Heinegg-Handbuch, Teil A Kap. 1 Rn. 121; *Ohler*, StV 2000, 326, 329; *Rinio*, DIE POLIZEI 1999, 318, 318; *Schneider*, StV 2001, 6, 7 Rn. 6; *Schulz*, Boyd/Hruschka/Joerden-Ethik und Recht, S. 198 Fn. 13; KK-*Senge*, § 81 g Rn. 2; *Senge*, NJW 1999, 253, 254.
[395] *Graalmann-Scheerer*, Kriminalistik 2000, 328, 333; *Messer/Siebenbürger*, a.a.O.
[396] Zur Frage, ob Schuldunfähige im allgemeinen tatverdächtig sein können: *Lohner*, Der Tatverdacht im Ermittlungsverfahren, S. 51 ff.

darstellen. Der Beschuldigte (im Sinne des § 81 g I StPO) ist demnach dann einer Straftat von erheblicher Bedeutung verdächtig (im Sinne des § 81 g I StPO), wenn bezüglich der Anlaßtat der Verdachtsgrad des bloßen (Anfangs-) Verdachts[397] angenommen werden kann, das heißt, wenn es nach der kriminalistischen Erfahrung als möglich erscheint, daß der in Betracht gezogene Maßnahmeadressat der Urheber der rechtswidrigen Anlaßtat von erheblicher Bedeutung ist. Im Zeitpunkt der Anordnung der Maßnahme muß der (Anfangs-) Verdachts gegen den Beschuldigten gegeben sein.[398] Dies ergibt sich bereits aus dem Wortlaut des § 81 g I StPO, demzufolge als Adressat einer Erfassungsmaßnahme ein Beschuldigter in Betracht kommt, der einer Straftat von erheblicher Bedeutung verdächtig ist. Bezugsobjekt des Verdachts muß dabei stets eine Straftat von erheblicher Bedeutung sein; bezieht sich der Verdacht nur (noch) auf eine Straftat von geringerer Relevanz, so können Maßnahmen nach § 81 g I StPO nicht angeordnet werden.[399] Betont sei im Vorgriff auf die Ausführungen zur weiteren Datenverarbeitung und -nutzung im Teil B bereits an dieser Stelle, daß zu Unrecht gewonnene DNA-Identifizierungsmuster nicht (weiter-) verwendet werden dürfen, was durch die über § 3 S. 2 DNA-IFG anwendbare Norm des § 32 II BKAG gewährleistet ist.

c) Die „Negativprognose"

Weitere tatbestandliche Voraussetzung einer Maßnahme nach § 81 g I StPO ist, daß *„wegen der Art oder Ausführung der Tat, der Persönlichkeit des Beschuldigten oder sonstiger Erkenntnisse Grund zu der Annahme besteht, daß gegen ihn künftig erneut Strafverfahren (...) zu führen sind"*, wobei sich diese nach der Gesetzesfassung wiederum beziehen müssen auf Straftaten von erheblicher Bedeutung.[400] Ob dies der Fall ist, kann nur durch eine Prüfung des Einzelfalls festgestellt werden.[401]

Die angesprochene Eingriffsvoraussetzung wird in der amtlichen Begründung des Gesetzentwurfs als „Negativprognose" bezeichnet[402], wohingegen sich in der Literatur auch die Begriffe der „Prognoseklausel"[403], der „Kriminalprogno-

---

[397] Vgl. hierzu etwa *Gössel,* Dünnebier-Festschrift, S. 131 f.; *Hund,* ZRP 1991, 463, 464; *Kleinknecht/Meyer-Goßner,* § 152 Rn. 4 m.w.N.; *Soine´,* CR 1998, 257, 259.
[398] *Messer/Siebenbürger,* Vordermayer/v.Heintschel-Heinegg-Handbuch, Teil A Kap. 1 Rn. 121.
[399] *Burhoff,* Ermittlungsverfahren, Rn. 267 c; *Senge,* NJW 1999, 253, 254.
[400] *Lindemann,* KritJ 2000, 86, 95; *Markwardt/Brodersen,* NJW 2000, 692, 692.
[401] *Graalmann-Scheerer,* Kriminalistik 2000, 328, 334 m.w.N.
[402] BT-Dr. 13/10791, S. 5; vgl. auch *Pfeiffer,* § 81 g Rn. 4.
[403] *Markwardt/Brodersen,* NJW 2000, 692, 692.

se"[404] oder einfach der „Wiederholungsgefahr"[405] finden. In der Rechtsprechung ist die Rede von der „Gefahrenprognose".[406]

Diese festzustellende terminologische Uneinigkeit[407] wirft nun die Frage auf, ob sie Ausdruck auch inhaltlichen Streits hinsichtlich der vorzunehmenden „Negativprognose" ist. Diesbezüglich wird es zum einen um die Bestimmung eines probaten Maßstabs gehen und sodann – bildlich gesprochen – um die Frage, welcher Wert im konkreten Fall bezüglich der einschlägigen „Meßlatte" gegeben sein muß, damit hinsichtlich eines potentiellen Maßnahmeadressaten die Negativprognose bejaht werden kann. Es wird also zu erörtern sein, welches Kriterium beziehungsweise welche Kriterien in welchem Maße erfüllt sein müssen, um einem möglichen Adressaten einer Maßnahme nach dem DNA-IFG die Negativprognose auszustellen. Des weiteren ist zu erörtern auf welche tatsächlichen Umstände die Negativprognose dabei im Einzelfall gestützt werden kann.

aa) Der Grad der für die Negativprognose maßgeblichen „Annahme"

In der Begründung des Gesetzentwurfs wird – wie auch in den weiteren Materialien – darauf verzichtet, eigenständige Ausführungen zur Inhaltsbestimmung der Negativprognose vorzunehmen und darauf verwiesen, daß sich in § 8 VI Nr. 1 BKAG das Erfordernis einer Negativprognose findet, dem diejenige des § 81 g I StPO entspräche.[408]

In Rechtsprechung und Schrifttum wird für die Negativprognose des § 81 g I StPO auf die Behandlung der §§ 63, 64, 66 StGB verwiesen.[409] Die Verhängung derartiger freiheitsentziehender Maßregeln erfordert nun stets, daß die Wahrscheinlichkeit weiterer Straftaten gegeben ist, die bloße Möglichkeit reicht dagegen nicht aus.[410] Aus der Rechtsprechung zu den §§ 63, 64, 66 StGB will das **LG Gera** daher darauf schließen, daß Maßnahmen nach § 81 g I StPO voraussetzen, daß *„eine naheliegende, überwiegend wahrscheinliche Gefahr"* erheblicher Straftaten von dem potentiellen Maßnahmeadressaten ausgeht[411]/[412]; un-

---

[404] *König*, Kriminalistik 1999, 325, 325.
[405] KK-*Senge*, § 81 g Rn. 5; *Senge*, NJW 1999, 253, 254.
[406] LG Gera, StV 1999, 589.
[407] Hier soll in Anlehnung an die amtliche Begründung zu dem Entwurf des DNA-IFG die Rede sein von der „Negativprognose"; das Bezugsobjekt der „Negativprognose" wird umschrieben als die „Prognosetat".
[408] BT-Dr. 13/10791, S. 5; vgl. auch *Pfeiffer*, § 81 g Rn. 4.
[409] LG Gera, StV 1999, 589; KK-*Senge*, § 81 g Rn. 5; *Senge*, NJW 1999, 253, 255.
[410] Schönke/Schröder/*Stree*, vor §§ 61 ff. Rn. 9 m.w.N.
[411] Die landgerichtliche Entscheidung bezieht sich auf einen Altfall (LG Gera, StV 1999, 589). Es ist jedoch nicht ersichtlich, daß die Erwägungen des Gerichts nur gelten sollen

terhalb der Annahme der „*Wahrscheinlichkeit neuer erheblicher rechtswidriger Taten*" sei eine auf der Bejahung der Negativprognose basierende Maßnahme nach dem DNA-IFG im übrigen auch nicht als den Verhältnismäßigkeitsgrundsatz wahrender Eingriff in grundrechtlich geschützte Positionen des Maßnahmeadressaten zu rechtfertigen.[413]

Eine zwingende Begründung für den vorgeschlagenen Rückgriff auf die Rechtsprechung zu dem Recht der freiheitsentziehenden Maßregeln wird jedoch weder durch die zitierte Entscheidung, noch durch das Schrifttum zum DNA-IFG geliefert.[414]

Der umfassende Verweis auf die Praxis der §§ 63, 64, 66 StGB begegnet im Ergebnis durchgreifenden Bedenken. Maßnahmen nach § 63 StGB setzen unter anderem voraus, daß aufgrund einer Gesamtwürdigung von dem Täter (weitere) erhebliche rechtswidrige Taten „*zu erwarten sind.*" § 64 I StGB kommt zur Anwendung, wenn „*die Gefahr besteht*", daß der Maßnahmeadressat (weitere) erhebliche rechtswidrige Taten begeht. § 66 I StGB schließlich erfordert, daß der Täter „*für die Allgemeinheit gefährlich ist.*" Den §§ 63, 64 und 66 StGB ist gemein, daß sie eine Prognose hinsichtlich des in Betracht zu ziehenden Maßnahmeadressaten erfordern.[415] Insoweit läßt sich im Grundsatz selbstverständlich eine Parallele zum DNA-IFG darstellen. Der Gesetzgeber des DNA-IFG hat nun jedoch im Rahmen des § 81 g I StPO die im Recht der freiheitsentziehenden Maßregeln gebräuchlichen Formulierungen zur Umschreibung der anzustellenden Prognose zukünftigen Verhaltens des möglichen Maßnahmeadressaten gerade nicht aufgegriffen.[416] § 81 g I StPO setzt keine „*Erwartung*" voraus, sondern erfordert lediglich, daß „*Grund zu der Annahme besteht*", daß in der Zukunft neue Strafverfahren gegen den Maßnahmeadressaten wegen einer Straftat von erheblicher Bedeutung zu führen sein werden.[417] Das Gesetz vermeidet den

---

für Negativprognosen bei Altfällen (vgl. zum Erfordernis der Negativprognose im Sinne des § 81 g I StPO bei Altfällen im einzelnen unten S. 152 ff.); vgl. auch LG Frankenthal, StV 2000, 303.

[412] *Singe* geht – ohne nähere Begründung – davon aus, daß es im Rahmen der Negativprognose des § 81 g I StPO auf die „*Wahrscheinlichkeit der Tatwiederholung*" ankommt (*Singe*, Betrifft: JUSTIZ 1999, 102, 103).
[413] LG Gera, StV 1999, 589.
[414] Allerdings schränkt *Senge* insoweit seine Position ein, als er zunächst auf noch verwertbare einschlägige Vorstrafen abstellen und dann im übrigen auf die Rechtsprechung zu den §§ 63, 64, 66 StGB zurückgreifen will, *Senge*, NJW 1999, 253, 255; KK-*Senge*, § 81 g Rn. 5.
[415] Vgl. Schönke/Schröder/*Stree*, vor §§ 61 ff. Rn. 8.
[416] *Markwardt/Brodersen*, NJW 2000, 692, 693.
[417] LG Frankfurt, StV 2001, 9, 9; LG Duisburg, StraFo 1999, 202, 203.

Begriff der Gefahr beziehungsweise der Gefährlichkeit[418] und es hat des weiteren auch nicht den Begriff der Erwartung, der in § 63 StGB Verwendung findet, aufgegriffen. Auch geht es – nach dem eindeutigen Wortlaut des § 81 g I StPO – im Rahmen der Negativprognose des DNA-IFG lediglich um die Frage, ob zukünftig *„Strafverfahren (...) zu führen sind"*[419], während die §§ 63 und 64 StGB in den Mittelpunkt der Prognoseentscheidung ausdrücklich zukünftige *„Taten"* des Betroffenen stellen.

Hätte der Gesetzgeber es angestrebt, daß im Rahmen der Erstellung der Negativprognose des § 81 g I StPO im konkreten Fall auf die Rechtspraxis zu den Regelungen der §§ 63, 64 und 66 StGB zurückgegriffen wird, so hätte es mindestens nahegelegen, diesen intendierten Bezug sprachlich herauszustellen. Die gesetzliche Umschreibung der Negativprognose entspricht jedoch gerade nicht den in den §§ 63, 64, 66 StGB verwendeten Formulierungen.[420]/[421]

Stattdessen hat der Gesetzgeber für die Negativprognose des § 81 g I StPO die Formel aus der Regelung des § 8 VI Nr. 1 BKAG weitestgehend übernommen[422] – allerdings mit dem Unterschied, daß die Vorschrift im BKAG nicht auf Straftaten von erheblicher Bedeutung beschränkt ist.[423] Bereits der Verweis in der Begründung des Gesetzentwurfs auf die Regelung des § 8 VI Nr. 1 BKAG spricht dagegen, für die *„Annahme, (...) daß (...) künftig erneut Strafverfahren"* gegen den Beschuldigten zu führen sein werden, über die diesbezügliche Möglichkeit hinaus die Wahrscheinlichkeit oder einen gesteigerten Grad von Wahrscheinlichkeit zu verlangen.[424] Hinreichend für die Negativprognose des § 8 II BKAG, welche wiederum ihrerseits derjenigen des § 8 VI Nr. 1 BKAG entspricht[425], soll nach der Begründung zum Entwurf des BKAG nämlich sein, daß nach der kriminalistischen Erfahrung *„die Möglichkeit besteht, daß gegen den Betroffenen künftig Strafverfahren zu führen sind."*[426]

---

[418] Vgl. §§ 64 I, 66 I Nr. 3 StGB.
[419] *Markwardt/Brodersen,* NJW 2000, 692, 694.
[420] *Markwardt/Brodersen,* NJW 2000, 692, 693; *Schneider,* StV 2001, 6, 7..
[421] Ob *Sprenger/Fischer* (NJW 1999, 1830, 1830 Fn. 3) insoweit zu Recht eine fehlende Harmonisierung mit sonstigen Prognoseregelungen (z.B. §§ 56, 57 StGB, §§ 153 a, 454 StPO) bemängeln, mag angezweifelt werden, zumal nach der Begründung zum Gesetzentwurf die Negativprognose des § 81 g StPO derjenigen in § 8 VI Nr. 1 BKAG entsprechen soll (BT-Dr. 13/10791, S. 5), also eine Anlehnung an eine bereits vorhandene Prognoseklausel durchaus intendiert gewesen ist.
[422] BT-Dr. 13/10791, S. 5; vgl. auch AG Hamburg, StV 2001, 11, 12.
[423] *Markwardt/Brodersen,* NJW 2000, 692, 694.
[424] LG Frankfurt, StV 2001, 9, 9; *Fluck,* Kriminalistik 2000, 479, 480.
[425] Vgl. *Ahlf/Daub/Lersch/Störzer,* BKAG, § 8 Rn. 20 iVm. Rn. 4 f.
[426] BT-Dr. 13/1550, S. 25.

Des weiteren bestehen zwischen dem DNA-IFG und dem Recht der freiheitsentziehenden Maßregeln auch relevante Unterschiede in der jeweiligen Struktur, so daß im Ergebnis der Heranziehung der zu den §§ 63, 64, 66 StGB entwickelten Kriterien zur Ausfüllung des begrifflichen Inhalts der Negativprognose nach § 81 g I StPO nicht zugestimmt werden kann.

Zunächst ist insofern herauszustellen, daß die Verhängung einer Maßregel stets die Feststellung voraussetzt, daß der Adressat der Maßregel die Anlaßtat begangen hat.[427] Demgegenüber kommen Maßnahmen nach § 81 g I StPO bereits dann in Betracht, wenn hinsichtlich der Anlaßtat ein bloßer Anfangsverdacht angenommen werden kann.[428] Diese vergleichsweise niedrig gehaltene Eingriffsschwelle hinsichtlich der Anlaßtat dürfte eher dafür sprechen, daß der Gesetzgeber des DNA-IFG auch bezüglich der Negativprognose des § 81 g I StPO die Voraussetzungen weniger streng verstanden wissen will, als etwa das **LG Gera** unter Bezugnahme auf die Praxis zum Recht der freiheitsentziehenden Maßregeln, indem es im Rahmen der Negativprognose *„eine naheliegende, überwiegend wahrscheinliche Gefahr"* weiterer erheblicher Straftaten des potentiellen Maßnahmeadressaten verlangt.[429]

Weiterhin zeigt auch die Betrachtung von angestrebtem Zweck und den zu dessen Erreichung bereitgestellten Mitteln die grundlegenden Strukturunterschiede zwischen dem Recht der freiheitsentziehenden Maßregeln und dem DNA-IFG auf. Maßregeln sollen den gefährlichen Täter unabhängig von seiner Schuld bessern oder vor ihm schützen.[430] Gerade insofern ist die Rechtfertigung der freiheitsentziehenden Maßregeln mit einem nicht unerheblichen Begründungsaufwand verbunden.[431] Dies gilt insbesondere für die Sicherungsverwahrung, die den Schutz der Gesellschaft vor gefährlichen Rückfalltätern bezweckt.[432] Zur Erreichung dieses Zwecks bedient sich § 66 StGB *„als letzte Notmaßnahme der Kriminalpolitik"*[433] des einschneidendsten rechtsstaatlich denkbaren Mittels, der Einsperrung des Maßregelunterworfenen für einen von seiner Schuld unabhängigen Zeitraum. Die Sicherungsverwahrung stellt insoweit eine *„rein eliminierende Maßregel"* [434] dar. Und auch die Maßregeln nach den §§ 63, 64 StGB

---

[427] LK-*Hanack*, vor § 61 Rn. 38; Schönke/Schröder/*Stree*, § 63 Rn. 2, § 64 Rn. 2 und § 66 Rn. 16, 55; *Volckart*, Maßregelvollzug, S. 6.
[428] LG Waldshut-Tiengen, StV 1999, 365, 366; *König*, Kriminalistik 1999, 325, 325; KK-*Senge*, § 81 g Rn. 2; *Senge*, NJW 1999, 253, 254.
[429] LG Gera, StV 1999, 589; vgl. auch LG Waldshut-Tiengen, StV 1999, 365, 366.
[430] Vgl. LK-*Hanack*, vor § 61 Rn. 22 f.; Schönke/Schröder/*Stree*, vor §§ 61 ff. Rn. 1 f.; *Tröndle/Fischer*, vor § 61 Rn. 1.
[431] Vgl. *Jescheck/Weigend*, AT, S. 86.
[432] Vgl. *Jescheck/Weigend*, AT, S. 813 f.; vgl. auch Schönke/Schröder/*Stree*, § 66 Rn. 2.
[433] BT-Dr. V/4094, S. 18 f.; BGHSt 30, 220, 222.
[434] *Jescheck/Weigend*, AT, S. 86.

zeichnen sich dadurch aus, daß dem Maßregelunterworfenen im Hinblick auf Zukünftiges seine gegenwärtige Freiheit genommen wird.

Die Eingriffsregelungen nach dem DNA-IFG bezwecken demgegenüber ausweislich des § 81 g I StPO und der Begründung des Gesetzesentwurfs „lediglich" die Identitätsfeststellung in zukünftigen Strafverfahren mittels der Erhebung und des Vorhaltens eines DNA-Identifizierungsmuster des Maßnahmeadressaten.[435] Wenn nun auch an dieser Stelle keineswegs übersehen werden soll, daß die Erstellung und Speicherung des „genetischen Fingerabdrucks" einen Eingriff in das Recht auf informationelle Selbstbestimmung[436] darstellt[437], so ist die Eingriffsintensität der nach dem DNA-IFG möglichen Maßnahmen gleichwohl – insbesondere bei lebensnaher Einbeziehung der persönlichen Situation und der Interessen des jeweiligen Adressaten – unvergleichlich geringer, als diejenige freiheitsentziehender Maßregeln.[438] Des weiteren unterscheiden sich das DNA-IFG und die freiheitsentziehenden Maßregeln auch hinsichtlich der Zielsetzung ganz erheblich voneinander.[439] Während letztgenannte mit der allergrößten Direktheit und Handgreiflichkeit auf die Person des Maßregelunterworfenen Zugriff nehmen, um dessen Besserung beziehungsweise den Schutz der Gesellschaft vor ihm unmittelbar zu bezwecken[440] beziehungsweise gleichsam zu erzwingen, soll das DNA-IFG die Identitätsfeststellung des Täters in künftigen Strafverfahren erleichtern.[441] Der Zielsetzung der §§ 63, 64, 66 StGB ähnelnde Effekte können den Regelungen des DNA-IFG daher allenfalls mittelbar zugeschrieben werden.

Besonders betont werden soll nun jedoch, daß zur Beantwortung der Frage, welche tatsächlichen Umstände im Rahmen der Negativprognose des § 81 g I StPO als Anknüpfungstatsachen herangezogen werden können, durchaus auf die Praxis zu den freiheitsentziehenden Maßregeln zurückgegriffen werden kann und auch sollte.[442] Denn so wie etwa die Entscheidung über die Unterbringung einer Person in der Sicherungsverwahrung auf der Grundlage einer Gesamtwürdigung

---

[435] BT-Dr. 13/10791, S. 4.
[436] Vgl. das „Volkszählungsurteil", BVerfGE 65, 1, 41 ff.
[437] Mindestens mißverständlich formulieren *Seibel/Gross* angesichts der Regelung des § 81 g II StPO, der „genetische Fingerabdruck" umfasse die Persönlichkeit in Gänze (*Seibel/Gross,* StraFo 1999, 117, 118).
[438] LG Heilbronn, unveröffentlicher Beschl. v. 28.10.1999 – 1 Qs 238/99, zit. nach *Fluck,* Kriminalistik 2000, 479, 479 f.; *Markwardt/Brodersen,* NJW 2000, 692, 694.
[439] *Lindemann,* KritJ 2000, 86, 90; *Markwardt/Brodersen,* NJW 2000, 692, 694.
[440] Schönke/Schröder/*Stree,* vor §§ 61 ff. Rn. 1 f.; *Tröndle/Fischer,* vor § 61 Rn. 1.
[441] BT-Dr. 13/10791, S. 4.
[442] Zur Methodologie der Prognosebegutachtung etwa *Volckart,* Maßregelvollzug, S. 130 ff.

des Täters und seiner Taten gefällt wird[443], fußt die Beantwortung der Frage, ob in einem konkreten Fall im Sinne des § 81 g I StPO Grund zu der Annahme besteht, daß gegen den Beschuldigten erneut Verfahren wegen einer Straftat von erheblicher Bedeutung zu führen sein werden, (auch) auf einer Betrachtung der (Anlaß-)Tat. Deren Art und Ausführung wird nämlich ausdrücklich als mögliche Grundlage der Negativprognose genannt – neben der Persönlichkeit des in Betracht gezogenen Maßnahmeadressaten und neben sonstigen Erkenntnissen, welche gleichfalls in § 81 g I StPO angesprochen sind. Das heißt, daß zum Beispiel bei der Ausleuchtung der Persönlichkeit eines Beschuldigten, gegen den eine Maßnahme nach § 81 g I StPO in Erwägung zu ziehen ist, dieselben kriminologisch relevanten Umstände in vergleichbarer Art und Weise zu betrachten sein werden, wie etwa im Rahmen der „Gesamtwürdigung" des § 66 StGB.[444] Hiervon strikt zu unterscheiden ist jedoch der Begriffsinhalt der in § 81 g I StPO erforderlichen Annahme selbst. Zugespitzt ließe sich formulieren: Zwar können die für die Annahme der Negativprognose des § 81 g I StPO maßgeblichen Kriterien nicht aus der Praxis des Rechts der freiheitsentziehenden Maßregeln abgeleitet werden, doch kann gleichwohl hinsichtlich der in Betracht zu ziehenden Anknüpfungstatsachen für die Negativprognose die umfangreiche Rechtsprechung zu den §§ 63, 64, 66 StGB mit in den Blick genommen werden.

Nicht zugestimmt werden kann des weiterem dem Vorschlag von **Schneider**[445], den Prognosemaßstab des § 81 g I StPO entsprechend demjenigen des § 112 a StPO zu bestimmen. Die Anordnung der DNA-Identitätsfeststellung sei ebenso wie die Anordnung der Sicherungshaft nach § 112 a StPO präventivpolizeilicher Natur. Die Negativprognose des § 81 g I StPO sei „*nur mit der Prognose der Wiederholungsgefahr in § 112 a StPO vergleichbar.*" Bei Zugrundelegung des Maßstabs der letztgenannten Vorschrift ergäbe sich für § 81 g I StPO „*das Erfordernis einer restriktiven Auslegung.*"[446] Der Grundannahme, § 81 g StPO sei seiner Rechtsnatur nach als präventiv-polizeiliche Vorschrift einzuordnen, wird hier jedoch nicht gefolgt. Zuzustimmen ist stattdessen dem Bundesverfassungsgericht und dem Bundesgerichtshof, die den Datenerhebungsregelungen des DNA-IFG den Charakter „genuinen Strafprozeßrechts" beziehungsweise zumindest den von „Strafverfolgungsmaßnahmen im weiteren Sinne" attestieren.[447]

---

[443] Vgl. Schönke/Schröder/*Stree*, § 66 Rn. 19 ff. und *Tröndle/Fischer*, § 66 Rn. 16 f. jeweils mw.N.
[444] Vgl. zu letzterem Schönke/Schröder/*Stree*, § 66 Rn. 22 ff. und *Tröndle/Fischer*, § 66 Rn. 17 jeweils m.w.N.
[445] *Schneider*, StV 2001, 6.
[446] *Schneider*, StV 2001, 6, 7.
[447] BVerfG, EuGRZ 2001, 70, 73; BGH, StV 1999, 302, 303; vgl oben S. 24, 33 ff.

Dementsprechend trägt auch der Ansatz von **Rittershaus** nicht, die für die Prognose eine konkrete Gefahr verlangt, da es sich um eine Präventivmaßnahme handele, welche gravierende Eingriffe in die körperliche Integrität und die informationelle Selbstbestimmung mit sich bringe.[448]

Abgesehen von der Einordnung der Maßnahmen im Präventivbereich bleibt offen, warum ein gravierender Eingriff in die informationelle Selbstbestimmung und darüberhinaus selbst in die körperliche Integrität anzunehmen sein soll.[449]

In der Literatur wird als Kriterium für die Annahme der Negativprognose die polizeiliche Erfahrung vorgeschlagen.[450] Es findet sich diesbezüglich der Hinweis[451] auf die verwaltungsgerichtliche Rechtsprechung zu § 81 b 2. Alt. StPO. Dieser zufolge ist es für eine erkennungsdienstliche Erfassung hinreichend, daß *„begründete Anhaltspunkte dafür bestehen, daß der Betroffene künftig oder anderwärts gegenwärtig strafrechtlich in Erscheinung treten wird und deswegen mit guten Gründen in den Kreis potentieller Beteiligter an einer Straftat einbezogen werden kann."*[452]

Das LG Frankfurt reklamiert diese Formel inzwischen für die Negativprognose des § 81 g I StPO:[453] *„Vielmehr ist zu prognostizieren, ob der Besch. (...) in den Kreis potentieller Täter einer zukünftigen Straftat einbezogen werden kann und somit aus Sicht des dafür angestrengten Ermittlungsverfahrens das Bedürfnis bestehen würde, ihn als Verdächtigen auszuscheiden oder den Verdacht in Bezug auf seine Person zu erhärten."*[454]

Nun lassen sich – wie bereits mehrfach erwähnt – zwischen der erkennungsdienstlichen Alternative des § 81 b StPO und dem DNA-IFG Ähnlichkeiten feststellen. Letzteres bezweckt die Erleichterung der Identitätsfeststellung in zukünftigen Strafverfahren[455] mittels Erstellung und Speicherung „genetischer Fingerabdrücke", während § 81 b 2. Alt. StPO die vorsorgliche Bereitstellung von sächlichen Hilfsmitteln für die Erforschung und Aufklärung von (zukünfti-

---

[448] *Rittershaus*, StV 2000, 609, 610.
[449] Zur „Eingriffstiefe" vgl. oben S. 47 ff.
[450] *König*, Kriminalistik 1999, 325, 325.
[451] *Fluck*, Kriminalistik 2000, 479, 480; *König*, Kriminalistik 1999, 325, 325 Fn. 4; *Markwardt/Brodersen*, NJW 2000, 692, 694.
[452] BVerwG, NJW 1983, 772, 774.
[453] LG Frankfurt, StV 2001, 9, 9.
[454] Das LG verkennt also, daß sich die Negativprognose nach dem eindeutigen Gesetzeswortlaut auch auf künftige Verfahren wegen zurückliegender noch unentdeckter Straftaten des Beschuldigten beziehen kann; vgl zu diesem Aspekt unten S. 98 f.
[455] BT-Dr. 13/10791, S. 4.

gen) Straftaten ermöglicht.[456] Allerdings unterscheidet sich § 81 b StPO grundlegend von § 81 g I StPO insofern, als erstgenannte Norm keinerlei geschriebene Eingriffsvoraussetzung enthält, die der Negativprognose des DNA-IFG entspricht. Zentrale Eingriffsvoraussetzung des § 81 b 2. Alt. StPO ist das Erfordernis der Beschuldigteneigenschaft des Maßnahmeadressaten. Die zitierte Rechtsprechung zu den erkennungsdienstlichen Maßnahmen nach § 81 b 2. Alt. StPO kann demzufolge nicht an ein geschriebenes Pendant zur Negativprognose des § 81 g I StPO anknüpfen, sondern muß sich stattdessen auf den allgemeinen Grundsatz der Verhältnismäßigkeit stützen.[457]

Bei der Bestimmung des Inhalts der Negativprognose des § 81 g I StPO bieten der Wortlaut des „geschriebenen" Prognoseerfordernisses und die Systematik der Gesamtregelung des DNA-IFG wertvolle Anhaltspunkte, welche bei der Auslegung des § 81 b 2. Alt. StPO nicht in entsprechender Weise zur Verfügung stehen. Bei der Ermittlung von Inhalt und Umfang des § 81 g I StPO ist daher vorrangig diese Norm selbst und ihr näherer systematischer Zusammenhang, insbesondere die flankierende Altfallregelung des § 2 DNA-IFG, in den Blick zu nehmen; daneben treten können dann auch Anleihen bei der Praxis des § 81 b 2. Alt. StPO.

Charakteristisch für die Regelung des § 81 g I StPO ist das Zusammenwirken einer (geschriebenen) tatbestandlichen Voraussetzung, welche sich auf die zurückliegende Anlaßtat bezieht, mit einer auf zukünftige Strafverfahren abzielenden (geschriebenen) Eingriffsvoraussetzung, der Negativprognose. In einer Vielzahl denkbarer Fallgestaltungen besteht nun die tatsächliche Grundlage für die Erstellung der Negativprognose in Erkenntnissen über Art oder Ausführung der (Anlaß-) Tat. Auch die in § 81 g I StPO ebenfalls angesprochene Persönlichkeit des Beschuldigten dürfte sich sehr häufig mittelbar aus Erkenntnissen zur Anlaßtat erschließen.

Mithin könnte die Negativprognose des § 81 g I StPO allein in solchen Fällen, die dadurch gekennzeichnet sind, daß sonstige Erkenntnisse im Sinne des § 81 g I StPO, welche keinerlei Bezüge zu Art und Ausführung der Tat aufweisen oder „anlaßtatunabhängige" Erkenntnisse zur Persönlichkeit des Beschuldigten vorliegen, überhaupt unabhängig angestellt werden von Fragen der Anlaßtat, bezüglich derer der Beschuldigte verdächtig sein muß.

Dies soll durch den folgenden modellartig gestalteten Fall verdeutlicht werden:

---

[456] Vgl. *Kleinknecht/Meyer-Goßner*, § 81 b Rn. 3.
[457] *Kramer*, JR 1994, 224, 227.

Der Grundschüler O war aus seiner Schule in der Kleinstadt S nicht nach Hause zurückgekehrt. Nach längerer Zeit wird seine verscharrte Leiche in einem Wald aufgefunden. Auf der Grundlage kriminalistischer Erfahrung ist ein sexuell motiviertes Tötungsdelikt zu vermuten; wegen des bereits fortgeschrittenen Verwesungsgrades des Körpers lassen sich die genauen Umstände des Todes jedoch nicht näher ermitteln. Insbesondere gelingt es aufgrund Zeitablaufs nicht, Spuren – Fingerabdrücke, Körpermaterial des Täters oder ähnliches – am Fundort der Leiche oder in der Nähe zu sichern, die die Identität des Täters aufdecken könnten.

In der Folgezeit meldet sich ein Anwohner der Grundschule bei der Polizei und gibt an, er habe in den Wochen vor dem Verschwinden des O bei Schulschluß mehrfach einen auffälligen PKW eines sehr seltenen ausländischen Fahrzeugtyps vor der Schule parken sehen, dessen Fahrer die Kinder beobachtet habe. Das KfZ-Kennzeichen habe er nicht erkennen können. Die Polizei ermittelt, daß in S nur ein PKW des Typs, den der Zeuge angegeben hat, zugelassen ist; erst in einer 250 km entfernt gelegenen Großstadt sind fünf weitere gleichartige PKW gemeldet.

Der nicht vorbestrafte T, gegen den noch nie Strafverfahren geführt worden sind, wird als Halter des in S gemeldeten Fahrzeugs ermittelt. In seiner verantwortlichen Vernehmung macht T von seinem Schweigerecht Gebrauch.

Im Zuge der weiteren Ermittlungen wird antragsgemäß eine Maßnahme nach § 81 g I StPO gegen den T angeordnet und durchgeführt.

Trotz intensivster Ermittlungen lassen sich die Verdachtsmomente gegen den T, der weiterhin schweigt, auch in der Folgezeit nicht verdichten. Der Zeuge vermag in einer Gegenüberstellung den T nicht mit der gebotenen Bestimmtheit zu erkennen. Auch erbringen die Ermittlungen im Umfeld des T keinerlei belastende Erkenntnisse. So werden im Rahmen einer Durchsuchung der Wohnung des T keine Gegenstände aufgefunden, die etwa auf pädophile Neigungen oder ähnliches schließen lassen könnten. Der Anfangsverdacht gegen den T wird jedoch auch nicht entkräftet, da die Tat unaufgeklärt bleibt. Die Ermittlungen gegen den T müssen schließlich nach § 170 II StPO eingestellt werden, ohne daß sich aus dem Einstellungsbescheid ergibt, daß der T die Tat nicht oder nicht rechtswidrig begangen hat.

Charakteristisch für Fallgestaltungen dieser Art ist, daß die tatsächlichen Umstände identisch sind, an die zum einen bezüglich des Anfangsverdachts hinsichtlich der Anlaßtat und zum anderen bei der Erstellung der Negativprognose angeknüpft werden kann. Da „anlaßtatunabhängige" tatsächliche Anknüpfungspunkte für die Negativprognose nicht gegeben sind, kann folglich in derartigen Konstellationen der Grad der Gewißheit mit der *„Grund zu der Annahme besteht, daß gegen"* den Beschuldigten *„erneut Strafverfahren (...) zu führen sind"*, nicht abweichen vom Grad der Gewißheit, mit der – im Hinblick auf die Anlaßtat – angenommen werden kann, daß der Beschuldigte Urheber einer Straftat von erheblicher Bedeutung gewesen ist.

Wer nun im Rahmen der Negativprognose des § 81 g I StPO im Vergleich zum Verdachtsgrad des bloßen Anfangsverdachts eine stärkere Gewißheit verlangt, etwa *„eine naheliegende, überwiegend wahrscheinliche Gefahr"*[458], daß erneut Strafverfahren gegen den Beschuldigten wegen einer Straftat von erheblicher Bedeutung zu führen sein werden, müßte konsequenterweise in Fällen, bei denen hinsichtlich der Anlaßtat „lediglich" der bloße Anfangsverdacht vorliegt und sich keine hiervon autonomen tatsächlichen Anknüpfungspunkte für die Negativprognose finden lassen, die Möglichkeit einer Erfassung auf der Grundlage der Neufallregelung des § 81 g I StPO verneinen.

Dies hätte zur Folge, daß in Fällen, in denen „lediglich" Anfangsverdacht hinsichtlich der (Anlaß-) Straftat von erheblicher Bedeutung gegen den Beschuldigten besteht und keine „anlaßtatunabhängigen" Umstände die Negativprognose zu tragen vermögen, gegen den Beschuldigten keine Maßnahmen nach § 81 g I StPO angeordnet werden können – mögen die *„Art oder Ausführung der Tat"*, die feststehenden Tatumstände also, nach kriminalistischer Erfahrung auch mit der allergrößten Wahrscheinlichkeit darauf hindeuten, daß gegen den (unbekannten) Urheber der Anlaßtat erneut Strafverfahren wegen Straftaten von erheblicher Bedeutung zu führen sein werden – da die Urheberschaft gerade des Beschuldigten eben nur mit dem Grad des bloßen Anfangsverdachts angenommen werden kann.[459]

Konstellationen wie diejenige im Beispielsfall nun im Hinblick darauf, daß sich der Grad der Annahme, daß gegen den Beschuldigten erneut Strafverfahren wegen einer Straftat von erheblicher Bedeutung zu führen sind, nicht über den des (bloßen) Anfangsverdachts hinaus verdichten läßt, aus dem Regelungsbereich der Neufallregelung des § 81 g I StPO herauszunehmen, ließe sich kaum mit dem Gesetzeszweck des DNA-IFG in Einklang bringen, welcher in der Begründung zu dem Gesetzentwurf dahingehend zusammengefaßt wurde, daß mit dem

---

[458] Vgl. LG Gera, StV 1999, 589.
[459] Die Erstellung eines DNA-Identifizierungsmusters auf der Grundlage von § 81 e StPO käme von vornherein mangels Erforderlichkeit nicht in Betracht, da keine Spuren gesichert werden konnten, die zur Überführung des T durch molekulargenetische Untersuchungen dienen könnten; (vgl. zu den Verwendungsmöglichkeiten von nach § 81 e StPO gewonnenen DNA-Identifizierungsmustern im einzelnen S. 186 ff.).

DNA-IFG eine „*verbesserte Aufklärung von schweren Straftaten, insbesondere von Sexualstraftaten, erreicht werden*" soll.[460] Der auf die Ermöglichung der Täteridentifizierung in künftigen Strafverfahren abzielende Gesetzeszweck wäre gefährdet durch zu hohe Anforderungen an die Prognoseentscheidung des § 81 g I StPO.[461]

Teleologische Erwägungen sprechen somit nachhaltig dafür, im Rahmen der Negativprognose des § 81 g I StPO nicht mehr zu fordern, als daß sich aus Art oder Ausführung der Tat, aus der Persönlichkeit des Beschuldigten oder aus sonstigen Erkenntnissen bei kriminalistischer Betrachtung dieser gegenwärtigen tatsächlichen Umstände die Möglichkeit (entsprechend dem Verdachtsgrad des Anfangsverdachts[462]) ergibt, daß gegen den Beschuldigten künftig erneut Strafverfahren wegen einer Straftat von erheblicher Bedeutung zu führen sind.[463] Im übrigen hat der Gesetzgeber – wie sich aus dem Wortlaut des § 81 g I StPO ersehen läßt – im Rahmen der Negativprognose gerade keine besondere Verdachtslage oder eine erhöhte Wahrscheinlichkeit festgeschrieben.[464] Nach dem Gesetzeswortlaut „*reichen bloße Anhaltspunkte aus, die für eine Wiederholungsgefahr sprechen können.*"[465]

Im Beispielsfall wären – nach den vorstehenden Überlegungen – die in § 81 g I StPO normierten Eingriffsvoraussetzungen erfüllt, so daß das DNA-Identifizierungsmuster des T gewonnen werden konnte, soweit die aus der Auffindesituation gewonnenen Erkenntnisse über den (unbekannten) Täter die Annahme tragen, daß gegen ihn erneut wegen Straftaten von erheblicher Bedeutung zu ermitteln sein wird. Dieses könnte dann nach Maßgabe des § 8 III BKAG über den Zeitpunkt der Verfahrensbeendigung hinaus für Zwecke zukünftiger Strafver-

---

[460] BT-Dr. 13/10791, S. 4.
[461] Vgl. LG Hannover, NStZ 2000, 220, 221.
[462] Vgl. zum „bloßen" Anfangsverdacht der StPO etwa *Gössel*, Dünnebier-Festschrift, S. 131 f.; *Hund*, ZRP 1991, 463, 464; *Kleinknecht/Meyer-Goßner*, § 152 Rn. 4.
[463] Im Ergebnis wie hier: LG Frankfurt, StV 2001, 9, 9; nach Ansicht des LG Göttingen, NJW 2000, 751, 751, sprechen besonders Gesichtspunkte des Schutzes der Allgemeinheit, der praktischen Umsetzbarkeit des Identitätsfeststellungsverfahrens und der Umstand, daß die Gewinnung der Körperzellen nur mit einem vergleichsweise geringfügigen Eingriff in die körperliche Unversehrtheit verbunden ist, dafür, „*keine allzu hohen Anforderungen an die Negativprognose zu stellen*"; vgl. auch *Haller/Conzen*, Das Strafverfahren, Rn. 899.
[464] LG Frankfurt, StV 2001, 9, 9; LG Göttingen, NJW 2000, 751, 751; SK-*Rogall*, § 81 g Rn. 15.
[465] So das LG Duisburg, welches dann allerdings im Hinblick auf die Grundrechte der Maßnahmeadressaten an die genannten Anhaltspunkte „*keine ganz geringen Anforderungen*" stellen will (LG Duisburg, StraFo 1999, 202, 203 f.); vgl. ferner OLG Jena, StV 2001, 5, 6.

folgung fortdauernd gespeichert werden, weil gegen T ein Restverdacht nicht auszuräumen ist.[466]

Da nun das **LG Gera** sein restriktives Verständnis von Inhalt und Umfang der Negativprognose des § 81 g I StPO (neben dem Verweis auf die Rechtsprechung zu den §§ 63, 64, 66 StGB auch) auf die Wertung stützt, daß nur unter der Voraussetzung der Wahrscheinlichkeit neuer, erheblicher rechtswidriger Taten Maßnahmen nach dem DNA-IFG als den Verhältnismäßigkeitsgrundsatz wahrende Eingriffe in die Grundrechte des Maßnahmeadressaten zu rechtfertigen seien[467], stellt sich die Frage, ob das vorstehend skizzierte Verständnis von den Voraussetzungen der Negativprognose im Hinblick auf den Grundsatz der Verhältnismäßigkeit wieder zurückzunehmen ist.

Bezüglich der Frage der Wahrung des Grundsatzes der Verhältnismäßigkeit stellt sich die ergänzende Betrachtung der Behandlung der „konventionellen" erkennungsdienstlichen Maßnahmen nach § 81 b 2. Alt. StPO in der Rechtsprechung wiederum als erhellend dar. Und zwar gerade im Hinblick auf die signifikanten strukturellen Unterschiede zwischen dem § 81 g I StPO und der Norm des § 81 b 2. Alt. StPO. Letztere enthält nämlich gerade keine explizite Regelung, die der Negativprognose des DNA-IFG entspräche. Die in der Rechtsprechung zu § 81 b 2. Alt. StPO entwickelten Grundsätze stellen sich daher – soweit sie die Frage betreffen, welche über die Beschuldigteneigenschaft des Maßnahmeadressaten im Sinne des § 81 b 2. Alt. StPO hinausgehenden Erfordernisse eine erkennungsdienstliche Behandlung voraussetzt – als eine unmittelbare Konkretisierung des Grundsatzes der Verhältnismäßigkeit dar.[468] Die ständige Rechtsprechung des **BVerwG** zu § 81 b 2. Alt. StPO geht nun jedoch nicht etwa davon aus, daß die Wahrscheinlichkeit oder gar eine gehobene Wahrscheinlichkeit künftiger Straftaten gegeben sein muß, damit eine erkennungsdienstliche Behandlung eines Beschuldigten erfolgen kann, denn die

„...Notwendigkeit der Anfertigung und Aufbewahrung von erkennungsdienstlichen Unterlagen bemißt sich danach, ob der anläßlich des gegen den Betroffenen gerichteten Strafverfahrens festgestellte Sachverhalt nach kriminalistischer Erfahrung angesichts aller Umstände des Einzelfalls – insbesondere angesichts der Art, Schwere und Begehungsweise der dem Betroffenen im strafrechtlichen Anlaßverfahren zur Last gelegten Straftaten, seiner Persönlichkeit sowie unter Berücksichtigung des Zeitraums, während dessen er strafrechtlich nicht (mehr)

---

[466] Vgl. zur Anwendbarkeit des § 8 III BKAG BT-Dr. 11116, S. 7; *Kleinknecht/Meyer-Goßner*, § 81 g Rn. 10. Zur Verwendung der gewonnenen DNA-Identifizierungsmuster im einzelnen unten S. 173 ff.
[467] LG Gera, StV 1999, 589.
[468] *Kramer*, JR 1994, 224, 227.

in Erscheinung getreten ist – Anhaltspunkte für die Annahme bietet, daß der Betroffene künftig oder anderwärts gegenwärtig mit guten Gründen als Verdächtiger in den Kreis potentieller Beteiligter an einer noch aufzuklärenden strafbaren Handlung einbezogen werden könnte und daß die erkennungsdienstlichen Unterlagen die dann zu führenden Ermittlungen – den Betroffenen schließlich überführend oder entlastend – fördern könnten."[469]

Von der Rechtsprechung wird im Rahmen des § 81 b 2. Alt. danach – auch und gerade in bezug auf den Verhältnismäßigkeitsgrundsatz –kein höherer „Grad an Erwartung" wegen künftiger oder „anderwärtiger" Straftaten erforderlich werdender neuer Ermittlungen gegen den Maßnahmeadressaten gefordert, als daß solches geschehen könnte. Es reicht also eine auf gegenwärtige feststehende Umstände gestützte diesbezügliche Möglichkeit. Im Kern geht es dabei um ein in die Zukunft weisendes Pendant zum (bloßen) Anfangsverdacht[470], da hier wie dort (lediglich) die auf gegenwärtige Anhaltspunkte gestützte Möglichkeit gewisser außerhalb der Gegenwart liegender Gegebenheiten vorausgesetzt wird.[471]

Wenn nun der hier herangezogenen Behandlung des § 81 b 2. Alt. StPO mit dem Hinweis auf die gegenüber „konventionellen" Fingerabdrücken grundsätzlich anders geartete Qualität „genetischer" Fingerabdrücke entgegengetreten würde, wäre dieser Argumentation zu erwidern, daß – soweit überhaupt von einer gegenüber der Erhebung „konventioneller" Fingerabdrücke relevant erhöhten Eingriffstiefe einer Maßnahme nach § 81 g StPO auszugehen wäre[472] - das Gesetz diesem Umstand insoweit durchaus Rechnung trüge, als sich die Negativprognose des § 81 g I StPO auf künftige Straftaten von erheblicher Bedeutung beziehen muß, während für die „konventionelle" erkennungsdienstliche Behandlung nach § 81 b 2. Alt. StPO irgendwelche Straftaten ausreichen (können).[473]

Der teilweise angenommenen erweiterten Eingriffsintensität der durch § 81 g I StPO ermöglichten Maßnahmen[474] korrespondierte der Umstand, daß der Regelungsbereich von vornherein tatbestandlich beschränkt ist auf die schwerere Kriminalität.[475]

---

[469] BVerwG, NJW 1989, 2640, 2640; vgl. auch BVerwGE 66, 192, 199 = NJW 1983, 772, 773; BVerwGE 26, 169, 171 f. = NJW 1967, 1192, 1193; OVG Hamburg, MDR 1977, 80, 81; LR-*Dahs*, § 81 b Rn. 8.
[470] Vgl. hierzu etwa *Gössel*, Dünnebier-Festschrift, S. 131 f.; *Hund*, ZRP 1991, 463, 464; *Kleinknecht/Meyer-Goßner*, § 152 Rn. 4 m.w.N.
[471] So auch SK-*Rogall*, § 81 g Rn. 15.
[472] Vgl. hierzu oben S. 47 ff.
[473] *König*, Kriminalistik 1999, 325, 325.
[474] Siehe oben S. 51.
[475] Vgl. OLG Jena, StV 2001, 5, 6.

Dem Standpunkt des **LG Gera,** demzufolge (auch) im Hinblick auf den Verhältnismäßigkeitsgrundsatz im Rahmen der Negativprognose des § 81 g I StPO die Wahrscheinlichkeit künftiger Straftaten zu fordern sei, kann somit nicht gefolgt werden. Diese Ansicht stößt sich an der Rechtsprechung zu § 81 b 2. Alt. StPO.

Nicht gefolgt werden kann ferner dem **LG Freiburg,** welches im Hinblick darauf, daß es bei Maßnahmen nach § 81 g StPO nicht um die Aufklärung einer feststehenden Straftat, sondern um nur möglicherweise stattfindende zukünftige Strafverfolgung geht, annimmt, daß *„das Recht auf informationelle Selbstbestimmung in den Fällen des § 81 g StPO stärker"* wiegt und deshalb für die Negativprognose *„Wahrscheinlichkeit"* für erforderlich erachtet.[476] Unter diesem Gesichtspunkt wäre auch für Maßnahmen nach § 81 b 2. Alt. StPO die Wahrscheinlichkeit neuer Strafverfahren gegen den Beschuldigten zu verlangen.[477]

Im Ergebnis kann daher aus dem Grundsatz der Verhältnismäßigkeit nicht darauf geschlossen werden, daß im Rahmen der Negativprognose des § 81 g I StPO für die Annahme künftiger Straftaten von erheblicher Bedeutung Wahrscheinlichkeit oder mehr erforderlich ist. Stattdessen ist unter Betrachtung grammatischer, teleologischer und systematischer Aspekte davon auszugehen, daß die Negativprognose des § 81 g I StPO zu bejahen ist, wenn sich aus Art oder Ausführung der Tat, aus der Persönlichkeit des Beschuldigten oder aus sonstigen Erkenntnissen bei kriminalistischer Betrachtung dieser feststehenden gegenwärtigen Umstände die Möglichkeit (entsprechend dem Verdachtsgrad des Anfangsverdachts) ergibt, daß gegen den Beschuldigten künftig erneut Strafverfahren wegen einer Straftat von erheblicher Bedeutung zu führen sind.[478] Die Anordnung von Erhebungsmaßnahmen nach dem DNA-IFG ist im Hinblick auf die Grundrechte des Maßnahmeadressaten auch dann verhältnismäßig, wenn die *„Wiederholungsgefahr zum Zeitpunkt der Entscheidung nicht als besonders groß einzuschätzen ist."*[479]

---

[476] LG Freiburg, NStZ 2000, 162, 163 = StV 1999, 531, 532 = StraFo 2000, 59, 59 f.; unveröffentl. Beschl. v. 23.11.1999 – II Qs 124/99, zit. nach *Fluck,* Kriminalistik 2000, 479, 481; wie hier auch OLG Jena, StV 2001, 5, 6.

[477] Ablehnend gegenüber den angesprochenen Entscheidungen des LG Freiburg auch *Fluck,* Kriminalistik 2000, 479, 481.

[478] *Fluck,* Kriminalistik 2000, 479, 480; SK-*Rogall,* § 81 g Rn. 15.

[479] So LG Göttingen, NStZ 2000, 164, 164, allerdings unter der problematischen Annahme, daß die forensische DNA-Analyse keinerlei Rückschlüsse auf persönlichkeitsrelevante Merkmale zuläßt; vgl. auch LG Göttingen, NdsRpfl. 1999, 293, 294.

Gegenstand der Negativprognose sind dabei nach dem eindeutigen Wortlaut des § 81 g I StPO nicht künftige „*Taten*", sondern künftige „*Strafverfahren.*"[480] Die Negativprognose muß daher nicht zwingend darauf gestützt werden, daß tatsächliche gegenwärtige Gegebenheiten die Annahme tragen, der Beschuldigte werde in Zukunft erneut eine Straftat von erheblicher Bedeutung begehen. Dieser Fallgestaltung stellt § 81 g I StPO jene Konstellationen gleich, bei denen Tatsachen die Annahme der Möglichkeit stützen, daß weitere zeitlich zurückliegende Straftaten von erheblicher Bedeutung zu zukünftigen Strafverfahren gegen den Beschuldigten führen.[481]

Diese Auslegung dürfte dabei auch dem subjektiven gesetzgeberischen Willen entsprechen: In der Begründung zu dem Gesetzentwurf der Fraktionen der CDU/CSU und der FDP vom 25.05.1998 ist an mehreren Stellen im Hinblick auf den Zweck des Gesetzes die Rede von Identitätsfeststellung in „*künftigen Strafverfahren*".[482] Dagegen findet sich lediglich einmal im Hinblick auf die Frage, ob im Bereich bestimmter Delikte Maßnahmen nach dem DNA-IFG von vornherein keine Aufklärungserfolge erwarten lassen und daher unverhältnismäßig sind[483], die Formulierung „*Zusammenhang mit einer künftigen Straftat*".[484] Unter Berücksichtigung der unmißverständlich zum Ausdruck gebrachten Zielsetzung des Gesetzentwurfs, „*eine verbesserte Aufklärung von schweren Straftaten, insbesondere von Sexualstraftaten*" zu erreichen[485], dürfte es eine nicht sachgerechte Überbewertung der einmaligen Verwendung des Begriffs der „*künftigen Straftat*" in der Begründung des Gesetzentwurfs darstellen, hierauf aufbauend einen subjektiven gesetzgeberischen Willen zu unterstellen, der die Negativprognose nur auf künftige Strafverfahren wegen künftiger Straftaten bezogen sehen möchte. Ein derartiges restriktives Verständnis hätte jedenfalls keinen Ausdruck im Gesetz gefunden.[486] Denn dieses spricht in § 81 g I StPO klar

---

[480] Daß dieser Umstand leicht übersehen zu werden droht, wird aus der „verunglückten" Formulierung in den Gründen eines Beschlusses des AG Bad Kreuznach zu einer Maßnahme nach der Altfallregelung deutlich, welcher sich darauf stützt, daß angenommen werden könne, „*daß auch künftig erneut Strafverfahren ähnlicher Art von dem Betr. begangen werden*" (AG Bad Kreuznach, NJW 1999, 303).

[481] *Markwardt/Brodersen*, NJW 2000, 692, 694; dementsprechend kommen Maßnahmen nach § 81 b 2. Alt. StPO auch dann in Betracht, wenn „*damit zu rechnen ist, daß* (der Beschuldigte) *jetzt (...) wegen anderer strafbarer Handlungen gesucht werden muß*" (*Roxin*, Strafverfahrensrecht, S. 276).

[482] BT-Dr. 13/10791, S. 4.

[483] Siehe zu dieser Problematik unten S. 109 ff.

[484] BT-Dr. 13/10791, S. 5.

[485] BT-Dr. 13/10791, S. 4.

[486] Der subjektive Wille des Gesetzgebers kann für die Auslegung einer Norm nur maßgeblich werden, soweit er in der Vorschrift selbst einen hinreichend bestimmten Ausdruck

und eindeutig von „*künftigen Strafverfahren*". Dieses Ergebnis findet seine Bestätigung im übrigen wiederum in der Betrachtung der Materialien der „verwandten" Regelung[487] des § 8 BKAG: Soweit sich in der amtlichen Begründung zum Gesetzentwurf – bezüglich des Absatzes 2 der Norm[488] – Ausführungen zur „Negativprognose" finden, ist ebenfalls die Rede von künftigen Strafverfahren und nicht etwa von künftigen Straftaten.[489]

Maßnahmen nach § 81 g I StPO kommen danach grundsätzlich selbst dann in Betracht, wenn von einem Beschuldigten, der einer Straftat von erheblicher Bedeutung verdächtig ist und bezüglich dessen Grund zu der Annahme besteht, daß er weitere – bislang noch unbekannte – Straftaten von erheblicher Bedeutung begangen hat, künftige Straftaten definitiv nicht mehr zu erwarten sind.[490]/[491]

Abschließend muß besonders herausgestellt werden, daß das hier vertretene Verständnis vom „Grad" der Negativprognose des § 81 g I StPO durchaus im Einklang steht mit den Aussagen des Bundesverfassungsgerichts zum DNA-IFG vom 14.12.2000.[492]

Das Bundesverfassungsgericht hat sich nämlich zur Negativprognose bei Neufällen nicht geäußert. Seine Entscheidung bezieht sich auf drei verbundene Verfassungsbeschwerden gegen Maßnahmen nach § 2 DNA-IFG in Verbindung mit § 81 g StPO. Für den Bereich der Altfälle hat das Bundesverfassungsgericht dabei die Aussage getroffen, daß für die Anordnung einer derartigen Maßnahme die „*Wahrscheinlichkeit einer künftigen Tatbegehung*" erforderlich sei.[493] Aus dem Wortlaut dieser Ausführungen ergibt sich weiterhin, daß sich das Bundesverfassungsgericht dabei allein mit derjenigen Situation auseinandergesetzt hat, in

---

gefunden hat (BVerfGE 11, 126, 130; 59, 128, 153; 62, 1, 45; NJW 1987, 3246, 3246; AK-*Loos*, Einl. III Rn. 19; *Schmidt-Bleibtreu/Klein*, vor Art. 70 Rn. 2).
[487] Vgl. wiederum den Verweis in der Begründung des Gesetzentwurfs des DNA-IFG (BT-Dr. 13/10791, S. 5).
[488] Die Negativprognose des § 8 VI Nr. 1 BKAG entspricht derjenigen des Absatzes 2 (vgl. *Ahlf/Daub/Lersch/Störzer*, BKAG, § 8 Rn. 20 iVm. Rn. 4 f.).
[489] BT-Dr. 13/1550, S. 25.
[490] Zu denken wäre möglicherweise an den – zugestandenermaßen recht konstruierten – Fall eines Gewaltkriminellen, der eine Querschnittslähmung erlitten hat und bezüglich dessen – auf dem Hintergrund seiner Persönlichkeit bzw. seiner persönlichen Fähigkeiten – kein Grund zu der Annahme gegeben ist, daß er in Zukunft etwa einen Meineid schwören werde. Zum Aspekt möglicherweise mangelnder Aufklärungserwartung unten S. 109 ff.
[491] Maßnahmen nach § 81 e StPO kämen in einer derartigen Situation (vgl. Fn. 509) bereits deshalb nicht in Betracht, weil diese nur insoweit zulässig erfolgen können, wie sie erforderlich sind, um aufzuklären, ob aufgefundenes Spurenmaterial von dem Beschuldigten stammt (KK-*Senge*, § 81 e Rn. 4).
[492] Vgl. BVerfG, EuGRZ 2001, 70, 74 f.
[493] BVerfG, EuGRZ 2001, 70, 75.

der die Annahme künftiger Straf*verfahren* wegen erheblicher Straftaten gegen den Betroffenen auf eventuelle zukünftige Straf*taten* gestützt wird.[494]

Nach der hier vertretenen Auffassung würde es Sinn und Zweck der Regelung des § 81 g StPO nun massiv zuwiderlaufen, im Rahmen der Negativprognose für die „Annahme" *stets* mehr als die Möglichkeit künftiger Strafverfahren vorauszusetzen, da ansonsten die Regelung des § 81 g StPO weitgehend leerliefe – abgesehen von den besonderen Fällen, bei denen anlaßtatunabhängige Erkenntnisse im gegebenen Stadium des Ermittlungsverfahrens die Wahrscheinlichkeit künftiger Strafverfahren trägt, während hinsichtlich der Anlaßstraftat (lediglich) einfacher Tatverdacht gegeben ist.

bb) Die tatsächlichen Grundlagen der „Annahme"

Gemäß § 81 g I StPO kann sich die Negativprognose ergeben aus der *„Art oder Ausführung der Tat, der Persönlichkeit des Beschuldigten"* oder sie kann auch erstellt werden auf der Grundlage *„sonstiger Erkenntnisse."* Das Gesetz umschreibt damit die durch das zuständige Gericht grundsätzlich im Freibeweisverfahren zu ermittelnden[496] tatsächlichen Umstände, auf die die Negativprognose im Einzelfall gestützt werden kann, durch die Verwendung unbestimmter Rechtsbegriffe.[497] In der Begründung zu dem Gesetzesentwurf der Fraktionen der CDU/CSU und der FDP sind keine inhaltlichen Erläuterungen hierzu enthalten, sondern lediglich der Verweis auf die ähnliche Regelung des § 8 VI Nr. 1 des BKAG.[498]

Soweit die Negativprognose sich zunächst gründen kann auf Art oder Ausführung der Tat, findet sich im Bericht des Innenausschusses zum Entwurf des BKAG der Hinweis, daß es insofern um objektive Kriterien geht, die auf den abgeschlossenen Lebenssachverhalt der Anlaßtat abstellen. Eine auf die Persönlichkeit des Maßnahmeadressaten abstellende Negativprognose beziehe sich dagegen (unmittelbar) auf die Frage, ob bei diesem die innere Bereitschaft vorliegt, (wieder) Straftaten (von erheblicher Bedeutung) zu begehen.[499]

---

[494] Dies ergibt sich aus der Verwendung der folgenden Formulierungen: „*(...) Wahrscheinlichkeit für einen Rückfall (...), (...) Gefahr der Wiederholung (...), (...) Wahrscheinlichkeit künftiger Straftaten (...), Wahrscheinlichkeit einer künftigen Tatbegehung (...)*; BVerfG, EuGRZ 2001, 70, 75.

[495] Vgl. zu denkbaren tatsächlichen Anknüpfungstatsachen für die Prognose unten S. 100 ff.

[496] *Schneider,* StV 2001, 6, 7.

[497] *Markwardt/Brodersen,* NJW 2000, 692, 694.

[498] BT-Dr. 13/10791, S. 5.

[499] Vgl. BT-Dr. 13/7208, S. 40.

Insofern nun in dem Innenausschußbericht zum BKAG[500] und in der hierauf verweisenden Kommentierung zu § 81 g StPO von **Rogall**[501] ein gewisses Spannungsverhältnis zwischen den genannten Begriffen anklingt, indem ausgeführt wird, der Begriff der Persönlichkeit ergänze als eine subjektive Komponente die objektive Umstände ansprechende „*Art oder Ausführung der Tat*", sei angemerkt, daß es im Grunde stets darauf ankommt, ob für den Beschuldigten angenommen werden kann, er sei bereit, weitere Straftaten (von erheblicher Bedeutung) zu begehen – beziehungsweise er habe wegen seiner Bereitschaft zu erheblicher Kriminalität noch weitere unentdeckte Straftaten begangen, welche künftige erneute Strafverfolgung erforderlich machen. Im Kern dürfte es um die Frage nach ebendieser Bereitschaft gehen, wenn etwa die Art der Tat objektiv auf eine bandenmäßige Begehung hinweist, da die objektiven Umstände der Anlaßtat letztlich Ausdruck der Persönlichkeit des Urhebers der Tat sind. Ein typischer „Wiederholungssachverhalt"[502] wird als solcher qualifiziert, weil nach kriminalistischer Erfahrung angenommen werden kann, daß er durch seinen Urheber wiederholt wird. Die durch den Gesetzgeber vorgenommene begriffliche Trennung zwischen Art und Ausführung der Tat, der Persönlichkeit des Beschuldigten und sonstigen Erkenntnissen dürfte sich danach weitgehend erschöpfen in der Benennung miteinander verschränkter Aspekte, die herangezogen werden können, um auf deren Grundlage die Negativprognose zu erstellen. Einen grundsätzlichen methodischen Unterschied macht es daher nicht, ob die Negativprognose auf die Umstände der Anlaßtat, die Persönlichkeit des Beschuldigten oder auf sonstige Erkenntnisse abhebt. In jedem Fall muß sich die Prognose jedoch auf feststehende Anknüpfungstatsachen stützen.[503]

Betont werden soll an dieser Stelle, daß das Vorliegen der nachfolgend genannten Kriterien in einem konkreten Fall nicht im Sinne eines Automatismus die Bejahung der Negativprognose nach sich ziehen kann. Eine durchgängige Delikts- und modus-operandi-Perseveranz kann nicht unterstellt werden.[504] Es ist stattdessen stets eine einzelfallbezogene Gesamtbetrachtung vorzunehmen.

(1) Art oder Ausführung der Tat

Die Negativprognose kann also zunächst an die „*Art oder Ausführung der Tat*" anknüpfen bei Deliktstypen, die nach kriminalistischer Erfahrung von ihren Urhebern im allgemeinen wiederholt begangen werden. Mit der „*Ausführung der*

---

[500] BT-Dr. 13/7208, S. 40.
[501] SK-*Rogall*, § 81 g Rn. 16f.
[502] Vgl. SK-*Rogall*, § 81 g Rn. 16.
[503] *Schulz*, Boyd/Hruschka/Joerden-Ethik und Recht, S. 199.
[504] Kritisch zur „Perseveranzhypothese": *Eisenberg*, Kriminologie, § 27 Rn. 46 m.w.N.

Tat" ist der modus operandi des Täters gemeint, welcher Grund für die Annahme bieten kann, daß gegen diesen künftig erneut Strafverfahren wegen einer Straftat von erheblicher Bedeutung zu führen sind.[505] **Markwardt/Brodersen** führen unter Verweis auf die im Zusammenwirken von Bundesministerien, dem Bundeskriminalamt und Landesjustizverwaltungen erstellten „Vorläufigen Hinweise zum DNA-Identitätsfeststellungsgesetz" für die Bewertung der Anlaßstraftat im einzelnen die folgenden Gesichtspunkte an: *„Planung, Auskundschaften, Beschaffen, Herstellen und Mitführen von speziellen Tatmitteln zur Tatbegehung oder Verhinderung der Entdeckung und der Identifizierung"* (bezüglich des Vortatverhaltens), *„besonders grausame Tatausführung, niedrige Gesinnung, die aus der Tat spricht, bandenmäßige oder gewohnheitsmäßige Tatbegehung"* (bezüglich des Tatverhaltens) und *„Vorbereiten und Sichern der Flucht, des Abtransportes, nachträgliches Einwirken auf Zeugen oder Opfer, Einschüchtern"* im Hinblick auf das Nachtatverhalten.[506]

Der Anknüpfungspunkt *„Art (...) der Tat"* bezieht sich insbesondere auf *„die Deliktsart, die Schwere der Tat und die Tatbegehung zum Nachteil von Leib, Gesundheit oder Psyche der Tatopfer".*[507]

Das **OLG Jena**[508] erachtet bei der Erstellung der Negativprognose – soweit es um Gesichtspunkte der Anlaßtat geht – die *„mehrfache Tatbegehung im gegenständlichen Verfahren"* sowie *„planmäßiges, insbesondere gewerbsmäßiges Vorgehen, das nicht auf spontanen Entschluß zurückzuführen ist"*[509], als besonders relevant.

Soweit angenommen wird, daß der Umstand, daß die Tat einer „Ausnahmesituation" entsprungen ist, der Bejahung der auf Art oder Ausführung der Tat aufbauenden Negativprognose entgegensteht[510], ist dies einleuchtend – mindestens insoweit nach den Umständen der (Ausnahme-)Situation eine Wiederholung praktisch auszuschließen ist.

---

[505] SK-*Rogall*, § 81 g Rn. 16; vgl. auch *Messer/Siebenbürger*-Vordermayer/v.Heintschel-Heinegg-Handbuch, Teil A Kap. 1 Rn. 123.
[506] *Markwardt/Brodersen*, NJW 2000, 692, 695; vgl. auch AG Hamburg, StV 2001, 11, 12.
[507] So AG Hamburg, StV 2001, 11, 12 in Bezug auf einen Jugendlichen Beschuldigten.
[508] OLG Jena, NJW 1999, 3571; vgl. ferner wiederum AG Hamburg, StV 2001, 11, 12.
[509] Die überzeugende Argumentation des OLG Jena (a.a.O.) macht deutlich, daß der objektive Umstand einer planvollen Tatbegehung nicht unmittelbar maßgeblich ist für die Erstellung der Negativprognose, sondern daß von dem objektiven Befund einer planvollen Tat der Rückschluß auf einen Täter naheliegt, der nicht spontan gehandelt hat, so daß aus diesem Grund angenommen werden kann, daß er erneut Straftaten (von erheblicher Bedeutung) begehen wird.
[510] LG Hagen, Beschluß vom 29.03.1999 – 44 Qs 165/98 zit. nach *Kamann*, Beilage zu ZAP 5/2000 S. 12; vgl. auch LG Hannover, StV 2000, 302, 303.

Geht es dagegen um einen zwar außergewöhnlichen Geschehensablauf, bezüglich dessen jedoch die Möglichkeit einer Wiederholung oder auch eines zurückliegenden Auftretens dieser Tatsituation nebst einem entsprechenden kriminellen Verhalten des Beschuldigten durchaus gegeben ist, so kann die Negativprognose im Sinne des § 81 g I StPO nicht ohne weiteres mit dem Hinweis darauf, daß die Anlaßstraftat einer ungewöhnlichen Situation erwachsen ist, ausgeschlossen werden. In einer derartigen Konstellation ließe sich die auf Tatsachen gegründete Möglichkeit darstellen, daß gegen den Beschuldigten erneut Strafverfahren wegen Straftaten von erheblicher Bedeutung zu führen sein werden. Mehr ist jedoch für die Negativprognose nicht erforderlich.[511] Das DNA-IFG verlangt grundsätzlich gerade keinen besonderen Grad der Wahrscheinlichkeit.[512]

Dies macht einen restriktiven streng einzelfallbezogenen Umgang mit dem Begriff der „Ausnahmesituation" erforderlich. Ausgeschlossen wird eine auf Art und Ausführung der Anlaßtat aufbauende Negativprognose erst, wenn *„es sich bei der Anlaßtat um eine auf ganz besondere Lebensumstände zurückzuführende, einmalige Entgleisung gehandelt hat."*[513] Das heißt umgekehrt, daß die Negativprognose grundsätzlich durchaus allein auf die Anlaßstraftat gestützt werden kann, soweit *„greifbare Anhaltspunkte dafür fehlen, daß es sich bei der Anlaßtat um eine (...)"* derartige Ausnahmetat gehandelt hat.[514]

Neben den bereits angesprochenen Gesichtspunkten kann bereits in der bloßen Schwere der Anlaßstraftat ein gewichtiger Anhaltspunkt für die zu erstellende Negativprognose gesehen werden.[515] Eine besonders schwerwiegende Anlaßtat deutet auf eine erhöhte kriminelle Energie des Täters hin. Hierauf kann die Negativprognose ruhen. Die in der Tat zum Ausdruck gekommene hohe kriminelle Energie kann die Annahme weiterer Straftaten von erheblicher Bedeutung[516] rechtfertigen – neuer zukünftiger oder zurückliegender noch unentdeckter Taten des Beschuldigten.

Zurückhaltung erscheint jedoch umgekehrt geboten, soweit der Standpunkt vertreten wird, bei Begehung schwerer Sexual- und Gewaltstraftaten könne die Negativprognose stets allein auf diesen Umstand gestützt werden.[517] Es erscheint

---

[511] Siehe oben S. 84 ff.
[512] LG Göttingen, NJW 2000, 751, 751; LG Göttingen, NStZ 2000, 164, 164.
[513] LG Göttingen, NJW 2000, 751, 751.
[514] LG Göttingen, NStZ 2000, 164, 164.
[515] LG Hannover, Nds.Rpfl. 2000, 76; *Schulz,* Boyd/Hruschka/Joerden-Ethik und Recht, S. 200.
[516] *Markwardt/Brodersen,* NJW 2000, 692, 695.
[517] So *Markwardt/Brodersen,* NJW 2000, 692, 695.

zweifelhaft, ob diese pauschalisierende Sichtweise der Vielgestaltigkeit menschlicher Verhaltensweisen hinreichend Rechnung trägt. Zu denken wäre im Bereich der Gewaltdelinquenz etwa an Fälle, bei denen es um die heimtückische vorsätzliche Tötung des Mörders eines Kindes des Beschuldigten oder um die heimtückische vorsätzliche Tötung des gewalttätigen „Haustyrannen" durch die körperlich unterlegene Ehefrau geht, welche sich dem Opfer nicht in anderer Weise zu entziehen vermochte. Derartige Taten, die die rechtliche Bewertung als Mord und damit als schwerste Gewaltstraftat tragen, mögen nach den Umständen des jeweiligen Einzelfalls gleichwohl keinen Grund zu der Annahme bieten, daß gegen den Urheber künftig erneut Strafverfahren wegen Straftaten von erheblicher Bedeutung zu führen sein werden, soweit sie aus einer spezifischen Konfliktsituation heraus begangen worden sind, von der nicht angenommen werden kann, daß sie sich wiederholt.

Es erscheint damit aus den genannten Erwägungen heraus stets die Prüfung geboten, ob der Anlaßstraftat im Hinblick auf den Beschuldigten „Ausnahmecharakter" zukommt.

Hinzu tritt, daß die Ansicht, derzufolge bei schweren Sexual- und Gewaltstraftaten ohne weiteres – unabhängig von den Umständen des Einzelfalls – die Negativprognose angenommen werden könne, in derartigen Fällen letztlich die vom Gesetzgeber vorgesehene Prognoseentscheidung[518] überflüssig machen würde.[519] Andererseits darf jedoch auch nicht aus dem Blick geraten, daß im Rahmen der Negativprognose des § 81 g I StPO keine gesteigerte Wahrscheinlichkeit zu fordern ist, sondern die (dem Anfangsverdacht entsprechende) auf Tatsachen gestützte Möglichkeit zukünftiger Strafverfahren wegen Straftaten von erheblicher Bedeutung hinreicht.[520]

(2) Persönlichkeit des Beschuldigten

Die Persönlichkeit des Beschuldigten wird im gegebenen Zusammenhang aus äußeren Hilfstatsachen erschlossen; es kommt an auf die Gesamtentwicklung und Sozialisation.[521] In Frage kommen insbesondere noch verwertbare – das heißt ungetilgte beziehungsweise noch nicht tilgungsreife – Vorstrafen[522]/[523] und

---

[518] BT-Dr. 13/10791, S. 5.
[519] AG Rotenburg, StV 1999, 250.
[520] S. oben S. 84 ff.
[521] *Kamann,* Beilage zu ZAP 5/2000, S. 12; vgl. zur Negativprognose bei einem jugendlichen Beschuldigten AG Hamburg, StV 2001, 11, 12.
[522] *Eisenberg,* Beweisrecht der StPO, Rn. 1687 l; *Graalmann-Scheerer,* Kriminalistik 2000, 328, 334; *Kamann,* Beilage zu ZAP 5/2000, S. 12; *Senge,* NJW 1999, 253, 255; KK-

alle Lebensverhältnisse des Beschuldigten, auf die sich die Negativprognose stützen könnte (soziale Beziehungen, Arbeits- und Wohnverhältnisse und ähnliches).[524] Dabei kann auch das Vorleben und insbesondere das bisherige Sexualverhalten die Grundlage der Negativprognose bilden.[525]

Bemerkenswert erscheint, daß **Kamann** im Rahmen der Betrachtung der *„Persönlichkeit des Beschuldigten"* im Sinne des § 81 g I StPO – inhaltlich zutreffend – auch berücksichtigen will, ob die *„Anlaßtat unter bewußter Inkaufnahme schwerer körperlicher oder seelischer Schäden des Opfers begangen wurde."*[526] Hierin wird die angesprochene Verschränkung der „Bereiche", auf die bei der Erstellung der Negativprognose nach dem Gesetzeswortlaut abgestellt werden kann, nämlich diejenigen *„der Art oder Ausführung der Tat, der Persönlichkeit des Beschuldigten oder sonstiger Erkenntnisse"* besonders augenfällig. Aus bestimmten Informationen zur Anlaßtat schließt **Kamann**[527] im Wege eine Wertung auf die Persönlichkeit des Urhebers dieser Tat zurück.[528] Im Ergebnis können maßgebliche Faktoren der Persönlichkeit zum Beispiel *„Reizbarkeit (...), Gewaltbereitschaft, Hang zu Rauschmitteln"* sein.[529]

(3) Sonstige Erkenntnisse

Zumal nun hinsichtlich der Persönlichkeit des Beschuldigten bereits alle Lebensverhältnisse heranzuziehen sein sollen[530], stellt sich die Frage, ob daneben

---

Senge, § 81 g Rn. 5; das OLG Jena stellt ab auf gleichgelagerte Vorstrafen (OLG Jena, NJW 1999, 3571, 3571).

[523] Soweit *Eisenberg*, Beweisrecht der StPO, Rn. 1687 l, bzgl. der Anknüpfungstatsache „noch verwertbare Vorstrafen" auf deren Bedeutung in der Tendenz relativierende kriminologische Erkenntnisse hinweist, wird die Bedeutung dieses Gesichtspunkts wiederum geschmälert durch den Umstand, daß im Rahmen der Negativprognose des § 81 g I StPO – wie dargelegt – eben keine gesteigerte Wahrscheinlichkeit erforderlich ist, sondern es hinreicht, daß auf der Grundlage bestimmter Tatsachen die Möglichkeit künftiger Strafverfahren wegen künftiger oder zurückliegender Straftaten von erheblicher Bedeutung gegeben ist.

[524] BT-Dr. 13/7208, S. 40; SK-*Rogall*, § 81 g Rn. 17; vgl. auch *Graalmann-Scheerer*, Kriminalistik 2000, 328, 334.

[525] OLG Jena, NJW 1999, 3571, 3571.

[526] *Kamann*, Beilage zu ZAP 5/2000, S. 12.

[527] *Kamann*, a.a.O.

[528] *Markwardt/Brodersen* sprechen die Anknüpfungstatsache einer besonders grausamen Tatausführung der Anlaßstraftat dagegen an im Rahmen ihrer Erläuterungen zu *„Art oder Ausführung der Tat"*, Markwardt/Brodersen, NJW 2000, 692, 695.

[529] *Messer/Siebenbürger*, Vordermayer/v.Heintschel-Heinegg-Handbuch, Teil A Kap. 1 Rn. 123.

[530] Vgl. BT-Dr. 13/7208, S. 40.

überhaupt noch Raum verbleibt für „*sonstige Erkenntnisse*". Diesen Begriff nun dahingehend zu erläutern, daß er solche Einsichten und Feststellungen meint, welche aus anderen als den bereits angesprochenen Quellen stammen, zumal es sich sonst wiederum nur um Anknüpfungstatsachen für die Erstellung der Negativprognose auf der Grundlage der Art oder Ausführung der Tat oder der Persönlichkeit des Beschuldigten handele[531], führt nicht recht weiter. Die dargestellten Definitionsansätze bezüglich der Begriffe der Art oder Ausführung der Tat beziehungsweise der Persönlichkeit des Beschuldigten enthalten keine erkennbare Beschränkung auf bestimmte Erkenntnisquellen.

Ob nun Hinweise von Informanten, V-Leuten, verdeckten Ermittlern oder aus Dateien, die der Verbrechensbekämpfung oder der vorbeugenden Verbrechensbekämpfung dienen[532] und sich zum Beispiel auf die Mitgliedschaft in Organisationen beziehen[533], tatsächlich den Begriff der sonstigen Erkenntnisse ausfüllen, mag daher bezweifelt werden. Es dürfte sich bei diesen Hinweisen ihrem Inhalt nach um Erkenntnisse handeln, die die Lebensverhältnisse (und damit auch die Persönlichkeit des Beschuldigten im Sinne des § 81 g I StPO) beschreiben. Die aus den vorgenannten Quellen bekannte „*erklärte Bereitschaft des Beschuldigten, weitere Taten zu begehen*" oder seine „*Einbindung in eine kriminelle Struktur, welche auf die weitere und regelhafte Begehung von Straftaten ausgelegt ist*"[534], lassen sich begrifflich ohne weiteres auch unter die Persönlichkeit des Beschuldigten beziehungsweise die diesbezügliche äußere Anknüpfungstatsache der Lebensumstände des Beschuldigten fassen.

Als „*sonstige Erkenntnisse*" im Sinne des § 81 g I StPO sehen **Markwardt/Brodersen** insbesondere kriminalistische und kriminologische Erfahrungssätze an. So sei etwa auf das „Steigerungsverhalten" von Tätern zu verweisen, welche zunächst mit weniger schwerwiegenden Delikten auffallen (Exhibitionismus) und später gesteigerte kriminelle Energien umsetzen (Vergewaltigung); Täter, welche bereits frühzeitig relativ schwere Delikte begehen, neigen später erfahrungsgemäß zu schwerster Kriminalität.[535] Es erscheint nun allerdings wiederum nicht zwingend, die letztgenannten Gesichtspunkte nicht der „*Art oder Ausführung der Tat*" oder dem Bereich der „*Persönlichkeit des Beschuldigten*" zuzuordnen. Über rein Begriffliches hinaus ist diese Frage jedoch

---

[531] SK-*Rogall*, § 81 g Rn. 18.
[532] SK-*Rogall*, § 81 g Rn. 18.
[533] Vgl. *Messer/Siebenbürger*, Vordermayer/v.Heintschel-Heinegg-Handbuch, Teil 1 Kap. 1 Rn. 123.
[534] Beispiele bei *Rogall*, SK-*Rogall*, § 81 g Rn. 18.
[535] *Markwardt/Brodersen*, NJW 2000, 692, 695.

ohne methodische Bedeutung, sie bezieht sich lediglich auf die Bezeichnung der konkret heranzuziehenden Anknüpfungstatsache.[536]

d) Verhältnismäßigkeit

Die durch die Regelungen des DNA-IFG ermöglichten Maßnahmen dienen Zwecken der Identitätsfeststellung in zukünftigen Strafverfahren.[537] Da hierdurch die Aufklärung künftiger Straftaten von erheblicher Bedeutung erleichtert werden soll, dient die Datengewinnung auf der Grundlage des § 81 g StPO[538] *„einer an rechtsstaatlichen Garantien ausgerichteten Rechtspflege, der ein hoher Rang zukommt"*, so daß die Ausgestaltung der Erhebung von DNA-Identifizierungsmustern durch das DNA-IFG den Anforderungen des Schrankenvorbehalts für Eingriffe in das Recht auf informationelle Selbstbestimmung gerecht wird.[539]

Die Körperzellentnahme und die molekulargenetische Untersuchung können jedoch im konkreten Fall im Hinblick auf den in § 81 g I StPO explizit angesprochenen Gesetzeszweck durchaus gegen den verfassungsrechtlichen Grundsatz der Verhältnismäßigkeit verstoßen.

Soweit das **OLG Jena** davon ausgeht, daß *„der Gesetzgeber selbst den Grundsatz der Verhältnismäßigkeit (...) weitgehend bereits bei der Schaffung des Eingriffstatbestandes des § 81 g I StPO berücksichtigt hat, so daß er nur in geringem Ausmaß Anwendung finden kann, wenn die tatbestandlichen Voraussetzungen des § 81 g I StPO gegeben sind"*[540], erscheint Vorsicht geboten. Abgesehen von grundsätzlichen Bedenken gegenüber diesem Ausgangspunkt[541], will das

---

[536] Von erheblicher praktischer Bedeutung ist demgegenüber, ob für die Erstellung der Negativprognose die Beiziehung eines Sachverständigen erforderlich ist; hierzu unten S. 128 ff.
[537] BT-Dr. 13/10791, S. 4.
[538] Entsprechendes gilt bei einer Maßnahme nach § 2 DNA-IFG iVm. § 81 g StPO.
[539] BVerfG, EuGRZ 2001, 70, 73.
[540] OLG Jena, NJW 1999, 3571, 3571; dem zustimmend *Fluck*, Kriminalistik 2000, 479, 481; *Vahle*, DSB 1/2000, S. 16.
[541] Eine umfassende Berücksichtigung des Verhältnismäßigkeitsgrundsatzes bereits im Rahmen eines bestimmten Tatbestands dürfte nur dann anzunehmen sein, wenn der Gesetzgeber jeden denkbaren Einzelfall ausdrücklich regelt, der durch die Norm erfaßt werden soll. Warum – vor diesem Hintergrund – davon ausgegangen werden kann, daß der Gesetzgeber des DNA-IFG bei der Schaffung des Eingriffstatbestands des § 81 g I StPO den Verhältnismäßigkeitsgrundsatz (im Vergleich zu anderen Eingriffsnormen) so weitgehend angewendet hat, daß er bei Vorliegen der tatbestandlichen Voraussetzungen des

OLG den Anwendungsbereich des Verhältnismäßigkeitsgrundsatzes zumindest insofern in einer unangebrachten Weise verkürzen, als es im folgenden den Standpunkt einnimmt, daß *„der Grundsatz der Verhältnismäßigkeit nur dann der Anordnung der Entnahme von Körperzellen und deren Untersuchung entgegensteht, wenn es nach Sachlage und allgemeiner Erfahrung höchst unwahrscheinlich ist, daß der Täter im Rahmen der Tatausführung Körperzellen abgibt.“*[542] Das OLG übersieht dabei nämlich, daß ein – im Gesetzesentwurf vom 25.05.1998 ursprünglich vorgesehener[543] – ausdrücklicher Ausschluß von Erfassungsmaßnahmen nach § 81 g I StPO bei Vorliegen eines auf der Grundlage von § 81 e StPO für Zwecke aktueller Strafverfolgung erhobenen ausreichenden DNA-Identifizierungsmusters im weiteren Gesetzgebungsverfahren auf Initiative des Rechtsausschusses (6. Ausschuß) nicht umgesetzt worden ist. Dabei hatte der Rechtsausschuß seine diesbezügliche Beschlußempfehlung zutreffend gerade damit begründet, daß sich in den angesprochenen Fällen bereits aus dem Grundsatz der Verhältnismäßigkeit ergibt, daß Maßnahmen nach § 81 g I StPO nicht erfolgen können.[544] Demzufolge zweifelt auch der Gesetzgeber des DNA-IFG die umfassende Gültigkeit des für staatliche Eingriffsmaßnahmen stets geltenden Grundsatzes der Verhältnismäßigkeit[545] für den Bereich der Körperzellentnahmen und der molekulargenetischen Untersuchungen nach § 81 g StPO ersichtlich nicht an.

Sind die tatbestandlichen Voraussetzungen für eine Erhebungsmaßnahme nach dem DNA-IFG festgestellt, so schließt sich hieran also stets die Überprüfung der Verhältnismäßigkeit der erwogenen Maßnahme an.[546]

Dabei sind insbesondere die folgenden Fallgestaltungen zu beachten:

aa) DNA-Identifizierungsmuster liegt vor

Zunächst sind die vom Rechtsausschuß angesprochenen Fälle denkbar, in denen bereits für Zwecke aktueller Strafverfolgung nach § 81 e StPO ein ausreichendes Identifizierungsmuster durch molekulargenetische Untersuchung von Körperzellen des Beschuldigten erstellt worden ist, welche nach § 81 a I StPO erhoben

---

§ 81 g I StPO (im Vergleich zu anderen Eingriffsnormen) nur in geringem Umfang anzuwenden sein soll, bleibt unklar.

[542] OLG Jena, NJW 1999, 3571.
[543] BT-Dr. 13/10791, S. 3.
[544] BT-Dr. 13/11116, S. 7.
[545] Vgl. *König*, Kriminalistik 1999, 325, 325; Sachs-*Sachs*, Art. 20 Rn. 146.
[546] Vgl. OLG Zweibrücken, NJW 1999, 300, 300; LG Waldshut-Tiengen, StV 1999, 365, 366.

worden waren.[547] Liegen in einem solchen Fall die tatbestandlichen Voraussetzungen für Maßnahmen nach § 81 g StPO zum Zwecke der zukünftigen Identitätsfeststellung vor, so stellt sich eine erneute Körperzellentnahme mit der nachfolgenden molekulargenetischen Untersuchung nach der Neufallregelung als nicht erforderlich dar, zumal das bereits vorhandene – für gegenwärtige Strafverfolgung erhobene – DNA-Identifizierungsmuster dann auch für zukünftige Strafverfolgung verwandt werden kann.[548]

Eine Regelung über die Speicherung nach § 81 e StPO für Zwecke aktueller Strafverfolgung gewonnener DNA-Identifizierungsmuster ist durch das Gesetz zur Änderung des DNA-Identitätsfeststellungsgesetzes vom 02.06.1999 in § 3 S. 3 DNA-IFG n.F. geschaffen worden.[549] Die charakteristische Eingriffssituation für Maßnahmen nach § 81 g I StPO ist danach die eines Ermittlungsverfahrens, gegen einen Beschuldigten, der einer Straftat von erheblicher Bedeutung verdächtigt wird und dem auch die Negativprognose auszustellen ist, ohne daß die Erstellung eines DNA-Identifizierungsmusters für Zwecke aktueller Strafverfolgung erforderlich wäre beziehungsweise erforderlich gewesen ist; etwa weil aufgrund anderer Umstände bereits feststeht, daß das Spurenmaterial von dem Beschuldigten stammt.[550]

Ein (erneuter) Eingriff nach § 81 g I StPO scheidet selbstverständlich auch dann mangels Erforderlichkeit aus, soweit das vorhandene DNA-Identifizierungsmuster auf einer (früheren) Maßnahme nach § 81 g I StPO beruht.[551]

bb) Kein Aufklärungserfolg zu erwarten

Nach Sinn und Zweck des § 81 g StPO erfordern Maßnahmen nach der Neufallregelung im Hinblick auf den Grundsatz der Verhältnismäßigkeit, daß zukünftige Aufklärungserfolge erwartet werden können; hierüber besteht im Grundsatz Einigkeit.[552] Uneinheitlich stellt sich daß Meinungsbild nun jedoch dar, insoweit es darum geht, ob für die Beantwortung der Frage, ob Maßnahmen nach § 81 g StPO Aufklärungserfolge erwarten lassen, auf die Anlaßstraftat abzustellen ist oder auf die Prognosestraftat.

---

[547] Vgl. BT-Dr. 13/11116, S. 7.
[548] BT-Dr. 13/10791 S. 5; KK-*Senge*, § 81 g Rn. 6.
[549] BGBl. I 1999 1242; vgl. im einzelnen unten S. 186 ff.
[550] Vgl. nur KK-*Senge*, § 81 g Rn. 6.
[551] BT-Dr. 13/11116, S. 7.
[552] BT-Dr. 13/10791 S. 5; LG Koblenz, StV 1999, 141; LG Rostock, StraFo 1999, 204, 205; OLG Jena, NJW 1999, 3571; *Markwardt/Brodersen*, NJW 2000, 692, 695; *Pfeiffer*, § 81 g Rn. 4; KK-*Senge*, § 81 g Rn. 4; *Senge*, NJW 1999, 253, 254.

Das **LG Berlin** will auf die Anlaßtat abstellen. Bereits bei dieser müsse es sich nach Sinn und Zweck der Maßnahmen um eine Straftat handeln, bei der *„der Täter in der Regel im Rahmen der Tatausführung Körperzellen absondert, die dann untersucht werden können"*, es müsse sich *„bei der Anlaßtat um eine solche handeln, die der Identitätsfeststellung durch DNA-Identifizierungsmuster zugänglich ist";* der Anstifter einer Straftat von erheblicher Bedeutung scheide für Maßnahmen nach dem DNA-IFG daher aus.[553]

Das **LG Koblenz** ist davon ausgegangen, daß *„solche Delikte mangels Erforderlichkeit der Maßnahme ausscheiden, über die der Täter nicht deliktstypisch im Zusammenhang mit einer künftigen Straftat ‚Identifizierungsmaterial' am Tatort hinterlassen wird."* Dabei meinte die Kammer im Hinblick auf die Umstände der Anlaßstraftat offen lassen zu können, ob es sich bei der Anlaßstraftat überhaupt um eine solche von erheblicher Bedeutung gehandelt hat und auch, ob nach den Umständen des Falles die Negativprognose gegeben ist.[554] Das Gericht hat seine Entscheidung damit allein darauf gestützt, daß es sich nach seinen Feststellungen bei der Anlaßtat nicht um ein Delikt gehandelt hat, bei dem der Täter typischerweise Körperzellen absondert.[555] Auf dieser Linie hat auch das **LG Rostock** argumentiert, indem es für die fehlende Erwartung zukünftiger Aufklärungserfolge auf die Natur der Anlaßdelinquenz aus dem Bereich der Betäubungsmittelkriminalität verwiesen hat.[556]

Weniger eindeutig bleibt der Standpunkt des **LG Bautzen**, welches zunächst auf die zitierten Entscheidungen der **LG Koblenz** und **Rostock** Bezug nimmt, um dann auszuführen, *„daß solche künftigen Delikte mangels Erforderlichkeit der Maßnahme ausscheiden (und diese damit unverhältnismäßig erscheinen lassen), bei welchen der Betroffene nicht deliktstypisch im Zusammenhang mit der künftigen Straftat ‚Identifizierungsmaterial' am Tatort hinterlassen wird"*, was vornehmlich aus der Art des Delikts zu schließen sein wird.[557]

Diesen Ausführungen läßt sich nun zwar nicht zwingend entnehmen, daß das Gericht davon ausgeht, daß die zu prognostizierende Tat der Anlaßstraftat zwingend entsprechen muß. Allerdings spricht dafür, diese Entscheidung insofern in

---

[553] LG Berlin, NJW 2000, 752, 752 = StV 1999, 590, 590.
[554] LG Koblenz, StV 1999, 141.
[555] Das LG Koblenz hat also nicht von der angenommenen fehlenden Aufklärungserwartung auf die Unerheblichkeit der Anlaßstraftat zurückgeschlossen, sondern es hat diese Frage gerade dahinstehen lassen. Die Entscheidung – und insoweit ist ihr zuzustimmen – differenziert also zwischen der Frage, ob eine Anlaßstraftat von erheblicher Bedeutung gegeben ist und der Frage, ob Eingriffsmaßnahmen verhältnismäßig sind (LG Koblenz, StV 1999, 141).
[556] LG Rostock, StraFo 1999, 204, 205.
[557] LG Bautzen, NJW 2000, 1207, 1207.

eine Reihe mit den vorgenannten zu stellen, der Umstand, daß das **LG Bautzen** sich auf diese bezieht und im Rahmen seiner Erwägungen zur Frage, ob die beantragte Körperzellentnahme und anschließende molekulargenetische Untersuchung nach der Altfallregelung künftige Aufklärungserfolge erwarten läßt, allein auf die Charakteristika der im konkreten Fall gegebenen Anlaßdelinquenz aus dem Bereich der Betäubungsmittelkriminalität abstellt.[558]

Das Schrifttum nimmt hinsichtlich dieser Problematik ebenfalls nicht immer eindeutig Stellung. So stellt **Senge** fest, daß mangels Erforderlichkeit solche Delikte aus dem Anwendungsbereich des § 81 g StPO herausfallen, bei denen Täter nach kriminalistischer Erfahrung keine Körperzellen absondern.[559] Im Unklaren bleibt dabei jedoch, ob die Anlaßstraftat gemeint sein soll oder es allein um die im Rahmen der Negativprognose anzunehmenden Straftaten gehen soll.[560] Anderswo findet sich demgegenüber in begrüßenswerter Deutlichkeit die Aussage, es komme darauf an, ob *"nach kriminalphänomenologischer Erfahrung bei Tatausführung der prognostizierten Straftaten (...) Körperzellen abgesondert werden."*[561] *"Für die Spurenprognose ist auf die künftige Tat, nicht auf die Anlaßtat abzustellen."*[562]

Dagegen vertritt **Lemke** – entsprechend der Entscheidung des **LG Berlin**[563] – den Standpunkt, daß es sich (bereits) bei der Anlaßtat um eine solche handeln muß, die durch Verwendung eines DNA-Identifizierungsmusters aufgeklärt werden kann.[564]

---

[558] LG Bautzen, NJW 2000, 1207, 1207 f.
[559] KK-*Senge*, § 81 g Rn. 4 f.; *Senge*, NJW 1999, 253, 254.
[560] Hierauf kann auch nicht rückgeschlossen werden aus dem Umstand, daß *Senge* den Standpunkt einnimmt, daß die Verwertung der DNA-Identifizierungsmuster in einem zukünftigen Strafverfahren nicht dadurch ausgeschlossen wird, daß zum Zeitpunkt der Maßnahme nach § 81 g StPO zwar der Verdacht einer Straftat von erheblicher Bedeutung gegeben gewesen ist, eine Verurteilung jedoch lediglich wegen einer nicht erheblichen Straftat erfolgt ist (*Senge*, NJW 1999, 253, 255). Diese Ausführungen beziehen sich gerade nicht auf den Erhebungszeitpunkt.
[561] *Eisenberg*, Beweisrecht der StPO, Rn. 1687 k; vgl. im gegebenen Zusammenhang auch *Beulke*, der – irritierenderweise gerade unter Hinweis auf die zitierte Entscheidung des LG Koblenz – Maßnahmen nach § 81 g StPO als ausgeschlossen erachtet, wenn es sich *„bei den zukünftig zu erwartenden Taten um solche handelt, bei denen der Täter nach allgemeiner Erfahrung im Rahmen der Tatausführung keine Körperzellen, die analysiert werden könnten, absondert"* (*Beulke*, Strafprozeßrecht, Rn. 242).
[562] *Messer/Siebenbürger*, Vordermayer/v.Heintschel-Heinegg, Teil A Kap. 1 Rn. 122.
[563] LG Berlin, NJW 2000, 752, 752 = StV 1999, 590, 590.
[564] HK-*Lemke*, § 81 g Rn. 11; *Kaufmann/Ureta* suchen ihren gleichgelagerten Standpunkt unter Hinweis auf die amtliche Begründung des Gesetzentwurfs zu stützen (*Kaufmann/Ureta*, StV 2000, 103, 104).

Diese Sichtweise leuchtet jedoch nicht ein. Die zitierten landgerichtlichen Entscheidungen unterstellen, daß die Formulierung *"wegen einer der vorgenannten Straftaten"* im Rahmen der Negativprognose des § 81 g I StPO so zu verstehen ist, daß Anlaßstraftat und Prognosestraftat sich auf dieselbe Strafnorm und dieselben Begehungsumstände beziehen müssen.[565] Wäre diese Grundannahme stimmig, so könnten tatsächlich keine künftigen Aufklärungserfolge erwartet werden, soweit es sich bei der Anlaßtat um ein Delikt handelt, bei dem keine Körperzellen abgesondert werden – denn dies müßte dann auch für die Prognosetat gelten.

Diese Grundannahme ist jedoch nicht zutreffend: § 81 g I StPO erfordert bereits seinem Wortlaut nach nicht, daß sich die Negativprognose auf die konkrete Anlaßstraftat, hinsichtlich derer der Beschuldigte verdächtig ist, bezieht sondern spricht von zukünftigen Strafverfahren wegen einer – mithin: irgendeiner – der vorgenannten Straftaten.[566]

Soweit das **LG Koblenz**[567] seinen Standpunkt durch den Rückgriff auf die Begründung des Gesetzentwurfs zu stützen sucht, lautet die fragliche Passage, welche sich an Ausführungen zu dem Begriff der Straftat von erheblicher Bedeutung anschließt, wie folgt: *"Eine aus dem Grundsatz der Verhältnismäßigkeit folgende systemimmanente Begrenzung ergibt sich außerdem dadurch, daß solche Delikte mangels Erforderlichkeit der Maßnahme ausscheiden, bei denen der Täter nicht deliktstypisch im Zusammenhang mit einer künftigen Straftat ‚Identifizierungsmaterial' am Tatort hinterlassen wird (wie dies beispielsweise in den vorgenannten Fällen der §§ 154, 183, 187 des Strafgesetzbuches der Fall sein wird)."*[568] Die Auffassung der **LG Koblenz** und **Berlin** würde nur dann dem subjektiven Willen des Gesetzgebers entsprechen, wenn durch die Formulierung *„solche Delikte"* eine zwingende Einheitlichkeit zwischen der Anlaßstraftat und der prognostizierten Tat zum Ausdruck gebracht werden sollte, wenn – beispielhaft formuliert – der Gesetzgeber den Regelungsbereich des § 81 g StPO etwa nicht auf einen Beschuldigten ausgedehnt sehen wollte, der eines Meineides verdächtig ist und bezüglich dessen auf der Grundlage bestimmter Erkenntnisse zu seiner Persönlichkeit Grund zu der Annahme besteht, er werde Vergewaltigungen begehen oder er habe bereits unentdeckte Tötungsdelikte begangen. Ein solchermaßen restriktives Verständnis kommt den zitierten Ausführungen jedoch nicht zwingend zu: Diese lassen sich durchaus auch dahingehend lesen, daß Eingriffsmaßnahmen *„beispielsweise in den vorgenannten Fällen"* (das heißt bei Meineid, Exhibitionismus, Verleumdung) ausscheiden sollen, soweit

---

[565] *Markwardt/Brodersen*, NJW 2000, 692, 695 f.
[566] *Fluck*, Kriminalistik 2000, 479, 481; *Markwardt/Brodersen*, NJW 2000, 692, 696.
[567] LG Koblenz, StV 1999, 141.
[568] BT-Dr. 13/10791, S. 5.

sich die Negativprognose nur bezogen auf eine solche (der Anlaßtat entsprechende) Tat erstellen läßt.[569]

Eine zwingende Anknüpfung an die Anlaßstraftat kann im Hinblick auf den ebenfalls in der Begründung des Gesetzentwurfs formulierten Gesetzeszweck, *„eine verbesserte Aufklärung von schweren Straftaten, insbesondere von Sexualstraftaten"* zu erreichen[570], schwerlich unterstellt werden. Nach Sinn und Zweck des DNA-IFG kann es nicht darauf ankommen, ob bei der Anlaßtat der DNA-Analyse zugängliche Spuren abgesondert worden sind, da nach den Vorschriften des DNA-IFG keine hieraus resultierenden Spuren für Zwecke eines Anlaßverfahrens herangezogen werden sollen.[571] Das DNA-IFG soll ja gerade die Entnahme und molekulargenetische Untersuchung von Körperzellen *„allein zum Zwecke der Identitätsfeststellung in künftigen Strafverfahren"* möglich machen.[572] Das alleinige Abstellen auf die Nachweiseignung einer bestimmten Anlaßstraftat wäre daher allein dann sinnvoll, wenn deren Täter ohne weiteres eine Delikts- und modus-operandi-Perseveranz unterstellt werden dürfte, wenn also davon ausgegangen werden könnte, er begehe generell (nur) ähnliche Straftaten. Die Tragfähigkeit der „Perseveranzhypothese" erscheint jedoch in einem solchen Maße als zweifelhaft[573], daß es aus der kriminologischen Perspektive nicht sinnvoll sein kann, für die Frage der Nachweiseignung stets allein auf die Art und Umstände der Anlaßtat abzustellen.

Es spricht danach einiges dafür, die zitierte Passage aus der Gesetzesbegründung und die dieser vorstehenden Ausführungen zum Begriff der Straftat von erheblicher Bedeutung differenziert zu betrachten. Soweit es sich um Aussagen handelt, die auf den Begriff der Straftat von erheblicher Bedeutung bezogen sind, gelten sie für Anlaß- und für Prognosetat; umgekehrt betreffen – nach dem Sinn und Zweck des Gesetzesvorhabens – die Aussagen zur Frage, ob deliktsspezifisch die Absonderung von Körpermaterial zu erwarten ist allein die Prognosetat. Dies ist im Ergebnis jedoch nicht einmal entscheidend. Denn sollte nach dem den Ausführungen in der Begründung des Entwurfs zugrundeliegenden subjektiven Willen des Gesetzgebers im Sinne der **LG Berlin** und **Koblenz** tatsächlich eine enge „Parallelität" zwischen der Anlaßstraftat und der Prognosetat

---

[569] Die entsprechenden Ausführungen in der Begründung des Gesetzentwurfs (BT-Dr. 13/10791, S. 5) verwenden den Begriff „Anlaßstraftat" – entgegen dem von *Kaufmann/Ureta* (*Kaufmann/Ureta*, StV 2000, 103, 104) vermittelten Eindruck – gerade nicht, sondern beziehen sich lediglich auf *„solche Delikte"*.
[570] BT-Dr. 13/10791, S. 4.
[571] *Markwardt/Brodersen*, NJW 2000, 692, 695.
[572] BT-Dr. 13/10791, S. 4.
[573] *Eisenberg*, Kriminologie, § 27 Rn. 46 m.w.N.

angestrebt gewesen sein, so hätte dies im Gesetzestext selbst jedenfalls keinen Ausdruck gefunden.[574]

Eingriffsmaßnahmen nach § 81 g I StPO scheiden folglich bei gegebener Negativprognose nur dann im Hinblick auf nicht zu erwartende Aufklärungserfolge aus, wenn nicht angenommen werden kann, daß bei der prognostizierten Tat der DNA-Identifikation zugängliches Körpermaterial zurückbleiben wird, welches zur Aufklärung dieser Tat beitragen kann; ob dies auch bei der Anlaßstraftat der Fall gewesen ist, ist dagegen ohne jede Bedeutung.[575]

Hieran schließt sich nun die Frage an, ob es tatsächlich bestimmte (Prognose-) Taten gibt, bei denen Maßnahmen nach § 81 g StPO generell unter dem Gesichtspunkt ausscheiden, daß ein Identifizierungserfolg nach den kriminalistischen Erfahrungen nicht erwartet werden kann.

In der Begründung des Gesetzentwurfs sind insoweit der Exhibitionismus (§ 183 StGB), die Erregung öffentlichen Ärgernisses (§ 183 a StGB), die Ausübung der unerlaubten Prostitution (§ 184 a StGB), der Meineid (§ 154 StGB) und die Verleumdung (§ 187 StGB) angesprochen.[576] In der Rechtsprechung und auch im Schrifttum ist für den Bereich der Betäubungsmitteldelinquenz angenommen worden, daß Maßnahmen nach dem DNA-IFG mangels Erforderlichkeit ausscheiden, weil nicht angenommen werden könne, daß der Täter am Tatort (typischerweise) „Identifizierungsmaterial" hinterläßt[577], beziehungsweise weil – wenn auch nicht auszuschließen ist, daß die Täter derartiger Straftaten bei der Tat vielleicht auch Körperzellen ausscheiden – *„die Überführung (...) in aller Regel durch andere kriminalistische Maßnahmen wie etwa Telefonüberwachungen, Zeugenvernehmungen und Einsatz von verdeckten Ermittlern"* möglich gemacht wird.[578]

---

[574] Vgl. zur Bedeutung des Willens des Gesetzgebers für die Auslegung einer Norm BVerfGE 11, 126, 130; 59, 128, 153; 62, 1, 45; NJW 1987, 3246; AK-*Loos*, Einl. III Rn. 19; *Schmidt-Bleibtreu/Klein,* vor Art. 70 Rn. 2.

[575] *Eisenberg*, Beweisrecht der StPO, Rn. 1687 k; *Markwardt/Brodersen*, NJW 2000, 692, 695; *Messer/Siebenbürger*, Vordermayer/v.Heintschel-Heinegg-Handbuch, Teil A Kap. 1 Rn. 122.

[576] BT-Dr. 13/10791, S. 5. Allerdings können Maßnahmen nach § 81 g StPO bereits deshalb ausscheiden, weil entweder der Anlaßstraftat oder der Prognosestraftat keine erhebliche Bedeutung zukommt, was hinsichtlich der angesprochenen Vergehen nach §§ 183 a StGB und 184 a StGB regelmäßig anzunehmen sein dürfte.

[577] LG Koblenz, StV 1999, 141; LG Rostock, StraFo 1999, 204, 205; *Kaufmann/Ureta*, StV 2000, 103, 104; *Marberth-Kubicki*, StraFo 1999, 205.

[578] AG Kaiserslautern, StV 2000, 72, 72; *Rittershaus*, StV 2000, 609, 610.

Im Ergebnis ist für die Entscheidung der Frage, ob bestimmte („Prognose"-)Delikte von vornherein als nachweisgeeignete Prognosetaten ausscheiden, jedoch maßgeblich, daß nach den Überlegungen zum Grad der für die Negativprognose erforderlichen Annahme im Sinne des § 81 g I StPO die bloße Möglichkeit ausreicht.[579] Konsequenterweise wird eine Maßnahme nach der Neufallregelung im Hinblick auf die Natur der Prognosetat daher erst dann wegen fehlender Nachweiseignung ausscheiden, wenn bei dieser nach kriminalistischer Erfahrung nicht (einmal) die Möglichkeit eines Aufklärungserfolges besteht.[580] Der Bereich prognostizierbarer Straftaten von erheblicher Bedeutung, bei denen Maßnahmen nach § 81 g StPO als identifizierungsungeeignet kategorisch ausscheiden, ist demzufolge als außerordentlich klein anzusehen: **Markwardt/Brodersen** weisen in diesem Zusammenhang darauf hin, daß (nach dem gegenwärtigen Stand der Technik) bereits ein verlorenes Haar[581], kleinste Hautpartikel oder vergleichbares zurückgebliebenes Körpermaterial zur Identifizierung des Spurenlegers ausreichen kann. Für den Bereich der Straftaten von erheblicher Bedeutung außerhalb der Sexual- oder Gewaltkriminalität, insbesondere für die Verleumdung und ähnliche Straftaten, welche sich im konkreten Fall als solche von erheblicher Bedeutung darstellen, ferner auch für den Bereich der strafbaren Teilnahme dürfte kaum je die Möglichkeit kategorisch auszuschließen sein, daß der Täter im Zusammenhang mit der Tat einen ihm anderweitig nicht oder nicht mit der gleichen Sicherheit zuzuordnenden Brief verschickt[582], an dessen Briefmarke sich sein Speichel befindet.[583] Der denkbare Einwand, daß anzunehmen sei, daß planende Straftäter in Zukunft die Bespeichelung von Briefmarken vermeiden werden, würde wiederum den relativ geringen Grad der Annahme, der im Rahmen der Negativprognose des § 81 g StPO erforderlich ist, übersehen.

Die Ansicht, daß im Bereich der Betäubungsmittelkriminalität keine Aufklärungserfolge mittels DNA-Analyse zu erwarten sind, ist bereits im Hinblick auf die gegenwärtigen kriminalistischen Möglichkeiten kaum haltbar. Gerade in diesem Kriminalitätssegment ist nach der Erfahrung durchaus mit dem Anfall von DNA-Identifizierungsmaterial zu rechnen.[584]

---

[579] Siehe oben S. 84 ff.
[580] *Markwardt/Brodersen*, NJW 2000, 692, 695.
[581] Zur Untersuchung sogenannter telogener Haare ausführlich: *Brinkmann/Pfeiffer*, Kriminalistik 2000, 258, 258 ff.
[582] Zu denken wäre etwa an ein nicht-handschriftliches Schreiben, welches nicht oder mit einer falschen Unterschrift versehen ist, so daß graphologische Untersuchungen gar nicht in Betracht kommen oder aber gegenüber der Identifizierung mittels DNA-Analyse mit größerer Unsicherheit behaftet sind.
[583] *Markwardt/Brodersen*, NJW 2000, 692, 695; vgl. in diesem Zusammenhang auch *Burr*, Das DNA-Profil im Strafverfahren, S. 83.
[584] *Fluck*, Kriminalistik 2000, 479, 479.

In einer auf diesen Delinquenzbereich bezogenen Entscheidung hat das **LG Bautzen** auf die folgenden Fallgestaltungen hingewiesen, deren Praxisrelevanz offensichtlich erscheint: *„Die Polizei erlangt Kenntnis von einem Rauschgifthandel, kommt jedoch zu spät zum Tatort und findet dort beispielsweise Zigarettenkippen (mit Speichelanhaftungen) beziehungsweise Haare (mit Wurzeln) der Täter vor; - es werden Gegenstände beschlagnahmt, welche zum Transport von Rauschgift gedient haben. Gerade insoweit ist ein außerordentlich breites Anwendungsspektrum der DNA-Analyse denkbar, da Spuren beispielsweise in Tatfahrzeugen, aber auch etwa an Koffern, Taschen und Beuteln gesichert werden können, in welchen Rauschgift transportiert worden ist; - selbst anhand getragener Kleidungsstücke oder etwa bei der Rauschgiftübergabe verwendeter Gummihandschuhe kann die DNA-Analyse das entscheidende Beweismittel liefern."*[585] Überzeugend betont das **LG Bautzen** des weiteren den Gesichtspunkt, daß derartige Eingriffe dem Gesetzeszweck entsprechend der Identitätsfeststellung in künftigen Strafverfahren dienen. Erwägungen zur Erfolgseignung einer Maßnahme nach dem DNA-IFG haben daher auch zu berücksichtigen, daß durch den zu erwartenden weiteren Fortschritt im Bereich der Analysetechnik *„künftig in nahezu allen Deliktsbereichen (...) mit einem zunehmenden, erfolgversprechenden Einsatz der DNA-Analyse zu rechnen"* ist.[586] **Kube/Simmross** sehen die Chance, daß zukünftig durch die DNA-Analyse an Tatorten ausgefallener (telogener) Haare *„auch der Massenkriminalität, wie Diebstahlsdelikten wirkungsvoller begegnet werden kann."*[587]

Diese Erwägungen leuchten ein. Die nach den Erhebungsregelungen des DNA-IFG gewonnenen DNA-Identifizierungsmuster können – grundsätzlich[588] – für eine unbegrenzt lange Zeit aufbewahrt werden.[589] Es dürfte davon auszugehen sein, daß in der Zukunft eine Zuordnung von (manchen) Spuren zu einzelnen vorgehaltenen DNA-Identifizierungsmustern möglich sein wird, welche sich derzeit noch nicht vornehmen läßt.[590/591] Mehr ist nicht erforderlich. Insbe-

---

[585] LG Bautzen, NJW 2000, 1207, 1208; vgl. auch LG Hannover, Nds.Rpfl. 2000, 76 und LG Waldshut-Tiengen, StV 2001, 10, 11.
[586] LG Bautzen, NJW 2000, 1207, 1208.
[587] *Kube/Simmross,* Vordermayer/v.Heintschel-Heinegg-Handbuch, Teil A Kap. 4 Rn. 64; vgl. auch Rn. 16; vgl. auch *Schmitter,* Vordermayer/v. Heintschel-Heinegg-Handbuch, Teil A Kap. 5 Rn. 6.
[588] Ausführlich zu den Fragen der „Verwendung" der gewonnenen Daten unten S. 173 ff.
[589] Vgl. nur *Kleinknecht/Meyer-Goßner,* § 81 g Rn. 11.
[590] Es dürfte dabei auch keine zu gewagte Prognose darstellen, daß der routinemäßige Einsatz von DNA-Identitätsfeststellungsmaßnahmen in der Zukunft in breiteren Kriminalitätsbereichen erfolgen wird, so wie der Einsatz des „konventionellen" Fingerabdrucks eine alltägliche kriminalistische Technik geworden ist. Daher erscheint die den Fortschritt vollständig ausblendende Erwägung verfehlt, daß gegenwärtig Straftaten im BtM-Bereich vornehmlich mit Hilfe anderer kriminalistischer Techniken aufgeklärt werden

sondere stellt es keinen Verstoß gegen den verfassungsrechtlichen Verhältnismäßigkeitsgrundsatz dar, wenn nach den Umständen des Falles in künftigen Strafverfahren eine Überführung an Hand von genetischem Material „*nur in Ausnahmefällen möglich sein*" wird.[592] Denn die Geeignetheit einer bestimmten Maßnahme im Sinne des Verhältnismäßigkeitsgrundsatzes ist bereits dann gegeben, wenn die Wahrscheinlichkeit der Erreichung des angezielten Erfolgs erhöht wird.[593] Ein milderes Mittel[594] zur Förderung der Möglichkeit der DNA-analytischen Täteridentifizierung in künftigen Strafverfahren[595] ist des weiteren auch nicht ersichtlich. Und schließlich zwingt auch das Erfordernis der Angemessenheit der Maßnahme nicht dazu, die Wahrscheinlichkeit künftiger Aufklärungserfolge zu verlangen, da die Eingriffstiefe der Maßnahmen nach dem DNA-IFG gegenüber „herkömmlichen" erkennungsdienstlichen Maßnahmen nicht relevant erhöht ist.

Deliktsbereiche, in denen praktisch keine Aufklärungserfolge mit Hilfe der DNA-Analyse erwartet werden können, zeichnen sich nach alldem dadurch aus, daß es bereits an einem Identifizierungsbedürfnis fehlt. In Frage kommt insoweit der angesprochene Bereich der Aussagedelinquenz. Läßt sich etwa für einen Beschuldigten, welcher einer Straftat von erheblicher Bedeutung verdächtig ist, die Negativprognose des § 81 g I StPO allein in bezug auf Verbrechen nach § 154 StGB erstellen, so wäre ein künftiger Aufklärungserfolg durch Einsatz der DNA-Analyse konsequenterweise nur dann zu erwarten, wenn zumindest die Möglichkeit angenommen werden kann, daß in einem Strafverfahren wegen eines Aussagedelikts der Nachweis der körperlichen Anwesenheit des Beschuldigten im Gerichtssaal mit Hilfe am dortigen „Tatort" gesicherter Spuren geführt werden kann. Derartiges dürfte nicht als reale Möglichkeit anzusehen sein.[596] Da nun jedoch die Prognosestraftat gerade nicht der Anlaßstraftat entsprechen muß,

---

und aus diesem Grund Maßnahmen nach dem DNA-IFG ausscheiden (so AG Kaiserslautern, StV 2000, 72, 72).
[591] Über die Fortschritte bei der Untersuchung ausgefallener (telogener) Haare, an denen sich keine Haarwurzelzellen befinden, durch Untersuchung mitochondrialer DNA (mtDNA) berichten ausführlich *Brinkmann/Pfeiffer*, Kriminalistik 2000, 258, 258 ff.; das BKA sieht hierdurch eine „*weltweit neue Dimension des Sachbeweises*" eröffnet (zit. nach DER SPIEGEL, 21/2000, S. 17); vgl. auch *Schulz*, Boyd/Hruschka/Joerden-Ethik und Recht.
[592] So jedoch für die Hehlerei (§ 259 StGB): LG Freiburg, NStZ 2000, 165.
[593] Vgl. Sachs-*Sachs*, Art. 20 Rn. 150 m.w.N.
[594] Vgl. Sachs-*Sachs*, Art. 20 Rn. 152 m.w.N.
[595] Vgl. zum Gesetzeszweck des DNA-IFG wiederum BT-Dr. 13/10791, S. 4.
[596] Die Identifizierung des Täters eines Meineids im Wege der DNA-Analyse setzte voraus, daß nach der Aussage Körperzellen des Zeugen – an dessen Identität Zweifel aufgekommen sein müßten – im Gerichtssaal gesichert werden. Ein solcher Ablauf erscheint bizarr und unrealistisch.

sei betont, daß Maßnahmen nach dem DNA-IFG unter dem Gesichtspunkt der Verhältnismäßigkeit mangels zu erwartender Identifizierungserfolge nur dann ausscheiden, wenn sich bei Betrachtung der Anlaßtat und darüber hinaus der Persönlichkeit des Beschuldigten und aller weiteren in Betracht kommenden sonstigen Erkenntnisquellen die Möglichkeit zukünftiger Strafverfahren wegen Straftaten von erheblicher Bedeutung allein im Bereich der Aussagekriminalität ergibt.

Soweit in der Begründung des Gesetzentwurfs des weiteren ausdrücklich der Bereich des Exhibitionismus angesprochen ist[597], dürfte sich die Identifizierbarkeit des Täters im Wege der DNA-Analyse abgesonderten Körpermaterials für derartige Taten nach kriminalistischer Erfahrung gerade nicht prinzipiell ausschließen lassen.[598] Auf die weiteren dort angesprochenen Deliktsbereiche lassen sich die hier im Zusammenhang mit der Betäubungsmitteldelinquenz angestellten grundlegenden Erwägungen übertragen.[599]

3. Verfahren

Den Ausführungen zu den Einzelheiten des Verfahrens der Umsetzung von Maßnahmen bei Neufällen sei der Hinweis auf die durch das StVÄG 1999[600] eingeführte Vorschrift des § 131 a StPO vorangestellt. Absatz 2 dieser Vorschrift bestimmt nunmehr, daß ein Beschuldigter zur Aufenthaltsermittlung ausgeschrieben werden kann, „soweit (dies) *zur Sicherstellung eines Führerscheins, zur erkennungsdienstlichen Behandlung, zur Anfertigung einer DNA-Analyse oder zur Feststellung seiner Identität erforderlich"* ist. Im voraufgegangenen Gesetzgebungsverfahren hatte der Bundesrat vorgeschlagen, den Anwendungsbereich des § 131 a II StPO unmittelbar auf die Aufenthaltsermittlung von „Altfällen" zu erstrecken. § 131 a II StPO sollte neben den Ausschreibungen von Beschuldigten auch diejenigen von „*Verurteilten im Sinne des § 2 DNA-Identitätsfeststellungsgesetzes, soweit sie zur Anfertigung einer DNA-Analyse erforderlich sind",* ermöglichen.[601] Dieser Vorschlag ist zwar nicht umgesetzt worden, doch wurde stattdessen durch das StVÄG 1999 dem § 2 DNA-IFG ein dritter Absatz hinzugefügt, der für Verurteilte und gleichgestellte Personen im

---

[597] BT-Dr. 13/10791, S. 5.
[598] LG Bautzen, NJW 2000, 1207, 1207; vgl. ferner *Eisenberg,* Kriminologie, § 45 Rn. 71 und LK-*Laufhütte,* § 183 Rn. 2, wonach der Täter des § 183 StGB (nach der kriminalistischen Erfahrung) u.U. gleichzeitig mit der Tathandlung des Entblößens, also noch am Tatort, masturbiert.
[599] Vgl. *Markwardt/Brodersen,* NJW 2000, 692, 695.
[600] Hierzu ausführlich *Brodersen,* NJW 2000, 2536, 2536 ff.
[601] BT-Dr. 14/2886, S. 2.

Sinne von § 2 I DNA-IFG die §§ 131 a und 131 c StPO für entsprechend anwendbar erklärt.[602]

Aus der Zusammenschau der neu geschaffenen Vorschriften des § 131 a II StPO und des § 2 III DNA-IFG ergibt sich, daß § 131 a II StPO nicht auf DNA-Analysen für Zwecke aktueller Strafverfolgung beschränkt ist, sondern daß durch diese Vorschrift auch Beschuldigte im Sinne des § 81 g I StPO grundsätzlich erreichbar sein sollen. Gleichwohl dürfte § 131 a StPO im Rahmen von Identitätsfeststellungsverfahren nach § 81 g StPO kaum praktische Bedeutung erlangen, da die Ermittlung des Aufenthalts des Beschuldigten – ist dieser nicht bekannt – regelmäßig ohnehin (vorrangig) zur Durchführung des Anlaßverfahrens wegen einer Straftat von erheblicher Bedeutung erfolgen dürfte. Entsprechendes gilt um so mehr, insoweit die Regelung des § 131 a III StPO nunmehr sogar Maßnahmen der Öffentlichkeitsfahndung grundsätzlich ermöglicht unter den Voraussetzungen, daß der Beschuldigte einer Straftat von erheblicher Bedeutung dringend verdächtig ist.[603]

a) Die richterliche Anordnung von Maßnahmen nach § 81 g I StPO

Für das Verfahren hinsichtlich der Maßnahmen nach der Neufallregelung bestimmt § 81 g III StPO: *„§ 81 a Abs. 2 und § 81 f gelten entsprechend."*

aa) Anordnungskompetenz für die Entnahme von Körperzellen

Ausgangspunkt der Überlegungen ist also, daß über § 81 g III StPO (auch) hinsichtlich der Zuständigkeit für die Anordnung der Körperzellentnahme die Regelung des § 81 a II StPO gilt.[604] § 81 a II StPO bestimmt insoweit, daß die Anordnungsbefugnis für Maßnahmen nach Absatz 1 dieser Norm dem Richter und ausnahmsweise – *„bei Gefährdung des Untersuchungserfolges durch Verzögerung"* – der Staatsanwaltschaft und deren Hilfsbeamten zukommt.[605] Nach den Ausführungen in der Begründung des Gesetzentwurfs zum DNA-IFG gewährleistet die Bezugnahme des § 81 g III StPO auf § 81 a II StPO für die Anordnung der Entnahme von Körperzellen den *„grundsätzlichen Richtervorbehalt."*[606] Dabei ist nach § 81 g III StPO in Verbindung mit §§ 81 a II, 81 f I Satz

---

[602] BGBl. 2000 I, S. 1261; vgl. auch *Brodersen,* NJW 2000, 2536, 2537.
[603] Vgl. unten S. 172.
[604] Vgl. BGH, StV 2000, 113, 114; *Eisenberg,* Beweisrecht der StPO, Rn. 1687 n.
[605] *Geerds,* Jura 1988, 1, 3 f., 11.
[606] BT-Dr. 13/10791, S. 5.

1 StPO die Zuständigkeit der Strafgerichte gegeben.[607] Ziel der Maßnahmen nach § 81 g I StPO ist die Beweissicherung für zukünftige Strafverfahren; die Regelung der Anordnungszuständigkeit in der StPO spricht ebenso für die strafgerichtliche Zuständigkeit wie der Umstand, daß die im Rahmen der Prüfung, ob eine Maßnahme nach § 81 g I StPO angeordnet werden kann, anzustellenden Überlegungen dem strafrechtlichen Bereich zuzuordnen sind.[608]

Ergeht die Anordnung im Rahmen des Ermittlungsverfahrens, so folgt aus der Regelung des § 162 I StPO die Zuständigkeit des Ermittlungsrichters.[609] Denn im Zeitraum bis zur Anklageerhebung kommt im Bereich der Strafgerichte – dem allgemeinen Verfahrensablauf nach der StPO entsprechend – nur der Ermittlungsrichter in Betracht.[610]

Soweit die Maßnahme dagegen zu einem späteren Zeitpunkt durchgeführt werden soll, wird die Frage kontrovers diskutiert, ob nunmehr das erkennende Gericht zuständig ist[611], oder ob dagegen weiterhin von der Zuständigkeit des Ermittlungsrichters auszugehen ist.[612] Die Zuständigkeit des Ermittlungsrichters für die Anordnung der Körperzellentnahme auch in der Hauptverhandlung wird insbesondere damit begründet, daß die Maßnahme gemäß § 81 g I StPO gerade nicht der Durchführung des anhängigen Verfahrens dienen, sondern stattdessen die Identifizierung des Angeklagten in etwaigen zukünftigen Strafverfahren erleichtern soll.[613]

Die Gegenansicht erachtet die Anordnung der Körperzellentnahme nach § 81 g I StPO, unabhängig von ihrer Zwecksetzung, als Entscheidung im Verfahren, be-

---

[607] KG Berlin, NStZ-RR 1999, 145, 146.
[608] BGH, StV 1999, 302, 302; LG Duisburg, StrFo 1999, 202, 203; *Schulz/Händel*, § 81 g Rn. 9.
[609] KG Berlin a.a.O; OLG Celle, NStZ-RR 2000, 374, 374; *Kleinknecht/Meyer-Goßner*, § 81 g Rn. 12; HK-*Lemke*, § 81 g Rn. 15; *Ohler*, StV 2000, 326, 328; SK-*Rogall*, § 81 g Rn. 20; *Senge*, NJW 1999, 253, 255; *Volk*, NStZ 1999, 165, 167 f.
[610] LG Karlsruhe, NJW 1999, 301, 302, welches Maßnahmen nach dem DNA-IFG – vor dem Beschluß des BGH v. 31.03.1999 (StV 1999, 302, 302), der von Strafverfolgungsmaßnahmen im weiteren Sinne ausgeht – zwar als polizeilich eingestuft, aufgrund des Regelungszusammenhangs mit der StPO jedoch auch die strafgerichtliche Anordnungszuständigkeit angenommen hatte.
[611] So OLG Celle, NStZ-RR 2000, 374, 374 f.; OLG Jena, StV 1999, 198, 199; *Kleinknecht/Meyer-Goßner*, § 81 g Rn. 12; *Ohler*, StV 2000, 326, 328; SK-*Rogall*, § 81 g Rn. 20.
[612] OLG Düsseldorf, JMBl. NW 1999, 270, 271; LG Karlsruhe, NJW 1999, 301, 302; *Haller/Conzen*, Das Strafverfahren, Rn. 900; *Kamann*, Beilage zu ZAP 5/2000, S. 26; *Schulz/Händel*, § 81 g Rn. 8; *Senge*, NJW 1999, 253, 255.
[613] LG Karlsruhe, NJW 1999, 301, 302; *Kamann*, Beilage zu ZAP 5/2000, S. 26; *Schulz/Händel*, § 81 g Rn. 8; *Senge*, NJW 1999, 253, 255.

züglich derer das erkennende Gericht auch vor dem Hintergrund seines im Hinblick auf die zu erstellende Negativprognose regelmäßig überlegenen Sachwissens nicht aus seiner Verantwortung entlassen werden könne.[614]

Im Ergebnis spricht mehr für die Annahme der weiteren Zuständigkeit des Ermittlungsrichters auch nach Anklageerhebung. Überzeugend weisen das **OLG Düsseldorf** und das **LG Karlsruhe** auf die Gefahr hin, daß durch die Anordnung der Körperzellentnahme seitens des erkennenden Gerichts Befangenheitsanträge provoziert werden könnten.[615] Zwar dürften derartige Anträge kaum Aussicht auf Erfolg haben[616], da Eingriffsmaßnahmen nach § 81 g I StPO lediglich den Anfangsverdacht bezüglich der Anlaßstraftat erfordern[617] und nicht etwa die für die Verurteilung nötige richterliche Überzeugung, so daß, bei verständiger Würdigung der Umstände, bei einer Anordnung der Körperzellentnahme nach § 81 g I StPO regelmäßig allein hierin kein Grund zu erkennen sein dürfte, der im Sinne von § 24 II StPO geeignet wäre, Mißtrauen gegen die Unparteilichkeit eines Richters zu rechtfertigen. Gleichwohl würde sich die Anordnung zumindest als eine Belastung beziehungsweise Störung auf die Hauptverhandlung auswirken.[618] Dies kann dadurch vermieden werden, daß die Anordnungskompetenz auch über den Zeitpunkt der Anklageerhebung dem Ermittlungsrichter belassen wird.[619]

Daß nun Entscheidungen des erkennenden Richters etwa über die Haftfortdauer oder die Notwendigkeit eines Gutachtens hinsichtlich einer eventuellen Unterbringung laufende Verfahren ebenfalls atmosphärisch belasten können[620], zwingt nicht dazu, dem erkennenden Gericht die Entscheidung über eine Maßnahme nach § 81 g I StPO aufzubürden, welche ihrem Zweck nach nichts mit dem gegenwärtigen Verfahren zu tun hat.

Soweit von derjenigen Auffassung, welche ab Anklageerhebung von der Zuständigkeit des erkennenden Gerichts ausgeht, auf dessen überlegene Fallkenntnis hingewiesen wird, welche diesem die Negativprognose erleichtere[621], gibt

---

[614] SK-*Rogall*, § 81 g Rn. 20.
[615] OLG Düsseldorf, JMBl. NW 1999, 270, 271; LG Karlsruhe, NJW 1999, 301, 302.
[616] Vgl. zur Ablehnung eines Richter wegen der Besorgnis der Befangenheit *Kleinknecht/Meyer-Goßner*, § 24 Rn. 5 ff.
[617] Siehe hierzu oben S. 82.
[618] OLG Düsseldorf, JMBl. NW 1999, 270, 271; *Kamann*, Beilage zu ZAP 5/2000, S. 26; *Senge*, NJW 1999, 253, 255.
[619] *Senge* schlägt weitergehend vor, der Ermittlungsrichter solle seine Anordnung regelmäßig nur im Einvernehmen mit dem erkennenden Gericht und den Verfahrensbeteiligten vornehmen (*Senge*, NJW 1999, 253, 255).
[620] Hierauf weist *Ohler* hin (*Ohler*, StV 2000, 326, 328).
[621] SK-*Rogall*, § 81 g Rn. 20.

demgegenüber das **OLG Düsseldorf**[622] zum einen treffend zu bedenken, daß die Anordnung der Körperzellentnahme nach § 81 g I StPO auch bereits unmittelbar nach Anklageerhebung erfolgen kann, zu einem Zeitpunkt also, zu dem dem erkennende Gericht von vornherein kein bedeutsamer Informationsvorsprung gegenüber dem Ermittlungsrichter zukäme.[623] Es ist nicht ersichtlich, warum die zuständige Staatsanwaltschaft mit ihrem Antrag warten sollte, bis sich das erkennende Gericht mit dem Fall hinreichend vertraut gemacht hat.

Zum anderen muß sich die Negativprognose auch nicht zwingend auf Erkenntnisse aus dem unmittelbaren Zusammenhang der Anlaßtat stützen. So kommen als die Negativprognose tragende Hilfstatsachen zum Beispiel auch Hinweise von Informanten, V-Leuten oder verdeckten Ermittlern über die erklärte Bereitschaft des Beschuldigten zu weiteren Taten in Betracht.[624] Derartige „Rand- oder Hintergrundinformationen" sind im Anlaßverfahren zumindest nicht unmittelbar entscheidungsrelevant. Darüberhinaus ist zu bedenken, daß keinerlei Anhaltspunkte dafür ersichtlich sind, daß der Gesetzgeber einen Übergang der Anordnungszuständigkeit auf das erkennende Gericht gewollt hat.[625]

Örtlich zuständig ist nach der Rechtsprechung des **BGH**[626] dasjenige Amtsgericht, in dessen Bezirk die richterliche Untersuchungshandlung mit der Körperzellentnahme beginnen soll.[627] Demgegenüber findet sich in Rechtsprechung und Schrifttum zum Teil die Auffassung, daß in den Fällen, in denen die Körperzellentnahme und die anschließende molekulargenetische Untersuchung in

---

[622] OLG Düsseldorf, JMBl. NW 1999, 270, 271; sowohl das OLG Düsseldorf (a.a.O.), als auch das LG Karlsruhe (a.a.O.) unterstellen in ihren Entscheidungen eine polizeilich-präventive Natur der Maßnahmen nach § 81 g StPO. Diese Anschauung dürfte mit der Entscheidung des BGH vom 31.03.1999 (StV 1999, 302, 302) nicht in Einklang zu bringen sein, welche Maßnahmen nach dem DNA-IFG als *„Strafverfolgungsmaßnahmen im weiteren Sinne"* einstuft (*Kamann*, Beilage zu ZAP 5/2000, S. 26). Unabhängig davon ist den obergerichtlichen Entscheidungen – soweit sie im hier gegebenen Zusammenhang herangezogen worden sind – jedoch zuzustimmen.

[623] OLG Düsseldorf, JMBl. NW 1999, 270, 271; *Kamann*, Beilage zu ZAP 5/2000, S. 26.

[624] SK-*Rogall*, § 81 g Rn. 18.

[625] Vgl. OLG Düsseldorf, JMBl. NW 1999, 270 271, welches ferner darauf verweist, daß *„nach Abschluss des Verfahrens die Zuständigkeit für die Anordnung der Maßnahme nach § 81 g StPO gemäß § 2 DNA-Identitätsfeststellungsgesetz an den Ermittlungsrichter zurückfällt, wie die Verweisung dieser Vorschrift auf § 81 g Abs. 3 StPO mit der darin enthaltenen Weiterverweisung auf §§ 81 a Abs. 2, 81 f StPO zeigt."*

[626] Daß sich die im folgenden zitierten Entscheidungen auf Altfälle beziehen, wirkt sich im hier betrachteten Zusammenhang nicht aus.

[627] BGH, StV 1999, 302, 302; BGH NJW 2000, 1204, 1204 = StV 2000, 179, 179 f.; vgl. auch OLG Koblenz, JBl.RhPf. 2000, 80, 81; AG Bad Kreuznach, NJW 1999, 303; vgl. ferner Nr. 1.6 des Gem.RdErl. d. MI, d. MJ u. d. MFAS v. 19.11.1998 (4104 – 304.123) – Nds.Rpfl. 1999, 52, 52.

verschiedenen Amtsgerichtsbezirken erfolgen sollen, § 162 I Satz 2 StPO einschlägig sei, so daß dann die örtliche Zuständigkeit desjenigen Amtsgerichts gegeben sei, in dessen Bezirk die antragstellende Staatsanwaltschaft ihren Sitz hat.[628]

Bei der Entnahme und der mitbeantragten anschließend durchzuführenden molekulargenetischen Untersuchung handele es sich nämlich um zwei differenziert zu betrachtende Untersuchungshandlungen im Sinne des § 162 I Satz 2 StPO, welche im übrigen auch zwei unterschiedliche Rechtspositionen des Maßnahmeadressaten betreffen. Berührt wird nämlich zunächst bei der Körperzellentnahme dessen Grundrecht auf körperliche Unversehrtheit und anschließend im Schwerpunkt der Bereich der informationellen Selbstbestimmung, so daß bei einem Auseinanderfallen der amtsgerichtlichen Bezirke der Entnahme und der Untersuchung der Körperzellen konsequenterweise ein Fall des § 162 I Satz 2 StPO anzunehmen sei.[629]

Dieser Argumentation ist der **BGH**[630] unmittelbar entgegengetreten. Er hat klar herausgestellt, daß eine Körperzellentnahme nach dem DNA-IFG nur als Vorstufe der anschließenden hierauf aufbauenden Erstellung des DNA-Identifizierungsmusters zulässig ist.[631] Eine Körperzellentnahme ohne molekulargenetische Untersuchung ist in Anbetracht von Sinn und Zweck des DNA-IFG nicht zu rechtfertigen.[632] Der **BGH** führt hierzu in aller Deutlichkeit aus: *„Die Entnahme hat ohne nachfolgende Untersuchung keinen Sinn, die Untersuchung ist ohne vorangegangene Entnahme nicht möglich."*[633] Ein isolierter Antrag auf Anordnung der Körperzellentnahme nach § 81 g I StPO wäre daher unzulässig. Die Körperzellentnahme und die molekulargenetische Untersuchung des Körpermaterials sind folglich *„rechtlich als einheitliche Untersuchungshandlung (...), die auf Gewinnung auch nur eines Erkenntnisses gerichtet ist"*, zu bewerten.[634] Maßgeblich für die örtliche Zuständigkeit ist daher – *„in Fällen,*

---

[628] OLG Köln, NJW 1999, 1878, 1879; LG Koblenz, Beschl. v. 15.03.1999 – 9 Qs 68/99, zit. nach *Ohler*, StV 2000, 326, 328 Fn. 20; *Ohler*, StV 2000, 326, 328 f.; *Volk*, NStZ 1999, 165, 167.
[629] OLG Köln, NJW 1999, 1878, 1879; *Ohler*, StV 2000, 326, 328 f.
[630] Die Ausführungen des BGH betreffen zwar einen Altfall, lassen sich jedoch nach ihrem inhaltlichen Gehalt auch auf den Bereich des § 81 g StPO übertragen.
[631] BGH, StV 1999, 302, 302; BGH NJW 2000, 1204 = StV 2000, 179, 180; OLG Koblenz, JBl.RhPf. 2000, 80, 81.
[632] Vgl. KK-*Senge*, § 81 g Rn. 2.
[633] BGH, NJW 2000, 1204 = StV 2000, 179, 180 = StraFo 2000, 162.
[634] BGH, StV 1999, 302, 302; dies galt bereits vor der Abänderung des § 2 DNA-IFG durch das ÄndG/DNA-IFG vom 02.06.1999 (BGBl. I 1242). Die Anfügung des jetzigen Absatzes 2 des § 2 DNA-IFG, welcher die entsprechende Geltung der §§ 81 a II, 81 f und 162 I StPO bestimmt, ändert nichts an der dargestellten Verknüpfung der Entnahme der

in denen Körperzellen noch entnommen werden müssen"[635] – der Bezirk der Körperzellentnahme.[636]/[637]

Soweit von der Verweisung auf § 81 a II StPO für die Anordnung der Erhebung von Körperzellen die dort geregelte Eilzuständigkeit der Staatsanwaltschaft und ihrer Hilfsbeamten nicht ausgenommen ist, dürfte zwar davon auszugehen sein, daß Fallgestaltungen selten sind, bei denen „Gefahr im Verzug" vorliegt, zumal der Beschuldigte sein genetisches Material nicht verändern kann.[638]

Zu denken wäre jedoch beispielsweise an den Fall eines Beschuldigten, der sich etwa als Journalist oder Entwicklungshelfer unmittelbar vor einer länger geplanten „routinemäßigen" Dienstreise in ein Krisengebiet befindet und einer Straftat von erheblicher Bedeutung, welche nach ihrer Art oder Ausführung die Negativprognose bezüglich ihres (noch unbekannten) Urhebers trägt, (lediglich) „einfach"-verdächtig ist, so daß etwa die Voraussetzungen für einen Haftbefehl gemäß § 112 I StPO nicht vorliegen.[639] Eine Maßnahme nach § 81 g StPO käme in diesem Fall durchaus in Betracht, da bezüglich der Anlaßtat der einfache Tatverdacht ausreicht und im Rahmen der Negativprognose keine demgegenüber gesteigerten Anforderungen zu stellen sind.[640]

„Gefahr im Verzug", das heißt bezogen auf die angestrebte Maßnahme nach § 81 g I StPO die auf Tatsachen begründete naheliegende Möglichkeit, daß ohne die sofortige Entnahme der Körperzellen diese nicht mehr durchgeführt werden kann[641] (mit der Folge, daß kein DNA-Identifizierungsmuster des Beschuldigten

---

Körperzellen mit deren anschließender molekulargenetischen Untersuchung (BGH, NJW 2000, 1204 = StV 2000, 179, 180 = StraFo 2000, 162; vgl. dazu auch OLG Koblenz, JBl.RhPf. 2000, 80, 81).

[635] BGH, StV 1999, 302, 302 f.
[636] BGH, StV 1999, 302, 302 f.; NJW 2000, 1204 = StV 2000, 179, 179 f.; OLG Koblenz, JBl.RhPf. 2000, 80, 81; vgl. ferner die Entscheidung des BGH vom 23.12.1999, welche die Herbeiführung eines richterlichen Beschlusses, der auf die Entnahme von Körperzellen und deren molekulargenetische Untersuchung gerichtet ist und dabei nur vollstreckt werden soll, falls der nach § 456 a I StPO ausgewiesene Betroffene – wofür derzeit keine Anhaltspunkte bestehen – wieder in das Bundesgebiet einreisen sollte, als unzulässig erachtet und hierbei von der (örtlichen) Zuständigkeit desjenigen Ermittlungsrichters ausgeht, in dessen Amtsgerichtsbezirk die Körperzellentnahme stattfinden würde (BGH, NStZ 2000, 212 = StV 2000, 113, 113 f.).
[637] *Messer/Siebenbürger* betrachten den Streit über die örtliche Zuständigkeit damit als entschieden (*Messer/Siebenbürger*, Vordermayer/v. Heintschel-Heinegg-Handbuch, Teil A Kap. 1 Rn. 124).
[638] *Graalmann-Scheerer*, JR 1999, 453, 453.
[639] Vgl. ferner § 132 I StPO, der ebenfalls dringenden Tatverdacht erfordert.
[640] Vgl. oben S. 84 ff.
[641] *Graalmann-Scheerer*, JR 1999, 453, 453.

erstellt werden kann), läge in einem derartigen Fall vor. Sie dürfte damit zu begründen sein, daß der Beschuldigte in jedem Fall auf unabsehbare Zeit nicht für die Entnahme erreichbar sein wird, und er des weiteren die naheliegende Möglichkeit hätte sich gegebenenfalls erfolgreich dem Zugriff der Behörden zu entziehen, sollte er Kenntnis davon erlangen, daß sich die Verdachtsmomente gegen ihn so verdichten, daß ein Haftbefehl beantragt werden könnte. Daß hinsichtlich einer Maßnahme nach § 81 g I StPO also Situationen denkbar sind, bei denen wegen einer Gefährdung des Untersuchungserfolgs durch weitere Verzögerung die Eilanordnungszuständigkeit der Staatsanwaltschaft nach §§ 81 g III in Verbindung mit 81 a II StPO gegeben sein kann, wird auch nicht dadurch ausgeschlossen, daß die *„Straftat, die hier später einmal aufgeklärt werden soll, noch nicht begangen ist."*[642] Verfehlt ist es nämlich, die Feststellung des Vorliegens der „Gefahr im Verzug" an die „Prognosestraftat" zu binden und – zumal diese *„ja erst bevorsteht"* – die Möglichkeit einer Eilzuständigkeit der Staatsanwaltschaft abzulehnen.[643]

Maßgeblich ist allein die Gefährdung des Untersuchungserfolges durch die – eventuell drohende – Vereitelung der Körperzellentnahme. Denn der „Untersuchungserfolg", das spezifische *„Erkenntnis"* einer Erhebungsmaßnahme nach dem DNA-IFG besteht in der Erstellung eines DNA-Identifizierungsmusters durch die molekulargenetische Untersuchung der entnommenen Körperzellen.[644] In denjenigen Ausnahmefällen[645], in denen dieser Untersuchungserfolg einer Erhebungsmaßnahme nach § 81 g I StPO durch Verzögerung gefährdet wäre, erfolgt die Anordnung zur Entnahme von Körperzellen danach durch die Staatsanwaltschaft oder ihre Hilfsbeamten[646], soweit – und hierin dürfte die eher geringe Praxisrelevanz[647] der Eilzuständigkeit der Staatsanwaltschaft und ihrer

---

[642] Vgl. ‚Autor unbekannt', DRiZ 1998, 418.
[643] So *Schulz*, Boyd/Hruschka/Joerden-Ethik und Recht, S. 198 Fn. 16; vgl. auch ‚Autor unbekannt', DRiZ 1998, 418.
[644] Vgl. BGH, StV 1999, 302, 302; BGH, NJW 2000, 1204 = StV 2000, 179, 180 = StraFo 2000, 162.
[645] *Ohler* bildet das Beispiel eines Beschuldigten, bei dem die Voraussetzungen für die Entnahme von Körperzellen nach § 81 g I StPO vorliegen und dessen Entlassung aus der Untersuchungshaft unmittelbar bevorsteht (*Ohler*, StV 2000, 326, 328).
[646] *Ahlf/Daub/Lersch/Störzer*, BKAG, § 8 Rn. 16; *Kamann*, Beilage zu ZAP 5/2000, S. 10; *Kleinknecht/Meyer-Goßner*, § 81 g Rn. 12; *König*, Kriminalistik 1999, 325, 326; *Kramer*, Grundbegriffe des Strafverfahrensrechts, Rn. 260 c; *Ohler*, StV 2000, 326, 327; *Senge*, NJW 1999, 253, 255; *Volk*, NStZ 1999, 165, 166; siehe ferner Nr. 1.2 des Gem. RdErl. d. MI, d. MJ u. d. MFAS v. 19.11.1998 (4104 – 304.123) – Nds.Rpfl. 1999, 52, 52.
[647] SK-*Rogall*, § 81 g Rn. 21.

Hilfsbeamten begründet sein – kein Festhalterecht aufgrund anderer Vorschriften besteht.[648]

Die Rechtsprechung des **BGH** zum DNA-IFG steht dem nicht entgegen. Soweit der **BGH** in seinem Beschluß vom 31.03.1999 ausführt, „*daß die isolierte Beantragung einer Körperzellentnahme auf der Rechtsgrundlage des DNA-IFG rechtlich unzulässig wäre*"[649], wird hierdurch nicht etwa die Eilzuständigkeit der Staatsanwaltschaft oder ihrer Hilfsbeamten für eine „isolierte" Körperzellentnahme ausgeschlossen, an welche sich dann der zeitlich nachfolgende Antrag auf richterliche Anordnung der molekulargenetischen Untersuchung anschließt.

Dies ergibt sich daraus, daß die Entscheidung die Frage der örtlichen Zuständigkeit für „*richterliche Untersuchungshandlungen*" (§ 162 I StPO) betrifft, der **BGH** in der zitierten Passage auf die Beantragung der Körperzellentnahme abstellt, also auf den Fall, daß bei dem zuständigen Ermittlungsrichter allein die Körperzellentnahme nach § 81 g StPO beantragt wird.[650] Die Staatsanwaltschaft oder ihre Hilfsbeamten würden in einem Eilfall die Anordnung der Körperzellentnahme jedoch gerade nicht beantragen, sondern selbst gegenüber dem Beschuldigten erlassen.[651] Der **BGH** bezieht demgegenüber seine Ausführungen auf Fälle, „*in denen Körperzellen* (erst) *noch entnommen werden müssen.*"[652]

bb) Anordnungskompetenz für die molekulargenetische Untersuchung

Durch den Verweis auf § 81 f StPO wird die Anordnungskompetenz hinsichtlich der molekulargenetischen Untersuchung der gewonnenen Körperzellen zwingend auf den Richter beschränkt.[653] Für eine Eilzuständigkeit der Staatsanwaltschaft oder ihrer Hilfsbeamten kann daher kein Raum sein.[654] Eine eilbedürftige Analyse erhobener Körperzellen ist nicht denkbar.[655] Örtlich zuständig für die Anordnung der molekulargenetischen Untersuchung in den Fällen, in denen die Körperzellentnahme wegen Eilbedürftigkeit durch die Staatsanwaltschaft ange-

---

[648] *König*, Kriminalistik 1999, 325, 326.
[649] BGH, StV 1999, 302, 302; vgl. auch BGH NJW 2000, 1204, 1204 = StV 2000, 179, 180.
[650] BGH, StV 1999, 302, 302 f.; entsprechendes gilt für BGH NJW 2000, 1204 = StV 2000, 179, 179 f.
[651] Vgl. nur *Kleinknecht/Meyer-Goßner*, § 81 a Rn. 25 f.
[652] BGH, StV 1999, 302, 302 f.; vgl. auch OLG Koblenz, JBl.RhPf. 2000, 80, 81.
[653] *Ahlf/Daub/Lersch/Störzer*, BKAG, § 8 Rn. 16; *Kleinknecht/Meyer-Goßner*, § 81 g Rn. 12; KK-*Senge*, § 81 g Rn. 11; SK-*Rogall*, § 81 g Rn. 22.
[654] *Burhoff*, Ermittlungsverfahren, Rn. 267 d; *Kamann*, Beilage zu ZAP 5/2000, S. 10; *Kramer*, Grundbegriffe des Strafverfahrensrechts, Rn. 260 c; *Senge*, NJW 1999, 253, 255; *Volk*, NStZ 1999, 165, 168.
[655] *Ohler*, StV 2000, 326, 327.

ordnet worden war, ist dasjenige Amtsgericht, in dessen Bezirk die molekulargenetische Untersuchung erfolgen soll. Nach der Rechtsprechung des **BGH** zum DNA-IFG ist für die örtliche Zuständigkeit nämlich maßgeblich, in welchem Bezirk die angestrebte richterlich angeordnete Untersuchung beginnen soll.[656]

Tätig wird wiederum der Ermittlungsrichter.[657] Erfolgte nun die Körperzellentnahme im Wege einer Eilanordnung der Staatsanwaltschaft, so fehlt es bis zur richterlich angeordneten molekulargenetischen Untersuchung an einer richterlichen Untersuchungshandlung. Diese nimmt dann erst mit der Erstellung des DNA-Identifizierungsmusters im Bezirk desjenigen Amtsgerichts ihren Anfang, in dem das mit der Untersuchung betraute Labor gelegen ist.[658]

Kontrovers diskutiert wird im Zusammhang mit den §§ 81 g III, 81 f StPO die Frage, ob die molekulargenetische Untersuchung aufgefundenen Körpermaterials eines Unbekannten nur durch einen richterlichen Beschluß angeordnet werden darf.

Dies wird in Rechtsprechung und Schrifttum teilweise verneint unter Hinweis darauf, daß eine rechtsmittelfähige hoheitliche Anordnung einen Eingriff in rechtlich geschützte Positionen eines bestimmbaren Rechtsgutsinhabers voraussetze. Ein derartiger Rechtseingriff fehle bereits. Es sei weiterhin auch nicht erkennbar, welche Abwägungsüberlegungen der zuständige Richter überhaupt anstellen sollte hinsichtlich des Eingriffs in die informationelle Selbstbestimmung eines unbekannten Spurenlegers.[659]

Gegen diese Sichtweise spricht zunächst, daß sich dem Wortlaut der fraglichen Vorschriften eine Differenzierung zwischen der verfahrensmäßigen Behandlung der molekulargenetischen Untersuchung von Körpermaterial bekannter und unbekannter Spurenleger nicht entnehmen läßt. Wie sich etwa aus der Regelung des § 111 StPO über die Einrichtung von Kontrollstellen auf öffentlichen Straßen und Plätzen ersehen läßt, hängt die Erforderlichkeit einer richterlichen Anordnung auch nicht zwingend davon ab, ob ein Betroffener (bereits) namentlich zu bestimmen ist. Der durch den Richtervorbehalt gewährleistete Grundrechtsschutz Betroffener kann dieser Zielsetzung gemäß (noch) Unbekannten nicht

---

[656] BGH, StV 1999, 302, 302; BGH, NJW 2000, 1204 = StV 2000, 179, 179 f.
[657] *Kramer*, Grundbegriffe des Strafverfahrensrechts, Rn. 260 c.
[658] Konsequent ist es, wenn entsprechendes angenommen wird für den Fall einer auf einer wirksamen Einwilligung des Beschuldigten beruhenden Körperzellentnahme nebst anschließender richterlich angeordneter molekulargenetischen Untersuchung (vgl. *Kamann*, Beilage zu ZAP 5/2000, S. 7 unter Hinweis auf LG Göttingen, Beschl. v. 15.09.1999 – 1 Qs 185/99; *Schulz/Händel*, § 81 g Rn. 9 f.; „Autor unbekannt', Kriminalistik 1999, 610).
[659] LG Hamburg, NJW 2001, 530; *Sprenger/Fischer*, NJW 1999, 1830, 1833.

einfach vorenthalten werden. Schließlich ist es auch durchaus möglich im Wege einer typisierenden Betrachtungsweise die Rechte und Interessen des (noch) unbekannten Spurenlegers bei der Entscheidung über die Anordnung sinnvoll zu berücksichtigen.[660]

Für die molekulargenetische Untersuchung in „*Spurenfällen*" wird die Staatsanwaltschaft daher eine richterliche Anordnung einholen.[661]/[662]

cc) Beiziehung eines Sachverständigen

Ein Sachverständigengutachten als Grundlage für die Negativprognose des § 81 g I StPO ist regelmäßig nicht erforderlich.[663] Wäre es im Rahmen der Negativprognose tatsächlich angezeigt, umfassend auf die Grundsätze zu den §§ 63, 64, 66 StGB zurückzugreifen[664], so könnte dies für die Notwendigkeit der Einbeziehung eines Sachverständigen in jedem einzelnen Fall sprechen.[665] Kommt nämlich eine Unterbringung des Beschuldigten in einem psychiatrischen Krankenhaus, in einer Entziehungsanstalt oder in der Sicherungsverwahrung in Betracht, so schreibt § 246 a StPO für die Hauptverhandlung zwingend die Vernehmung eines Sachverständigen über den Zustand des Angeklagten vor[666]; nach § 80 a StPO soll dem Sachverständigen in derartigen Fällen bereits im Vorverfahren die Vorbereitung des Gutachtens ermöglicht werden.[667]

Der vorgeschlagene umfassende Rückgriff auf die zu den §§ 63, 64, 66 StGB entwickelten Grundsätze für die Behandlung der Negativprognose des § 81 g I StPO ist jedoch gerade nicht angezeigt.[668] Maßnahmen nach dem DNA-IFG setzen hinsichtlich der Negativprognose nicht die „Erwartung" künftiger erneuter Strafverfahren wegen Straftaten von erheblicher Bedeutung voraus und greifen wesentlich weniger schwerwiegend in die grundrechtlich geschützten Interessen

---

[660] LG Hamburg, StV 2000, 659, 659 f. = NStZ-RR 2001, 48, 48 f.
[661] *Messer/Siebenbürger,* Vordermayer/v.Heintschel-Heinegg-Handbuch, Teil A Kap. 1 Rn. 118.
[662] Zur Einstellung der DNA-Identifizierungsmuster in „Spurenfällen" in die DNA-Analyse-Datei unten S. 186 ff.
[663] LG Duisburg, StraFo 1999, 202, 203; *Burhoff,* Ermittlungsverfahren, Rn. 267 c.
[664] S. o. S. 84 ff.
[665] Vgl. *Kamann,* Beilage zu ZAP 5/2000, S. 24 f.
[666] *Eisenberg,* Beweisrecht der StPO, Rn. 1827; *Kleinknecht/Meyer-Goßner,* § 246 a Rn. 2; *Volckart,* Maßregelvollzug, S. 7.
[667] *Eisenberg,* Beweisrecht der StPO, Rn. 1823; *Kleinknecht/Meyer-Goßner,* § 80 a Rn. 2; *Volckart,* Maßregelvollzug, S. 7.
[668] S. o. S. 85 ff.

des Maßnahmeadressaten ein, als die freiheitsentziehenden Maßregeln der Besserung und Sicherung.[669]

Der Sinn und Zweck des § 246 a StPO liegt allerdings gerade angesichts der besonders tiefgreifenden Wirkung stationärer Maßregeln darin, die Qualität der Bewertung der maßgeblichen Umstände sicherzustellen.[670] Der Norm liegt die Erwägung zugrunde, daß die Sachkunde des zuständigen Gerichts zu einer erschöpfenden Würdigung dieser Umstände dann nicht ausreicht, *„wenn die schwerwiegende Maßregel der Sicherungsverwahrung in Frage steht."*[671] Soweit zum Teil über diesen Gesichtspunkt hinaus davon ausgegangen wird, daß § 246 a StPO auch den Schutz von Heilanstalten vor (therapie-) ungeeigneten Personen bezweckt[672], läßt sich auch dieser Aspekt nicht vom Bereich der freiheitsentziehenden Maßregeln ablösen und auf Maßnahmen nach dem DNA-IFG übertragen.

Umgekehrt sind jedoch auch Fälle denkbar, bei denen für die Erstellung der Negativprognose des § 81 g I StPO die Beiziehung eines Sachverständigen erforderlich ist im Hinblick auf im konkreten Fall erforderliche besondere Sachkunde, welche diejenige des Gerichts übersteigt.[673] Die Beiziehung eines Sachverständigen ist daher etwa geboten, wenn es sich für das Identifizierungsverfahren als notwendig darstellt, *„geistige oder seelische Anomalien aufzuklären."*[674]

dd) Rechtliches Gehör

Im Schrifttum zu § 81 g StPO wird davon ausgegangen, daß der Beschuldigte vor der richterlichen Anordnung eines Eingriffs angehört werden muß.[675]

Dies wird von **Volk** damit begründet, daß Maßnahmen nach der Neufallregelung im Rahmen des Anlaßverfahrens nicht mehr angesprochen werden, da sie sich gerade durch ihre Unabhängigkeit von den Erfordernissen dieses Verfahrens auszeichnen. Hierin nun sei ein für die Frage der Notwendigkeit des rechtlichen Gehörs maßgeblicher Unterschied zur DNA-Analyse nach §§ 81 e, f StPO zu

---

[669] LG Duisburg, StraFo 1999, 202, 203; *Markwardt/Brodersen,* NJW 2000, 692, 693 f.
[670] LR-*Gollwitzer,* § 246 a Rn. 1; SK-*Schlüchter,* § 246 a Rn. 1.
[671] BGH St 27, 166, 167 = NJW 1977, 1498, 1498.
[672] *Peters,* Strafprozeß, S. 367; SK-*Schlüchter,* § 246 a Rn. 1.
[673] Vgl. SK-*Rogall,* § 81 g Rn. 16.
[674] BVerfG, EuGRZ 2001, 70, 75.
[675] *Burhoff,* Ermittlungsverfahren, Rn. 267 d; *Messer/Siebenbürger,* Vordermayer/v.Heintschel-Heinegg-Handbuch, Teil A Kap. 1 Rn. 111; *Volk,* NStZ 1999, 165, 170.

sehen; erfolgten nämlich Körperzellentnahme und molekulargenetische Untersuchung für Zwecke des aktuellen Verfahrens, so werde der Beschuldigte nach Abschluß der Ermittlungen oder in der Hauptverhandlung Gelegenheit erhalten, sich hinsichtlich der Entnahme von Körperzellen und deren molekulargenetischer Untersuchung zu äußern.[676]

Dieser Argumentationsansatz erscheint nicht zwingend. Die Sichtweise, daß allein die richterliche Anordnung der Körperzellentnahme nebst anschließender molekulargenetischer Untersuchung auf der Grundlage der §§ 81 e, f StPO *„noch keine dem Beschuldigten nachteilige Berücksichtigung von Tatsachen oder Beweisergebnissen"* im Sinne des § 33 III StPO darstellt[677], läßt sich genauso auf die Datengewinnung nach dem DNA-IFG übertragen. Es ließe sich in diesem Sinne argumentieren, daß die Berücksichtigung von Tatsachen oder Beweisergebnissen zu Lasten des Beschuldigten dann erst durch die dem Beschuldigten nachteilige Verwendung seines DNA-Identifizierungsmusters im Rahmen des prognostizierten künftigen Strafverfahrens zum Zwecke seiner Überführung als Täter erfolgen würde. Im Rahmen dieses Verfahrens könnte sich der Beschuldigte dann schließlich äußern zu den zu einem gegebenenfalls wesentlich früheren Zeitpunkt erfolgten Maßnahme nach § 81 g StPO.

Gleichwohl ist dem Beschuldigten im Rahmen des Anordnungsverfahrens von Maßnahmen nach § 81 g StPO rechtliches Gehör zu gewähren; auszugehen ist dabei von der Überlegung, daß richterliche Anordnungen von Maßnahmen nach dem DNA-IFG ihrem Zweck gemäß, der Beweissicherung für künftige Strafverfahren, als (richterliche) *„Strafverfolgungsmaßnahmen im weiteren Sinne"* zu betrachten sind.[678] Bereits unter diesem Gesichtspunkt ist bei wertender Betrachtung – insoweit nämlich der zuständige Ermittlungsrichter das Gegebensein der tatbestandlichen Voraussetzungen der Maßnahme zu prüfen hat – eine für den Beschuldigten nachteilige Verwendung von Tatsachen zu sehen.[679]

Soweit nun jedoch richterliche Anordnungen von Maßnahmen nach der Neufallregelung als Entscheidungen im Sinne des § 33 III StPO zu behandeln sind, ist folglich auch die Geltung von Absatz 4 dieser Vorschrift anzuerkennen; besteht daher in einem Neufall die Gefahr, daß der Beschuldigte sich im Hinblick auf eine angestrebte Erfassungsmaßnahme auf der Grundlage des § 81 g StPO der

---

[676] *Volk*, NStZ 1999, 165, 170.
[677] *Senge*, NJW 1997, 2409, 2411; a.A. SK-*Rogall*, § 81 a Rn. 105 m.w.N.
[678] BGH, StV 1999, 302, 302.
[679] Der hier vertretene Standpunkt findet i.E. auch seine Bestätigung in der Rechtsprechung des BVerfG, derzufolge ein unzureichend begründeter Beschluß einer Maßnahme nach der Altfallregelung eine Verletzung des rechtlichen Gehörs des Betroffenen darstellen kann (BVerfG, StV 2000, 113); dies muß dann auch für die Neufallregelung gelten.

Körperzellentnahme entziehen wird, so ist die der Anordnung voranzustellende Anhörung entbehrlich.

ee) Beteiligung eines Verteidigers

Maßnahmen nach dem DNA-IFG werden vom BGH als *„Beweissicherung für künftige Strafverfahren (...), als Strafverfolgungsmaßnahmen im weiteren Sinne"* qualifiziert.[680] Insoweit ist konsequenterweise davon auszugehen, daß im Rahmen des Identitätsfeststellungsverfahrens nach dem DNA-IFG die Beiordnung eines Pflichtverteidigers geboten sein kann[681], welcher dann gewissermaßen eine Strafverteidigung im „weiteren Sinne betreibt." Denn – so drückt es daß Bundesverfassungsgericht aus, welches die Datenerhebung nach dem DNA-IFG als genuin strafprozeßualen Vorgang ansieht, – *„wenn der Gesetzgeber den herkömmlichen Bereich des gerichtlichen Verfahrens in Strafsachen (Art. 74 Abs. 1 Nr. 1 GG) auf Vorfeldmaßnahmen ausdehnt,"* so ist *„auch der rechtsstaatlichen Ausgestaltung dieses Verfahrensbereichs angemessen Rechnung zu tragen. Über die Erforderlichkeit der gerichtlichen Bestellung eines Verteidigers ist im Hinblick auf den Anspruch (...) auf ein rechtsstaatliches Verfahren (...) daher auch in diesem Bereich von Fall zu Fall zu entscheiden."*[682]

ff) Inhalt des Beschlusses

Aus einem Beschluß nach § 81 g III StPO in Verbindung mit § 81 a II StPO müssen diejenigen Umstände hervorgehen, auf denen die Annahme des Vorliegens der tatbestandlichen Voraussetzungen der Erhebungsnorm ruht. Die bloße Inbezugnahme beziehungsweise Wiederholung des Gesetzeswortlauts stellt keine Begründung dar.[683] Unzulässig ist es daher, den Beschluß mit einer pauschalen Begründung zu versehen, welche die Umstände des konkreten Falles außer acht läßt.[684] In einem derartigen Fall wäre dem Beschluß nicht einmal zu entnehmen, daß überhaupt eine einzelfallbezogene Prüfung stattgefunden hat.[685] Unklarheiten des Beschlusses können sich als Verletzung des Anspruchs des

---

[680] BGH, StV 1999, 302, 302.
[681] LG Düsseldorf, Beschl. v. 12.04.1999, zit. nach *Kamann*, Beilage zu ZAP 5/2000, S. 8; *Kamann*, Beilage zu ZAP 5/2000, S. 7 f.
[682] BVerfG, EuGRZ 2001, 70, 75.
[683] BVerfG, EuGRZ 2001, 70, 74; LG Oldenburg, StV 2001, 7, 8; LG Zweibrücken, StV 2000, 304.
[684] *Rittershaus*, StV 2000, 609, 610.
[685] LG Oldenburg, StV 2001, 5, 6.

Beschuldigten auf rechtliches Gehör darstellen[686], welcher eine hinreichende Begründung der Entscheidung gebietet.[687] Erforderlich ist eine einzelfallbezogene Begründung, die die entscheidungsmaßgeblichen Umstände abwägt.[688]

Nur wenn der Beschluß eine derartige einzelfallbezogene Begründung – insbesondere zum Erfordernis der Negativprognose aufweist – ist es dem Beschuldigten nämlich möglich, in substantiierter Form gegen die Anordnung vorzugehen; andernfalls liegt ein Verstoß gegen Art. 103 I GG vor.[689]

§ 81 g III StPO verweist für das zu beachtende Verfahren bezüglich der Anordnung einer Körperzellentnahme auf § 81 a II StPO. Den für einen Beschluß nach § 81 a II StPO geltenden Grundsätzen entsprechend muß daher auch die richterliche Anordnung im Rahmen eines Identitätsfeststellungsverfahrens bezeichnen, wie die Körperzellentnahme erfolgen soll.[690] Soweit die Durchführung der Körperzellentnahme durch Entnahme einer Blutprobe entsprechend § 81 a I S. 2 StPO dem Arzt vorbehalten ist[691], kann dieser lediglich über die näheren Umstände dieses in der Anordnung spezifizierten Eingriffs entscheiden.[692] Der Arzt wird dann im Hinblick auf den konkreten körperlichen Zustand des Maßnahmeunterworfenen entscheidungsbefugt sein, wo er die Blutprobe entnimmt.[693]

Eine gewisse Unsicherheit besteht in diesem Zusammenhang hinsichtlich der Aufnahme einer „Gewaltklausel" in den die Körperzellentnahme anordnenden Beschluß, welche ausdrücklich eine etwaige Gewaltanwendung bei der Durchführung der Maßnahme einschließt.

Ausgangspunkt der diesbezüglichen Überlegungen muß die Feststellung sein, daß § 81 g I StPO, obgleich diese Norm im Gegensatz zu § 81 a I StPO nicht ausdrücklich Eingriffe gegen den Willen des Beschuldigten zuläßt[694], ohne weiteres auch die Eingriffsgrundlage für die gewaltsame Entnahme von Körperzellen zum Zwecke der Identitätsfeststellung in künftigen Strafverfahren darstellt.[695] Da nun also eine Körperzellentnahme im Sinne des § 81 g I StPO von

---

[686] Vgl. BVerfG StV 2000, 113.
[687] Vgl. nur Sachs-*Degenhart,* Art. 103 Rn. 10.
[688] Vgl. BVerfG, EuGRZ 2001, 70, 74.
[689] *Singe,* Betrifft: JUSTIZ 1999, 102, 103.
[690] *Graalmann-Scheerer,* JR 1999, 453, 453 unter Verweis auf BayObLG JR 1957, 110,112; OLG Celle, MDR 1956, 695; 695 f.; OLG Hamm, NJW 1974, 713, 713 f.; LR-*Dahs,* § 81 a Rn. 56; *Kleinknecht/Meyer-Goßner,* § 81 a Rn. 27.
[691] Vgl. oben S. 35 ff.
[692] Vgl. LR-*Dahs,* § 81 a Rn. 56; *Schlüchter,* Das Strafverfahren, S. 179 f.
[693] Für weitergehende Befugnisse des Arztes hingegen SK-*Rogall,* § 81 g Rn. 5.
[694] *Burhoff,* Ermittlungsverfahren, Rn. 267 d.
[695] Vgl. hierzu oben S. 39 f.

vornherein eine – nötigenfalls – im Wege unmittelbaren Zwanges durchzusetzende Maßnahme darstellt, folgt hieraus, daß die Aufnahme einer „Gewaltklausel" in die Anordnung an sich lediglich klarstellenden Charakter haben kann.

Zu beachten ist, daß gewaltsame Körperzellentnahmen im Sinne des § 81 g I StPO aus Gründen der praktischen Umsetzbarkeit im Wege einer Blutprobe erfolgen.[696] Demzufolge müssen richterliche Anordnungen von Körperzellentnahme durch Blutproben nach § 81 g III in Verbindung mit § 81 a II nicht zwingend einen besonderen Ausspruch über die Anwendung von Gewalt bei der Durchführung der Maßnahme enthalten, da eine Anordnung *„nach § 81 g I StPO"* die Befugnis einschließt, nötigenfalls Gewalt gegen den Beschuldigten einzusetzen.[697] Soweit gleichwohl auf die Möglichkeit der Aufnahme einer ausdrücklichen „Gewaltklausel" in richterliche Anordnungen der Körperzellentnahme hingewiesen oder ein derartiges Vorgehen generell für nötig befunden wird[698], kann eine solche Beschlußfassung Unsicherheiten bei der Durchführung von angeordneten Körperzellentnahmen vorbeugen beziehungsweise entgegenwirken.[699]

b) Maßnahmen auf der Grundlage einer Einwilligung des Beschuldigten

Bezüglich der Frage, ob beziehungsweise unter welchen Voraussetzungen der Beschuldigte in Maßnahmen nach § 81 g StPO einwilligen kann beziehungsweise welche Wirkung einer etwaigen Einwilligung zukommt, ist zwischen der Körperzellentnahme und der molekulargenetischen Untersuchung zur Erstellung des DNA-Identifizierungsmusters zu unterscheiden: § 81 g III StPO verweist für das Verfahren auf die §§ 81 a II und 81 f StPO. § 81 f StPO betrifft die Anordnung und Durchführung von molekulargenetischen Untersuchungen nach § 81 e StPO, während § 81 a II StPO die Anordnung von körperlichen Untersuchungen und körperlichen Eingriffen nach § 81 a I StPO zum Gegenstand hat. Die Bezugnahme in § 81 g III StPO auf § 81 a II StPO gilt daher für Gesichtspunkte

---

[696] *Graalmann-Scheerer*, Kriminalistik 2000, 328, 329; *Messer/Siebenbürger*, Vordermayer/v.Heintschel-Heinegg-Handbuch, Teil A, Kap. 1 Rn. 125; *Volk*, NStZ 1999, 165, 169.
[697] Vgl. die Ausführungen des OLG Jena welches dann allerdings wiederum nicht davon ausgeht, daß die Art und Weise der Körperzellentnahme in dem richterlichen Beschluß bezeichnet werden muß (OLG Jena, NJW 1999, 3571).
[698] *Burhoff*, Ermittlungsverfahren, Rn. 267 d; *Kamann*, Beilage zu ZAP 5/2000, S. 20; *Volk*, NStZ 1999, 165, 169.
[699] Vgl. *Kamann*, Beilage zu ZAP 5/2000, S. 20.

der Körperzellentnahme, der Verweis auf § 81 f StPO gilt für die anschließende molekulargenetische Untersuchung.[700]

aa) Einwilligung in die Körperzellentnahme

Aufgrund des Verweises durch § 81 g III StPO auf § 81 a II StPO gilt für die Körperzellentnahme nach § 81 g I StPO nichts anderes, als für Maßnahmen nach § 81 a I StPO für Zwecke eines anhängigen Verfahrens. Die Notwendigkeit der richterlichen Anordnung der Körperzellentnahme gemäß §§ 81 g III in Verbindung mit § 81 a II StPO kann daher durch die Einwilligung des Maßnahmeunterworfenen entfallen.[701] Insoweit nun der Standpunkt vertreten wird, daß auch bei erklärter Einwilligung in die Körperzellentnahme gleichwohl die Herbeiführung eines richterlichen Beschlusses zu empfehlen sei[702], ist hierfür die Überlegung maßgeblich, daß die abgegebene Einwilligung durch den Beschuldigten frei widerruflich ist und im (weiteren) Verfahren ein Tätigwerden des Ermittlungsrichters (gegebenenfalls) ohnehin erforderlich wird. Es wird das Ausmaß der Entlastung für die Justizpraxis durch die Herbeiführung von Einverständnissen angezweifelt, ohne daß hierdurch der grundsätzlichen Entbehrlichkeit der richterlichen Anordnung der Körperzellentnahme bei Vorliegen einer Einwilligung des Beschuldigten widersprochen würde.[703]

Diese muß jedoch wirksam sein. Erforderlich ist hierfür – ebenso wie bei Maßnahmen nach § 81 a StPO –, daß der einwilligungsfähige Beschuldigte umfassend in einer seiner Person angemessenen Weise über die Art der Körperzellentnahme belehrt worden ist, über sein Recht, sich nicht einverstanden zu erklären und auch über die Möglichkeit, seine erklärte Einwilligung zu widerrufen. Hier-

---

[700] BT-Dr. 13/10791, S. 5.
[701] LG Hamburg, StV 2000, 660, 661; LG Hannover, NStZ-RR 2001, 20; *Fluck*, Kriminalistik 2000, 479, 479; *Graalmann-Scheerer*, JR 1999, 453, 454; *Kleinknecht/Meyer-Goßner*, § 81 g Rn. 12; *Messer/Siebenbürger*, Vordermayer/v.Heintschel-Heinegg-Handbuch, Teil A Kap. 1 Rn. 124 iVm. 113; *Schulz*, Boyd/Hruschka/Joerden-Ethik und Recht, S. 204; KK-*Senge*, § 81 g Rn. 9; *Senge*, NJW 1999, 253, 255; *Sprenger/Fischer*, NJW 1999, 1830, 1832; *Volk*, NStZ 1999, 165, 169; von der Kompensierbarkeit der richterlichen Anordnung der Körperzellentnahme geht auch Nr. 1.2 des Gem. RdErl. d. MI, d. MJ u. d. MFAS v. 19.11.1998 (4104 – 304.123) – Nds.Rpfl. 1999, 52, 52 - aus.
[702] *Burhoff*, Ermittlungsverfahren, Rn. 267 d; Vermerk über die Dienstbesprechung MIJ NW v. 5.10.1998 – GenSTA Hamm 1.1101 zit. nach *Kamann*, Beilage zu ZAP 5/2000 S. 9.
[703] *Kamann*, Beilage zu ZAP 5/2000, S. 9. Vgl. aber nunmehr LG Hamburg, StV 2000, 660, 661, welches die Beschwerde der Staatsanwaltschaft gegen den die Anordnung der Körperzellentnahme und der molekulargenetischen Untersuchung ablehnenden Beschluß seinerseits abgelehnt hat mit der Begründung aufgrund der wirksamen Einwilligung in die Maßnahmen bedürfe es gar keiner richterlichen Entscheidung.

bei ist von zentraler Bedeutung, daß dem Beschuldigten auch in angemessener Weise vermittelt wird, daß die Körperzellentnahme erfolgen soll, um ein DNA-Identifizierungsmuster seiner Person zu erstellen und dieses für die Zukunft in einer zentralen Datei zu speichern, welche Zwecken der Strafverfolgung, der Gefahrenabwehr und der internationalen Rechtshilfe dient.[704] Diese Belehrung erfolgt durch die Strafverfolgungsbehörde, welche die Körperzellentnahme vollziehen wird, das heißt durch die Staatsanwaltschaft beziehungsweise durch deren Hilfsbeamte.[705]

bb) Einwilligung in die molekulargenetische Untersuchung

Da erst die Kompensierbarkeit auch der richterlichen Anordnung der molekulargenetischen Untersuchung des erhobenen Körpermaterials durch Einwilligung des Maßnahmeunterworfenen zu einer maßgeblichen Arbeitsentlastung der Justiz führen kann[706], kommt der kontroversen Diskussion der Frage der Entbehrlichkeit der Anordnung der molekulargenetischen Untersuchung eine erhebliche praktische Bedeutung zu.

Dreh- und Angelpunkt dieser Diskussion ist der Umstand, daß gemäß § 81 f I S. 1 StPO die molekulargenetische Untersuchung „*nur durch den Richter angeordnet werden*" darf und gemäß § 81 f I S. 2 StPO in der schriftlichen Untersuchungsanordnung „*der mit der Untersuchung zu beauftragende Sachverständige zu bestimmen*" ist.

Hiervon ausgehend wird nun argumentiert, daß im Hinblick auf den Wortlaut, den zugrunde liegenden gesetzgeberischen Willen und insbesondere auch auf den Zusammenhang der fraglichen Normen die Anordnung der molekulargenetischen Untersuchung nicht abgelöst werden könne von der erforderlichen Bestimmung des Sachverständigen (durch den Richter). Es sei in diesem Zusammenhang weiter darauf zu verweisen, daß der Gesetzgeber sich bezüglich der Ausgestaltung der Regelung des § 81 f I StPO von dem besonderen Gewicht der Eingriffe in die Persönlichkeitssphäre habe leiten lassen. Jedenfalls würde die Kompensation der richterlichen Anordnung der molekulargenetischen Untersuchung durch Einwilligung des Maßnahmeunterworfenen aber auch zu keiner

---

[704] LG Hannover, NStZ-RR 2001, 20; AG Hamburg, StV 2001, 11, 13; *Graalmann-Scheerer*, JR 1999, 453, 454; *Markwardt/Brodersen*, NJW 2000, 692, 693; *Schulz*, Boyd/Hruschka/Joerden-Ethik und Recht S. 204; *Volk*, NStZ 1999, 165, 169.

[705] *Graalmann-Scheerer*, JR 1999, 453, 454; vgl auch *Sprenger/Fischer*, NJW 1999, 1830, 1833 Fn. 43, die hinsichtlich der Dokumentation der Einwilligung darauf verweisen, daß in mehreren Bundesländern Merkblätter bei der Belehrung Verwendung finden.

[706] Vgl. *Sprenger-Fischer*, NJW 1999, 1830, 1832 und 1833.

Arbeitsentlastung des zuständigen Richters führen, da dieser dann eben immer noch den zu beauftragenden Sachverständigen bestimmen müsse.[707]

Soweit von diesem Ansatz der Wortlaut und die Regelungssystematik des § 81 f I StPO herangezogen wird, um die Ersetzbarkeit der Anordnung nach § 81 g III in Verbindung mit § 81 f I StPO zu verneinen, ist diese Argumentation jedoch widerlegt. Insofern § 81 f I S. 1 StPO die Anordnung der Untersuchung dem Richter vorbehält, folgt hieraus nämlich noch nicht, daß die Untersuchung auch stets auf der Grundlage einer hoheitlichen Anordnung zu erfolgen hat. § 81 f I S. 2 StPO verwendet den Begriff der „Beauftragung" des Sachverständigen; eine Beauftragung stellt jedoch lediglich das Ersuchen um die konkrete Umsetzung einer Maßnahme dar. Wortlaut und Regelungszusammenhang des § 81 f I StPO zwingen daher nicht zu der Annahme, daß stets die richterliche Anordnung (inklusive der Benennung des Sachverständigen) erforderlich ist. Aus dem Wortlaut und der Systematik der Vorschrift des § 81 f I StPO läßt sich zwingend lediglich entnehmen, daß der Richtervorbehalt einschließlich der Verpflichtung, den Sachverständigen zu benennen für den Fall der Anordnung gilt.[708]

Ob die molekulargenetische Untersuchung tatsächlich stets auf der Grundlage einer hoheitlichen Entscheidung zu erfolgen hat, ist dagegen nach dem allgemeinen Grundsatz zu beurteilen, daß – einmal abgesehen von den Ausnahmen rechtsgestaltender Anordnungen, Anordnungen von Eingriffen, welche ohne Wissen des Maßnahmeadressaten erfolgen sollen und Eingriffen, die Rechtsgüter betreffen, über die der Maßnahmeadressat nicht zu disponieren vermag – die wirksam erteilte Einwilligung die Anordnung eines Eingriffs überflüssig macht.[709] Überindividuelle Interessen, zu deren Schutz stets der Richter die molekulargenetische Untersuchung anzuordnen hätte, sind nicht ersichtlich.[710]

---

[707] LG Hannover, NStZ-RR 2001, 20; *Burhoff,* Ermittlungsverfahren, Rn. 267 d *Graalmann-Scheerer,* JR 1999, 453, 455; *Roxin,* Strafverfahrensrecht, S. 274; ohne weitere Begründung für die zwingende Erforderlichkeit der richterlichen Anordnung: *Schmitter,* Herold-Festschrift, S. 417 und insbes. S. 426; von der zwingenden Notwendigkeit der richterlichen Anordnung der molekulargenetischen Untersuchung geht wohl auch *Schulz,* Boyd/Hruschka/Joerden-Ethik und Recht, S. 198 und S. 204 aus; i.E. der Kompensierbarkeit der richterlichen Anordnung nach §§ 81 g III iVm. 81 f StPO zumindest zweifelnd gegenüberstehend: *Volk,* NStZ 1999, 165, 169; vgl. auch Nr. 1.3 Gem.RdErl. d. MI, d. MJ u. d. MFAS v. 19.11.1998 (4104 – 304.123), Nds.Rpfl. 1999, 52, 52 sowie *Messer/Siebenbürger,* Vordermayer/v.Heintschel-Heinegg-Handbuch, Teil A Kap. 1 Rn. 124 iVm. 113.
[708] SK-*Rogall,* § 81 g Rn. 22; *Sprenger/Fischer,* NJW 1999, 1830, 1831.
[709] *Sprenger/Fischer,* NJW 1999, 1830, 1831.
[710] SK-*Rogall,* § 81 g Rn. 22.

Ein dem entgegenstehender Wille des Gesetzgebers des § 81 f StPO ist im übrigen nicht erkennbar[711]: Nach den Ausführungen in der Begründung zu dem Gesetzentwurf vom 15.10.1993 sollten für freiwillige Untersuchungen die allgemeinen Regeln maßgeblich sein.[712] Von diesem Standpunkt ist weder die Begründung des Entwurfs vom 02.03.1995 abgewichen[713], noch läßt sich etwa den Materialien zum DNA-IFG entnehmen, daß für den Bereich der molekulargenetischen Untersuchungen zum Zweck der Identitätsfeststellung in künftigen Strafverfahren etwas anderes gelten solle.[714]

Vorzugswürdig ist daher ein Verständnis, welches die Kompensierbarkeit der richterlichen Anordnung der molekulargenetischen Untersuchung durch eine wirksame Einwilligung des Maßnahmeadressaten anerkennt.[715] Einer richterlichen Beauftragung des Sachverständigen nach § 81 f I S. 2 StPO bedarf es danach nur, soweit auch eine richterliche Anordnung der Untersuchung nötig ist.

Ist dagegen eine richterliche Anordnung nach § 81 f I S. 1 in Verbindung mit § 81 g III StPO aufgrund einer wirksamen Einwilligung, welche sich naturgemäß nicht auf die Nennung eines bestimmten Sachverständigen erstreckt[716], nicht erforderlich, so beauftragen Staatsanwaltschaft beziehungsweise Polizei den Sachverständigen nach § 81 f II StPO.[717]

In der Praxis erfolgt die molekulargenetische Untersuchung dann durch die entsprechenden Institute der Landeskriminalämter.[718] **Sprenger/Fischer** weisen diesbezüglich pointiert darauf hin, daß die Ansicht, derzufolge die molekulargenetische Untersuchung stets richterlich anzuordnen sei, weil der Sachverständige (durch den zuständigen Richter) benannt werden müsse[719], den Ermittlungsrich-

---

[711] Ausführlich hierzu *Sprenger/Fischer*, NJW 1999, 1830, 1831; a.A. *Graalmann-Scheerer*, JR 1999, 453, 455.
[712] BT-Dr. 12/7266, S. 5.
[713] BT-Dr. 13/667.
[714] BT-Dr. 13/10791; BT-Dr. 13/11116.
[715] LG Hamburg, StV 2000, 660, 661; NStZ-RR 2000, 269, 270; AG Hamburg, StV 2001, 11, 13; *Fluck*, Kriminalistik 2000, 479, 479; *Kamann*, Beilage zu ZAP 5/2000, S. 10; *Kleinknecht/Meyer-Goßner*, § 81 g Rn. 12; *König*, Kriminalistik 1999, 325, 327; *Messer/Siebenbürger*, Vordermayer/v.Heintschel-Heinegg-Handbuch, Teil A Kap. 1 Rn. 118; *Sprenger/Fischer*, NJW 1999, 1830, 1831 ff.; SK-*Rogall*, § 81 g Rn. 22.
[716] Vgl. hierzu *Graalmann-Scheerer*, die dahingehend argumentiert, daß die Kompensierbarkeit der richterlichen Untersuchungsanordnung auch deshalb zu verneinen sei, weil jedenfalls die Bestimmung des Sachverständigen „*nicht einer Einwilligung durch den Beschuldigten zugänglich ist*" (*Graalmann-Scheerer*, JR 1999, 453, 455).
[717] *Sprenger/Fischer*, NJW 1999, 1830, 1832.
[718] *Kamann*, Beilage zu ZAP 5/2000, S. 11.
[719] *Graalmann-Scheerer*, JR 1999, 453, 455; ähnlich *Volk*, NStZ 1999, 165, 169.

tern faktisch die Aufgabe zuweist, bei Vorliegen „*einer wirksamen Einwilligung (...) zu ,bestimmen', daß (auch diesmal wieder) das Kriminaltechnische Institut des Landeskriminalamtes die Untersuchung durchführen solle.*"[720]

Selbstverständlich ist die Einwilligung in die molekulargenetische Untersuchung der entnommenen Körperzellen – wie die Einwilligung in die Entnahme – allerdings nur dann wirksam, wenn sie nach einer angemessenen und umfassenden Belehrung, welche sich insbesondere auch auf den Umstand der beabsichtigten Speicherung des zu erstellenden DNA-Identifizierungsmusters in der DNA-Analyse-Datei erstrecken muß, im Wege einer freien Willensbetätigung erteilt wird.[721] Ausreichend hierfür ist die hinreichende Verstandesreife, sich nach der Belehrung eine Vorstellung von Bedeutung und Tragweite der Maßnahme zu machen, Geschäftsfähigkeit ist für eine wirksame Einwilligung nicht vonnöten.[722]/[723] Der Wortlaut der Belehrung ist zu dokumentieren, um etwaigen zukünftigen Zweifeln an der Wirksamkeit der Einwilligung vorzubeugen.[724] Hierbei zu verwendende Formulare müssen den Voraussetzungen des § 4 II BDSG entsprechen.[725]

Befindet sich der Beschuldigte in Untersuchungshaft, so ist für die Wirksamkeit seiner Einwilligung dieser besonderen (Zwangs-) Lage Rechnung zu tragen. Die Situation ist derjenigen nicht in Freiheit befindlicher Betroffener im Sinne der Altfallregelung vergleichbar; es wird daher auf die diesbezüglichen Ausführungen verwiesen.[726]

---

[720] *Sprenger/Fischer*, NJW 1999, 1830, 1833.
[721] *Markwardt/Brodersen*, NJW 2000, 692, 693; *Sprenger/Fischer*, NJW 1999, 1830, 1833.
[722] *Kamann*, Beilage zu ZAP 5/2000, S. 10 m.w.N.
[723] *Sprenger/Fischer* meinen, daß bei Jugendlichen die Voraussetzungen für eine wirksame Einwilligung regelmäßig nicht gegeben sein werden (*Sprenger/Fischer*, NJW 1999, 1830, 1833). Ob sich – im Hinblick auf das vergleichsweise große Interesse der Öffentlichkeit bzw. die vergleichsweise intensive Berichterstattung in der Presse hinsichtlich „genetischer Fahndungsmethoden" – tatsächlich die Regel bilden läßt, daß ein hinreichendes Verständnis für die angestrebten Maßnahmen und deren Tragweite bei Jugendlichen nicht vorhanden ist, mag bezweifelt werden. Richtig ist es dagegen, daß im Fall eines jugendlichen Beschuldigten die Voraussetzungen der Einwilligung besonders gewissenhaft zu prüfen sind. Vgl. in diesem Zusammenhang auch AG Hamburg, StV 2001, 11, 12, das grundsätzlich von der Möglichkeit der wirksamen Einwilligung durch einen jugendlichen Beschuldigten in die molekulargenetische Untersuchungs ausgeht.
[724] *Messer/Siebenbürger*, Vordermayer/v.Heintschel-Heinegg-Handbuch, Teil A Kap. 1 Rn. 114.
[725] *Messer/Siebenbürger*, Vordermayer/v.Heintschel-Heinegg-Handbuch, Teil A Kap. 1 Rn. 116, 118; vgl. hierzu auch Nr. 2.2. IV der Errichtungsanordnung zur DNA-Analyse-Datei (Stand 27.10.1999).
[726] S. unten S. 166 f.

Erfolgt die Einwilligung nun auf der Grundlage einer angemessenen Information des Beschuldigten über die beabsichtigte Verwendung des gewonnenen DNA-Identifizierungsmusters, so kann auch keine Rede davon sein, daß die Einwilligung in die molkulargenetische Untersuchung gegen den Grundsatz „nemo tenetur se ipsum accusare" verstößt.[727] Denn der Beschuldigte, der über das Potential des aus der molkulargenetischen Untersuchung erfolgenden Erkenntnisses umfassend im Bilde ist und willensmangelfrei seine Einwilligung erklärt in Kenntnis der Möglichkeit diese nicht zu erteilen, sieht sich faktisch nicht *gezwungen*, sich selbst zu belasten.

Die Frage der Einwilligungsbereitschaft des Beschuldigten klärt die zuständige Polizeidienststelle und veranlaßt im Falle einer wirksamen Einwilligung das Weitere, ohne daß die Staatsanwaltschaft einbezogen werden müßte.[728] Wird dagegen eine richterliche Anordnung nötig, so erfolgt die Antragstellung stets durch die Staatsanwaltschaft.[729]

cc) Widerruf der Einwilligung durch den Beschuldigten

Widerruft der Beschuldigte seine erteilte Einwilligung in die Körperzellentnahme vor Durchführung der Maßnahme, so kann diese dann nur auf der Grundlage einer Anordnung nach § 81 a II StPO (in Verbindung mit § 81 g III StPO) umgesetzt werden. Erfolgt der Widerruf dagegen nach der Körperzellentnahme, so macht dies die Körperzellprobe nicht unverwertbar, da diese im Erhebungszeitpunkt rechtmäßig gewonnen worden ist.[730] Kraft Einwilligung des Beschuldigten nach der Neufallregelung entnommene Körperzellen müssen somit nicht etwa vernichtet werden, weil der Beschuldigte seine Einwilligung anschließend widerrufen hat. Eine andere Frage ist es jedoch, ob in derartigen Fallgestaltungen die angestrebte molekulargenetische Untersuchung ohne weiteres erfolgen kann. Dies ist zu verneinen: Ist von dem nach der Körperzellentnahme und vor der molekulargenetischen Untersuchung erklärten Widerruf (auch) die zunächst erklärte Einwilligung in die molekulargenetische Untersuchung erfaßt[731], so

---

[727] So aber *Busch,* StV 2000, 661, 662 unter Verweis auf *Graalmann-Scheerer,* JR 1999, 453, 454 f.
[728] *Fluck,* Kriminalistik 2000, 479, 479.
[729] Vgl. *Fluck,* Kriminalistik 2000, 479, 479; *Graalmann-Scheerer,* Kriminalistik 2000, 328, 330; vgl. ferner Nr. 1.4 des Gem. RdErl. d. MI, d. MJ u. d. MFAS v. 19.11.1998 (4104 – 304.123) – Nds.Rpfl. 1999, 52, 52; a.A. *Ahlf/Daub/Lersch/Störzer,* BKAG, § 8 Rn. 16, wonach die Polizei den Antrag stellen sollte.
[730] *Volk,* NStZ 1999, 165, 169.
[731] Widerrufserklärungen Beschuldigter werden bereits deshalb stets derart umfassend zu verstehen sein, da kaum ersichtlich ist, weshalb ein Beschuldigter seine Einwilligung

kann die Untersuchung der vorhandenen Probe erst nach Einholung einer Anordnung gemäß § 81 f StPO (in Verbindung mit § 81 g III StPO) durchgeführt werden.[732] Andernfalls wäre die Untersuchung unrechtmäßig, da sie im Zeitpunkt ihrer Durchführung weder auf eine Anordnung, noch auf die Einwilligung des Beschuldigten gestützt werden kann.[733]/[734]

c) Rechtsschutz

Im Regelfall werden die Anordnung zur Körperzellentnahme und die Anordnung der molekulargenetischen Untersuchung der Körperzellen gleichzeitig ergehen.[735] Gegen derartige Beschlüsse des Ermittlungsrichters[736] ist dann die einfache Beschwerde gemäß § 304 StPO zu demjenigen Amtsgericht gegeben, dessen Ermittlungsrichter den angefochtenen Beschluß erlassen hat. Durch die Zuständigkeit des Ermittlungsrichters für die Anordnung der Maßnahmen nach § 81 g StPO sind diese nämlich verknüpft mit den Strukturen des Ermittlungsverfahrens.[737] Dies erscheint recht einleuchtend für den angesprochenen Fall der Anordnung von Körperzellentnahme und molekulargenetischer Untersuchung im Rahmen eines richterlichen Beschlusses.

Jedoch müssen die durch § 81 g I StPO ermöglichten Eingriffsmaßnahmen nicht zwingend gemeinsam (richterlich) angeordnet werden, zumal die Anordnung der Körperzellentnahme – im Unterschied zur molekulargenetischen Untersuchung – bei Gefahr im Verzuge auch durch die Staatsanwaltschaft oder deren Hilfsbe-

---

bzgl. der Körperzellentnahme, nicht aber bzgl. der molekulargenetischen Untersuchung widerrufen sollte.

[732] *Messer/Siebenbürger,* Vordermayer/v.Heintschel-Heinegg-Handbuch, Teil A Kap. 1 Rn. 124 iVm. 113.

[733] Soweit an dieser Stelle für Fragen der Einwilligung zwischen dem Gesichtspunkt der Körperzellentnahme und dem der molekulargenetischen Untersuchung differenziert wird, stellt dies keinen Widerspruch zu der BGH-Rechtsprechung dar, die diese Maßnahmen als einheitliche richterliche Untersuchungshandlung auffaßt (BGH, StV 1999, 302, 320; BGH, NJW 2000, 1204 = StV 2000, 179, 179 f. = StraFo 2000, 162); im hier gegebenen Zusammenhang geht es nicht um richterlich angeordnete Untersuchungshandlungen. Der BGH bezieht sich bei seinen Ausführungen auf die Fallkonstellation, daß „*Körperzellen noch entnommen werden müssen*" (BGH, StV 1999, 302, 302 f.).

[734] Vgl. zur Frage der Verwendung auf der Grundlage einer Einwilligung gewonnener Daten unten S. 189 f.

[735] Vgl. BGH, StV 1999, 302, 302 f.

[736] Vgl. das Beispiel bei *Kamann,* Beilage zu ZAP 5/2000, S. 18 f.

[737] *Kamann,* Beilage zu ZAP 5/2000, S. 23; a. A. *Kramer,* der den Antrag nach § 23 EGGVG zum OLG als gegeben erachtet, da es nicht um Rechtsschutz gegen einen Akt der Rechtsprechung, sondern eine Maßnahme der Strafrechtspflege gehe (*Kramer,* Grundbegriffe des Strafverfahrensrechts, Rn. 260 c Fn. 355).

amte ergehen kann.[738] In der Kommentarliteratur zu § 81 g StPO wird für die Frage der Anfechtung von Eingriffsmaßnahmen nach § 81 g StPO differenziert. Für Angriffe allein gegen die Entnahmeanordnung sei zurückzugreifen auf die zu § 81 a StPO entwickelten Grundsätze. Insoweit sich der Rechtsbehelf gegen die molekulargenetische Untersuchung wendet, solle entsprechend der Beschwerdepraxis zu § 81 f StPO verfahren werden.[739]

Diesem Konzept ist zuzustimmen. Es steht im Einklang mit der Rechtsprechung des **BGH** zum DNA-IFG. Der **BGH** hat im Zusammenhang mit der Frage der örtlichen Zuständigkeit besonders herausgestellt, daß es bei der Anordnung der Körperzellentnahme und der Anordnung der molekulargenetischen Untersuchung nicht um zwei isoliert zu betrachtende richterliche Untersuchungshandlungen geht. Körperzellentnahme und molekulargenetische Untersuchung stellen sich rechtlich als eine einheitliche Untersuchungshandlung dar, welche auf die Gewinnung nur eines Erkenntnisses gerichtet ist, so daß eine isolierte Beantragung einer Körperzellentnahme auf der Grundlage des DNA-IFG im Hinblick auf den Gesetzeszweck unzulässig wäre.[740] Dabei bezieht der **BGH** seine Ausführungen auf die Fälle, in denen noch keine Körperzellentnahme erfolgt ist.[741]

Ist die Körperzellentnahme dagegen bei Gefahr im Verzug auf Anordnung der Staatsanwaltschaft (oder ihrer Hilfsbeamten) bereits erfolgt, so kann der Beschuldigte die Rechtmäßigkeit der vollzogenen und dadurch erledigten Maßnahme – ebenso wie in den Fällen des § 81 a StPO – entsprechend § 98 II S. 2 StPO überprüfen lassen.[742]

Allerdings muß es weiterhin auch eine Möglichkeit geben, eine isolierte richterliche Anordnung der Körperzellentnahme anzugreifen. Erging die Anordnung zum Beispiel (unzulässigerweise[743]) durch den Ermittlungsrichter, so ist – entsprechend der Behandlung von richterlichen Anordnungen im Rahmen des § 81 a StPO – die einfache Beschwerde gegeben. Dem kann nicht entgegengehalten werden, daß der **BGH** Maßnahmen nach § 81 g StPO als rechtlich einheitliche Untersuchungshandlung ansieht, so daß etwa erst mit der richterlichen Anord-

---

[738] Siehe oben S. 124 ff.
[739] *Kleinknecht/Meyer-Goßner*, § 81 g Rn. 15; SK-*Rogall*, § 81 g Rn. 29; KK-*Senge*, § 81 g Rn. 16.
[740] BGH, StV 1999, 302, 302; BGH, NJW 2000, 1204 = StV 2000, 179, 180 = StraFo 2000, 162.
[741] BGH, StV 1999, 302, 302 f.; vgl. auch OLG Koblenz, JBl.RhPf. 2000, 80, 81.
[742] KK-*Senge*, § 81 g Rn. 16 iVm. § 81 a Rn. 13; SK-*Rogall*, § 81 g Rn. 29 iVm. § 81 a Rn. 117 f. mit umfangreichen Nachweisen auch zu derjenigen Meinungsgruppe, die den Beschuldigten auf ein Vorgehen nach den §§ 23, 28 I S. 4 EGGVG verweisen würde.
[743] Vgl. BGH, StV 1999, 302, 302.

nung auch der molekulargenetischen Untersuchung ein beschwerdefähiges Stadium erreicht wäre und zuvor nur eine „unvollständige" und gerade deshalb noch nicht anfechtbare Untersuchungshandlung vorläge. Denn § 304 I StPO stellt eben nicht ab auf „vollständige" richterliche Untersuchungshandlungen im Sinne des § 162 I StPO, sondern auf Beschlüsse und Verfügungen. Auch liegt für den Beschuldigten bereits in einer (isolierten) richterlichen Anordnung der Körperzellentnahme eine Beschwer.[744]

Daß der **BGH** im Hinblick auf die Maßnahmen nach § 81 g StPO von einer einheitlichen Untersuchungshandlung spricht[745], steht nicht entgegen. Die auf der Grundlage von § 81 g StPO erfolgende Körperzellentnahme und anschließende molekulargenetische Untersuchung zur Gewinnung eines DNA-Identifizierungsmusters werden durch den zugrunde liegenden Zweck, die Identitätsfeststellung in künftigen Strafverfahren, in der Weise zu einer Einheit verklammert, daß die Körperzellentnahme ohne anschließende Erstellung des DNA-Identifizierungsmusters gemessen hieran sinn- und zwecklos wäre und damit gegen den Verhältnismäßigkeitsgrundsatz verstieße, während die molekulargenetische Untersuchung ohne vorangegangene Körperzellentnahme mangels Untersuchungsmaterial nicht erfolgen könnte. Gleichwohl folgt hieraus nicht, daß der Beschuldigte nicht bereits durch eine isolierte Entnahmeanordnung betroffen wäre. Denn (bereits) diese soll an ihm eine grundrechtsrelevante Maßnahme ermöglichen.

Beschwerdeberechtigt sind die Maßnahmeadressaten selbst, ihre Verteidiger und – für den Fall, daß eine beantragte Maßnahme nicht richterlich angeordnet wird – auch die antragstellende Staatsanwaltschaft.[746] Wird die Beschwerde, die nach § 307 I StPO grundsätzlich nicht den Vollzug der angeordneten Maßnahme hemmt[747]/[748], gegen eine Anordnung des Ermittlungsrichters nach § 81 g StPO

---

[744] Vgl. zur Beschwer als Zulässigkeitsvoraussetzung förmlicher Rechtsmittel nur *Kleinknecht/Meyer-Goßner,* vor § 296 Rn. 8 ff.
[745] BGH, StV 1999, 302, 302; BGH, NJW 2000, 1204 = StV 2000, 179, 180 = StraFo 2000, 162.
[746] Vgl. *Eisenberg,* Beweisrecht der StPO, Rn. 1687 o; *Kamann,* Beilage zu ZAP 5/2000, S. 23, der davon berichtet, daß die Generalstaatsanwaltschaft Hamm die Einlegung der Beschwerde seitens der antragstellenden Staatsanwaltschaft grundsätzlich angewiesen habe für alle Fälle der Zurückweisung eines Antrags auf Körperzellentnahme und molekulargenetischer Untersuchung (4400 GenStA Hamm 1.1101; zit. nach *Kamann,* a.a.O.).
[747] *Kamann,* Beilage zu ZAP 5/2000, S. 24.
[748] Nach § 307 II StPO kann das Beschwerdegericht jedoch den Vollzug des angefochtenen Beschlusses aussetzen (*Kamann,* Beilage zu ZAP 5/2000, S. 24). So hat das LG Würzburg einem Antrag nach § 307 II StPO stattgegeben und die Aussetzung der Vollziehung des richterlichen Beschlusses über die Entnahme einer Speichelprobe zwecks molekulargenetischer Untersuchung in einem Altfall ausgesetzt, weil ihm für die Beschwerdeent-

eingelegt, so hat dieser gemäß § 306 II S. 1 StPO über Abhilfe zu entscheiden und die Akten bei Nichtabhilfe nach § 306 II S. 2 StPO dem Beschwerdegericht, das heißt einer nach § 73 GVG zuständigen Strafkammer, vorzulegen, bei der der Instanzenzug dann endet.[749] In Betracht kommen kann jedoch noch ein Antrag nach § 33 a StPO auf nachträgliche Anhörung.[750]/[751]

III. Die Altfallregelung (§§ 2 – 2 e DNA-IFG)

1. Regelungsgegenstand

Nach dem Gesetzentwurf zum DNA-IFG vom 25.05.1998 sollte § 2 DNA-IFG ursprünglich als Altfall- und Übergangsregelung diejenigen Fälle erreichen, *„in denen vor Inkrafttreten dieses Gesetzes* (oder innerhalb eines Jahres nach dem Inkrafttreten) *wegen einer der in § 81 g Abs. 1 der Strafprozeßordnung genannten Straftaten eine rechtskräftige Verurteilung erfolgt oder nur wegen erwiesener oder nicht auszuschließender Schuldunfähigkeit, auf Geisteskrankheit beruhender Verhandlungsunfähigkeit oder fehlender oder nicht ausschließbar fehlender Verantwortlichkeit (§ 3 des Jugendgerichtsgesetzes) nicht erfolgt ist und*

---

scheidung nicht die früheren Strafakten des Beschuldigten, nicht das frühere Bewährungsheft und auch keine aktuelle BZR-Auskunft mit dem Vorgang vorgelegt worden sind (LG Würzburg, StV 2000, 12).

[749] *Kamann*, Beilage zu ZAP 5/2000, S. 23 f.; vgl. auch BVerfG, StV 2000, 113.

[750] Das BVerfG hat die Verfassungsbeschwerde eines Betroffenen im Sinne des § 2 DNA-IFG, der sich dagegen wendet, daß der amtsrichterliche Beschluß nach § 2 DNA-IFG iVm. § 81 g StPO *„nicht erläutert, warum der Bf. wegen einer Straftat von erheblicher Bedeutung verurteilt worden sei und worauf sich die Prognose künftiger Strafverfahren wegen vergleichbarer Straftaten stützt"*, mit der Begründung nicht angenommen, er müsse zunächst – im Anschluß an den bereits erfolglos beschrittenen Beschwerdeweg – zunächst mit dem Rechtsbehelf des § 33 a StPO vorgehen (BVerfG, StV 2000, 113).

[751] Für die Entscheidung über die Kosten und Auslagen, welche im Streit um beantragte Erfassungsmaßnahmen nach dem DNA-IFG entstanden sind, werden von der Rechtsprechung die §§ 464 ff. StPO direkt (LG Landshut, Beschl. v. 11.10.1998 – 4 Qs 326/98, zit. nach *Kamann*, Beilage zu ZAP 5/2000, S. 21) oder analog (LG Hagen, Beschl. v. 23.03.1999 – 44 Qs 165/98, zit. nach *Kamann*, Beilage zu ZAP 5/2000, S. 21) herangezogen. Letzterem ist zuzustimmen im Hinblick auf den Charakter des Identitätsfeststellungsverfahrens, welches als *„Strafverfolgungsmaßnahme im weiteren Sinne"* die *„Beweissicherung für künftige Strafverfahren"* bezweckt (BGH, StV 1999, 302, 302); soweit es dagegen lediglich um die Kosten der Entnahme der Körperzellen und deren molekulargenetische Untersuchung geht, sind die Landesjustizverwaltungen übereingekommen, diese nicht als Verfahrenskosten zu behandeln (vgl. dazu *Kamann*, Beilage zu ZAP 5/2000, S. 21).

die entsprechende Eintragung im Bundeszentralregister oder Erziehungsregister noch nicht getilgt ist."[752]

Binnen Jahresfrist sollten diese „Altfälle" abgearbeitet und die „Altfallregelung dadurch überflüssig werden.[753] Auf Initiative des Rechtsausschusses des Deutschen Bundestages ist der Regelungsbereich des § 2 DNA-IFG im folgenden demgegenüber erweitert worden. Die Altfallregelung ist in ihrer gültigen Fassung daher nicht mehr in der beschriebenen Weise beschränkt.[754]

Maßgeblich hierfür war die durch den Rechtsausschuß eingebrachte Überlegung, daß auch Fälle denkbar sind, bei denen erst nachträglich – zum Beispiel nach jahrelanger Haft – erkannt wird, daß gemessen an der Zielsetzung des DNA-IFG ein Bedürfnis für die Erstellung und Speicherung des DNA-Identifizierungsmusters eines Betroffenen besteht.[755] Aus der spezifischen Entstehungsgeschichte der ursprünglich als reine Übergangsvorschrift konzipierten „Altfallregelung" mag sich erklären, daß diese im Gegensatz zur Neufallregelung nicht in die StPO eingestellt worden ist.[756]

§ 2 I DNA-IFG soll danach in seiner gültigen Fassung, unter bestimmten im einzelnen zu behandelnden Voraussetzungen, die Erfassung von rechtskräftig Verurteilten und bestimmten gleichgestellten Personen durch Maßnahmen im Sinne des § 81 g StPO zu ermöglichen.[757]

Der Intention des Gesetzgebers entsprechend – die Aufklärung von schweren Straftaten, insbesondere Sexualstraftaten zu verbessern[758] – ermöglichte die Altfallregelung im April 2000 in Hannover einen besonders spektakulären Fahndungserfolg, der das dieser Norm innewohnende Potential augenfällig aufzeigt. Ein Betroffener, der wegen einer Reihe anderer Straftaten seit 1994 in Strafhaft einsaß, konnte mit an Sicherheit grenzender Wahrscheinlichkeit als Spurenleger

---

[752] BT-Dr. 13/10791, S. 3 und 5.
[753] *Ohler*, StV 2000, 326, 326.
[754] Vgl. BGBl. I 1998, S. 2646; BGBl. I 1999, S. 1242.
[755] BT-Dr. 13/11116, S. 7.
[756] Soweit *Ohler* darüberhinaus die Frage aufwirft, ob die unterlassene Einbindung der Altfallregelung in die StPO damit zusammenhängen könnte, daß *„die Regelung mit dem klassischen Verständnis vom Prozeßverfassungsrecht nicht zu vereinbaren ist und dort nichts zu suchen hat"* (*Ohler*, StV 2000, 326, 326), sei darauf hingewiesen, daß der Gesetzgeber gerade in § 81 g I StPO expressis verbis zum Ausdruck gebracht hat, daß diese Norm nicht Zwecken aktueller Strafverfolgung zu dienen bestimmt ist; gleichwohl war der Bund für Alt- und Neufallregelung der zuständige Gesetzgeber, vgl. oben S. 28 ff.
[757] SK-*Rogall*, Anhang zu § 81 g Rn. 1.
[758] BT-Dr. 13/10791, S. 4.

einem ungeklärten sexuell motivierten Tötungsdelikt aus dem Jahre 1984 zugeordnet werden.[759]

2. Voraussetzungen

Gegenstand des § 2 I DNA-IFG sind Maßnahmen im Sinne des § 81 g StPO, also die Entnahme von Körperzellen (§ 81 g I StPO) und deren molekulargenetische Untersuchung zum Zweck der Gewinnung eines DNA-Identifizierungsmusters (§ 81 g I und II StPO). Derartige Maßnahmen sollen nach den Vorstellungen des Rechtsausschusses erfolgen können, sofern die Voraussetzungen des § 81 g StPO gegeben beziehungsweise dessen Vorgaben eingehalten sind.[760] Nach dem Wortlaut des § 2 I DNA-IFG ist zunächst jedoch in jedem Fall Voraussetzung für Maßnahmen nach der Altfallregelung, daß der in Betracht gezogene Adressat der Maßnahme „Betroffener" im Sinne der Norm ist.

a) Betroffeneneigenschaft des Maßnahmeadressaten

Hierbei handelt es sich zum einen um Personen, die wegen einer tauglichen Anlaßstraftat im Sinne des § 81 g I StPO rechtskräftig verurteilt worden sind oder um diesen Verurteilten gleichgestellte Personen; dies sind nach § 2 I DNA-IFG solche Personen, die allein wegen festgestellter oder jedenfalls nicht ausschließbarer Schuldunfähigkeit, wegen fehlender oder nicht ausschließbar fehlender Verantwortlichkeit nach Jugendstrafrecht oder wegen auf Geisteskrankheit beruhender Verhandlungsunfähigkeit nicht verurteilt werden konnten.[761]

Folgt die Betroffeneneigenschaft aus einer Verurteilung durch ein Strafgericht, so muß sich dieses Erkenntnis nach § 2 I DNA-IFG auf eine Straftat von erheblicher Bedeutung im Sinne des § 81 g I StPO beziehen. Dieses Erfordernis für eine Maßnahme nach der Altfallregelung ist auch dann gegeben, wenn die Verurteilung auf wahldeutiger Grundlage erfolgt ist und nur eine der zugrunde gelegten Sachverhaltsalternativen die Bewertung als Straftat von erheblicher Bedeutung trägt.[762] Aus der Betrachtung der Gesamtregelung des DNA-IFG ergibt sich, daß die Gewinnung eines DNA-Identifizierungsmusters (nebst anschließender dauerhafter Speicherung[763]) hinsichtlich der Anlaßstraftat grundsätzlich nicht mehr voraussetzt als den bloßen Anfangsverdacht. Daher würde es der Ge-

---

[759] Hannoversche Allgemeine Zeitung 89/2000, S. 17.
[760] BT-Dr. 13/11116, S. 7.
[761] Vgl. nur SK-*Rogall*, Anhang zu § 81 g Rn. 8 f.
[762] LG Freiburg, NStZ 2000, 165.
[763] Vgl. hierzu im einzelnen unten S. 175 ff.

samtsystematik des DNA-IFG zuwiderlaufen, die Betroffeneneigenschaft im Sinne des § 2 I DNA-IFG für einen auf wahldeutiger Grundlage Verurteilten mit der Begründung zu verneinen, es stehe seine Täterschaft für eine Straftat von erheblicher Bedeutung nicht zur Gewißheit fest. Denn die Neufallregelung des § 81 g StPO ermöglicht die Datenerhebung (bereits) gegen Beschuldigte, die der Anlaßstraftat lediglich (einfach-) verdächtig sind[764], während die nachfolgende Speicherung des DNA-Identifizierungsmusters auch dann bestehen bleiben kann, wenn keine Verurteilung erfolgt, der Tatverdacht aber nicht ausgeräumt wird.[765]

b) Nicht getilgter Registereintrag

Weitere Voraussetzung für Maßnahmen nach § 2 I DNA-IFG ist, daß *„die entsprechende Eintragung im Bundeszentralregister oder Erziehungsregister noch nicht getilgt ist."*[766] Die maßgeblichen Tilgungsfristen (5 – 20 Jahre) für strafgerichtliche Verurteilungen sind § 46 I BZRG zu entnehmen.[767] Die 20jährige Tilgungsfrist gilt dabei im Falle einer Verurteilung wegen einer Straftat nach den §§ 174 – 180 StGB oder § 182 StGB zu einer Freiheitsstrafe oder einer Jugendstrafe von mehr als einem Jahr.[768] Bei Verurteilung zu lebenslanger Freiheitsstrafe und bei Anordnung der Unterbringung in der Sicherungsverwahrung oder in einem psychiatrischen Krankenhaus läuft gemäß § 45 III BZRG keine Tilgungsfrist.[769] Insofern nun § 45 II S. 1 BZRG bestimmt, daß eine wegen Fristablauf tilgungsreife Eintragung erst nach einem Jahr aus dem Register entfernt wird[770], fragt sich, ob § 2 I DNA-IFG auf den Ablauf einer Frist des § 46 I BZRG – das heißt auf die „Tilgungsreife" im Sinne des BZRG – oder auf die physische Entfernung einer Eintragung nach § 45 II S. 1 BZRG – die „Tilgung" im tatsächlich-handgreiflichen Sinne – ein Jahr nach Ablauf der jeweiligen Frist abstellt.

Senge geht in dieser Hinsicht ausdrücklich davon aus, daß bereits ab Eintritt der Tilgungsreife die materiellen Eingriffsvoraussetzungen für Maßnahmen nach § 2 I DNA-IFG nicht mehr vorliegen.[771] Dagegen stützt unter anderem das **LG Göt-**

---

[764] Hierzu oben S. 82 f.
[765] Vgl. LG Freiburg, NStZ 2000, 165.
[766] BT-Dr. 13/10791, S. 5.
[767] *Roxin*, Strafverfahrensrecht, S. 474; vgl. für die Einzelheiten *Kalf*, StV 1991, 132, 135; *Veith*, BewHi 1999, 111, 129 f.
[768] *Pfeiffer*, NStZ 2000, 402, 402.
[769] *Götz/Tolzmann*, BZRG, § 45 Rn. 8; *Kalf*, StV 1991, 132, 135; *Pfeiffer*, NStZ 2000, 402, 402;.
[770] *Kalf*, StV 1991, 132, 135; *Pfeiffer*, NStZ 2000, 402, 402; *Veith*, BewHi 1999, 111, 130.
[771] *Senge*, NJW 1999, 253, 255.

tingen die Annahme der tatbestandlichen Voraussetzungen für eine Maßnahme nach der Altfallregelung (auch) darauf, daß die Eintragung des Betroffenen im Bundeszentralregister *„auch noch nicht getilgt"* ist.[772] Andernorts findet sich die Formulierung, daß die Erfassung nach der Altfallregelung (unter anderem) *„die fortdauernde Eintragung im Bundeszentralregister oder im Erziehungsregister"* erfordere.[773] Letzteres ist wohl ebenfalls als ein Abstellen auf den Zeitpunkt der tatsächlichen Liquidierung eines Registereintrags zu deuten. In diese Richtung muß wohl auch die aktuellste Kommentarliteratur zum BZRG gewertet werden.[774]

Danach kämen nach den materiellen Eingriffsvoraussetzungen des § 2 I DNA-IFG Maßnahmen nach der Altfallregelung auch im „Karenzjahr" durchaus noch in Betracht, das heißt im Zeitraum der sogenannten Überliegefrist, welche dazu dient, eventuelle nach Eintritt der Tilgungsreife eingehende Verurteilungen berücksichtigen zu können, welche dann der an sich vorzunehmenden Tilgung nach § 47 III BZRG entgegenstehen können.[775]

Im Ergebnis verdient jedoch die restriktive an den Strukturen des BZRG orientierte Auffassung Zustimmung, derzufolge bereits ab Tilgungsreife Maßnahmen nach § 2 I DNA-IFG nicht mehr erfolgen können. Zwar spricht für ein Abstellen auf den Zeitpunkt der tatsächlichen Tilgung der Eintragung zunächst der Gesetzeswortlaut des § 2 I DNA-IFG, der nicht etwa von fortbestehender Verwertbarkeit der Eintragung der Anlaßstraftat oder der Tilgungsreife dieser Eintragung spricht, sondern stattdessen lapidar festlegt, daß Maßnahmen nach der Altfallregelung unter den weiteren Voraussetzungen der Norm erfolgen können, solange *„die entsprechende Eintragung im Bundeszentralregister oder im Erziehungsregister noch nicht getilgt ist."*

Dies setzte jedoch voraus, daß § 51 I BZRG nicht entgegensteht, demzufolge bereits ab der Tilgungsreife noch eingetragene Verurteilungen *„dem Betroffenen im Rechtsverkehr nicht mehr vorgehalten und nicht zu seinem Nachteil verwertet werden"* dürfen. Das BZRG, welches getilgte und zu tilgende Registereintra-

---

[772] LG Göttingen, Nds.Rpfl. 1999, 294, 295; *Messer/Siebenbürger,* Vordermayer/ v.Heintschel-Heinegg-Handbuch, Teil A Kap. 1 Rn. 126.

[773] HK-*Lemke,* § 81 g Rn. 17; *Rogall* will – den Gesetzeswortlaut aufgreifend – für Maßnahmen nach der Altfallregelung voraussetzen, daß die entsprechende Eintragung *„noch nicht getilgt ist"* (SK-*Rogall,* Anhang zu § 81 g Rn. 8; vgl. auch *Fluck,* Kriminalistik 2000, 479, 481).

[774] Maßnahmen nach § 2 DNA-IFG sollen nach *Götz/Tolzmann,* BZRG, § 11 Rn. 16 erfolgen können, *„so lange, wie die entsprechende Eintragung im Bundeszentralregister (...) noch nicht getilgt ist."*

[775] *Pfeiffer,* NStZ 2000, 402, 402 und 407; *Veith,* BewHi 1999, 111, 130.

gungen nebeneinander anspricht und sie dadurch einander gleichstellt, bestimmt insofern ein „*absolutes (...) Verwertungsverbot*".[776]

Unter dem umfassenden Begriff „*im Rechtsverkehr*" sind dabei alle Rechtsverhältnisse und Rechtsbeziehungen im öffentlichen oder privaten Recht zu verstehen, unabhängig davon, ob es sich um eine Materie des Landes- oder des Bundesrechts handelt und auch unabhängig davon, ob es um materielles Recht oder um Verfahrensrecht geht.[777] Maßnahmen nach der Altfallregelung, die sich als „*Strafverfolgungsmaßnahmen im weiteren Sinne*" darstellen, bei deren Anordnung es sich „*um eine Art 'Annexentscheidung' im Anschluß an ein abgeschlossenes Strafverfahren*" handelt[778], erfolgen innerhalb der durch das DNA-IFG ausgestalteten Rechtsbeziehung zwischen dem Betroffenen und der handelnden Behörde, mithin im Rechtsverkehr im obigen Sinne.

Ein Vorhalten der Eintragung liegt in jeder Erörterung der Tat und der diesbezüglichen Verurteilung – zum Beispiel in einer Hauptverhandlung oder in einem sonstigen Anhörungsverfahren – und zwar unabhängig davon, ob dies öffentlich geschieht oder nicht.[779] Der Betroffene hat im „Altfall"-Verfahren Anspruch auf rechtliches Gehör, insoweit gilt gegenüber „Neufällen" nichts anderes.[780] In diesem Rahmen werden die Voraussetzungen des beabsichtigten Eingriffs anzusprechen sein; hierzu zählt auch die Eintragung wegen einer einschlägigen Anlaßstraftat, so daß auch ein „Vorhalten" der Eintragung stattfinden wird. Schließlich würde mit der Bejahung der Voraussetzungen des § 2 I DNA-IFG die (noch) eingetragene Anlaßstraftat von erheblicher Bedeutung auch zum Nachteil des Betroffenen im Sinne von § 51 I BZRG verwertet werden. Derartiges ist nämlich bereits dann anzunehmen, wenn aus Tat oder Verurteilung ungünstige Folgen für den Betroffenen gezogen werden.[781] Die ungünstige Folge im Rahmen des Identifizierungsverfahrens besteht darin, daß auf die Feststellung des Vorhandenseins der noch nicht getilgten Registereintragung die Bejahung des entsprechenden Tatbestandsmerkmals des § 2 I DNA-IFG gestützt wird.

---

[776] Vgl. *Pryzwanski*, Vorhalte- und Verwertungsverbot, S. 18, 30 zur seinerzeitigen gleichgelagerten Regelung des Verwertungsverbots im damaligen § 49 I BZRG.

[777] *Götz/Tolzmann*, BZRG, § 51 Rn. 21 m.w.N.; *Pryzwanski*, Vorhalte- und Verwertungsverbot, S. 20; *Rebmann/Uhlig*, BZRG, § 51 Rn. 26.

[778] BGH, StV 1999, 302, 302.

[779] *Götz/Tolzmann*, BZRG, § 51 Rn. 15; *Rebmann/Uhlig*, BZRG, § 51 Rn. 27.

[780] *Burhoff*, Ermittlungsverfahren, Rn. 267 d; *Kamann*, Beilage zu ZAP 5/2000, S. 14 f., 17 f.; vgl. auch *Schulz*, Boyd/Hruschka/Joerden-Ethik und Recht S. 198 Fn. 16; *Volk*, NStZ 1999, 165, 170.

[781] *Götz/Tolzmann*, BZRG, § 51 Rn. 15; *Pryzwanski*, Vorhalte- und Verwertungsverbot, S. 23 zur damaligen Regelung des Verwertungsverbots in § 49 I BZRG; *Rebmann/Uhlig*, BZRG, § 51 Rn. 28.

Die Heranziehung einer tilgungsreifen aber noch ungetilgten Eintragung einer Verurteilung unterfällt daher dem Verwertungsverbot des § 51 I BZRG, ohne daß eine Ausnahme nach Absatz 2 oder § 52 BZRG vorläge oder § 2 I DNA-IFG selbst eine vorgehende (Ausnahme-) Regelung darstellen würde. Die Erfassung nach § 2 I DNA-IFG stellt nämlich zunächst keine Rechtsfolge der Anlaßstraftat im Sinne des § 51 II BZRG dar. Hierunter sind nur solche Wirkungen zu fassen, die sich unmittelbar aus einem Gesetz ergeben, wie zum Beispiel der Verlust von Unterhaltsansprüchen nach § 1611 BGB oder etwa der Verlust der Fähigkeit zur Bekleidung eines öffentlichen Amts bei einer Verurteilung zu einer Freiheitsstrafe von mindestens einem Jahr Dauer (§ 45 I StGB).[782] Die noch vorhandene Registereintragung hinsichtlich einer Straftat von erheblicher Bedeutung würde nämlich nicht unmittelbar, nicht ohne weiteres, die „Rechtsfolge" der Erfassung des Beschuldigten durch Erstellung eines DNA-Identifizierungsmusters nach § 2 I DNA-IFG zeitigen. Schließlich folgt aus der Zusammenschau der Ausnahmen von dem Verwertungsverbot des § 51 I BZRG in den §§ 51 II und 52 BZRG mit der Altfallregelung, daß auch nicht in § 2 I DNA-IFG eine dem § 51 I BZRG vorgehende Regelung gesehen werden kann. Das umfassende Verwertungsverbot tilgungsreifer Eintragungen des § 51 I BZRG sollte nach der Intention des Gesetzgebers nur durch abschließend aufgezählte Ausnahmen durchbrochen werden.[783]

Geht es nun allerdings um einen Betroffenen, der nur aufgrund erwiesener oder nicht auszuschließender Schuldunfähigkeit oder auf Geisteskrankheit beruhender Verhandlungsunfähigkeit wegen der Anlaßstraftat von erheblicher Bedeutung nicht verurteilt werden konnte, so stellt sich die Frage nicht, ab wann im Hinblick auf eine „Karenzzeit" konkret davon auszugehen ist, daß die entsprechende Eintragung im Bundeszentralregister im Sinne von § 2 I DNA-IFG getilgt ist.

In derartigen Fällen erfolgt wegen der (Anlaß-) Straftat die Eintragung eines „Schuldunfähigkeitsvermerks" in das Bundeszentralregister auf der Grundlage von § 11 I Nr. 1 BZRG.[784] Das geltende Bundeszentralregisterrecht sieht für derartige Eintragungen keine Tilgungsfristen vor. Schuldunfähigkeitsvermerke werden danach gemäß § 24 BZRG grundsätzlich erst dann aus dem Bundeszentralregister entfernt, wenn der Betroffene ein Jahr tot ist oder das 90. Lebensjahr vollendet.[785]

---

[782] *Götz/Tolzmann*, BZRG, § 51 Rn. 60; *Rebmann/Uhlig*, BZRG, § 51 Rn. 48 f.
[783] *Götz/Tolzmann*, BZRG, § 51 Rn. 4.
[784] *Götz/Tolzmann*, BZRG, § 11 Rn. 7.
[785] *Götz/Tolzmann*, BZRG, § 25 Rn. 4; *Kalf*, StV 1991, 580, 580; *Zöller*, RDV 1997, 163, 167.

Handelt es sich bei dem Betroffenen dagegen um eine Person, die nur deswegen nicht wegen einer einschlägigen Anlaßstraftat von erheblicher Bedeutung verurteilt werden konnte, weil es an ihrer Verantwortlichkeit im Sinne des § 3 Satz 1 JGG fehlte, so verweist § 63 IV BZRG für Eintragungen im Erziehungsregister auf die Regelungen der §§ 51, 52 BZRG.[786] Allerdings besteht hier wiederum die Besonderheit, daß eine Eintragung in das Erziehungsregister nach § 60 I Nr. 6 BZRG[787] nicht bestimmten Tilgungsfristen unterliegt[788], sondern grundsätzlich nach § 63 I BZRG mit Vollendung des 24. Lebensjahres entfernt werden.[789]

Eine Maßnahme nach § 2 I DNA-IFG kann sich daher bis zur Vollendung des 24. Lebensjahres durch den Betroffenen auf eine Eintragung bezüglich einer einschlägigen Anlaßstraftat im Erziehungsregister stützen. Unter den weiteren Voraussetzungen des § 2 I DNA-IFG kann eine Person, hinsichtlich derer sich ein „Schuldunfähigkeitsvermerk" auf eine Straftat von erheblicher Bedeutung bezieht, bis zur Vollendung ihres 90. Lebensjahres als Betroffener im Sinne des § 2 I DNA-IFG Maßnahmen nach der Altfallregelung unterzogen werden.

Wenn nun **Lemke** in diesem Zusammenhang ein besonderes rechtsstaatliches Problem darin erblickt, daß auf der Eingriffsgrundlage der Altfallregelung angesichts der maßgeblichen Tilgungsfristen des BZRG unter bestimmten weiteren Voraussetzungen auch Mitglieder einer Personengruppe erfaßt werden können, die *„möglicherweise seit langem nicht mehr straffällig geworden ist, also im bisher verstandenen Sinne als resozialisiert anzusehen ist"*[790], müßte sich dieser fundamental-kritische Ansatz konsequenterweise auch und gerade gegen die Neufallregelung richten: Die Neufallregelung erlaubt – wie im einzelnen dargestellt[791] - bei Vorliegen eines Anfangsverdachts hinsichtlich einer Straftat von erheblicher Bedeutung nebst Negativprognose die Gewinnung des DNA-Identifizierungsmusters des Beschuldigten, welches dann – dies ergibt sich aus der Löschungsregelung des § 8 III BKAG – grundsätzlich für unbestimmte Zeit gespeichert werden kann, soweit das Anlaßverfahren eingestellt wird, der Anfangsverdacht jedoch nicht auszuräumen ist.[792] Da sich die Negativprognose gemäß § 81 g I StPO nun auch gründen kann auf Art oder Ausführung der Tat,

---

[786] *Götz/Tolzmann*, BZRG, § 63 Rn. 14.
[787] Freispruch wegen mangelnder Reife und die Einstellung des Verfahrens aus diesem Grund (§ 3 Satz 1 JGG).
[788] *Götz/Tolzmann*, BZRG, § 63 Rn. 4.
[789] Dies bedeutet, daß in praxi die entsprechenden Datensätze im Erziehungsregister ein Jahr nach der Vollendung des 24. Lebensjahres durch den Betroffenen tatsächlich gelöscht werden (vgl. zu den Einzelheiten *Götz/Tolzmann*, BZRG, § 63 Rn. 6, 9).
[790] HK-*Lemke*, § 81 g Rn. 21; vgl. auch *Kaufmann/Ureta*, StV 2000, 103, 106.
[791] Vgl. S. 56 ff.
[792] Vgl. *Ahlf/Daub/Lersch/Störzer*, BKAG, § 8 Rn. 6.

können Eingriffe nach § 81 g I StPO bereits in Betracht kommen gegenüber beschuldigten Personen, hinsichtlich derer (lediglich) die Möglichkeit besteht, daß sie die Täter der Anlaßstraftat gewesen sind, und bezüglich derer sich die Negativprognose dementsprechend mit einem (lediglich) dem bloßen Anfangsverdacht entsprechenden Grad ebenfalls nur auf Erkenntnisse zur feststehenden Anlaßstraftat stützen läßt.[793]

Wer nun im Zusammenhang mit der Altfallregelung den Umstand besonders problematisiert, daß Betroffene erfaßt werden können, welche *„im bisher verstandenen Sinne als resozialisiert anzusehen sind"*[794], müßte daher parallel laufende Bedenken – etwa auf dem dogmatischen Fundament der Unschuldsvermutung – auch gegen die Neufallregelung vorbringen.

Ebensowenig, wie nun jedoch die Neufallregelung die Unschuldsvermutung tangiert[795], steht der von **Lemke** angesprochene Gesichtspunkt der Resozialisierung[796] der Altfallregelung entgegen. Die Unschuldsvermutung verbietet es, jemandem als schuldig zu behandeln, bevor in einem gesetzlich geregelten Verfahren seine Schuld nachgewiesen worden ist.[797] Eingriffe, die den vollen Nachweis der Schuld verlangen, dürfen demzufolge nicht vorgenommen werden, ehe dieser erbracht ist.[798] Maßnahmen nach § 81 g StPO erfordern jedoch nicht den Nachweis der Schuld; dies wäre auch nicht denkbar, da die Prognosetat, um deretwillen der Eingriff letztlich erfolgt, möglicherweise weder begangen worden ist, noch jemals durch den Beschuldigten begangen werden wird.[799]

Dementsprechend kann auch der Resozialisierungsaspekt einer Maßnahme nach § 2 DNA-IFG in Verbindung mit § 81 g StPO nicht grundsätzlich entgegenstehen.[800] Eingriffe nach der Altfallregelung dienen, ebenso wie solche auf der

---

[793] Vgl. das Beispiel S. 92.
[794] HK-*Lemke*, § 81 g Rn. 21.
[795] So jedoch unzutreffend *Singe*, Betrifft: JUSTIZ 1999, 102, 102.
[796] HK-*Lemke*, § 81 g Rn. 21.
[797] *Kleinknecht/Meyer-Goßner*, Art. 6 MRK Rn. 12 m.w.N.
[798] BGH, NJW 1975, 1829, 1831.
[799] Insoweit es sich bei einer Erfassungsmaßnahme nach dem DNA-IFG nicht um eine Strafe bzw. eine Sanktion handelt, die dem Grundsatz „Nullum crimen, nulla poena sine lege" unterfällt (vgl. BVerfGE 26, 186, 203 f.; 45, 346, 351), kann die Altfallregelung auch nicht im Hinblick auf Art. 103 II GG angegriffen werden (*Kudlich*, JuS 1999, 514).
[800] Die von *Lemke* (HK-*Lemke*, § 81 g Rn. 21) im Zusammenhang mit den Tilgungsfristen des BZRG angesprochene Problematik weist Ähnlichkeiten auf mit der in Rechtsprechung und Literatur kontrovers diskutierten Frage, ob bzw. inwieweit die Negativprognose des DNA-IFG mit einer Strafaussetzung zur Bewährung in dem Anlaßverfahren in Einklang gebracht werden kann. Es soll daher auch für die Problematik resoziali-

Grundlage der Neufallregelung, der Identitätsfeststellung in künftigen Strafverfahren.[801] Soweit nun in einem konkreten Einzelfall die Eingriffsmaßnahme diesem Zweck gemäß ist, kann sie erfolgen. Maßgeblich ist dabei, ob dem (resozialisierten) Betroffenen die Negativprognose des § 81 g I StPO (in Verbindung mit § 2 I DNA-IFG) ausgestellt werden kann[802], was bei einem großen zeitlichen Abstand zur Anlaßstraftat allerdings besonders sorgfältig und verantwortlich zu prüfen ist.[803]

Insoweit Maßnahmen nach dem DNA-IFG in einem Altfall zum einen die Urheberschaft des Betroffenen für eine Straftat von erheblicher Bedeutung und zum anderen die Prognose neuer Strafverfahren wegen erheblicher Straftaten voraussetzen, verstoßen Maßnahmen nach § 2 DNA-IFG in Verbindung mit § 81 g StPO auch nicht gegen das Übermaßverbot.[804]

Nachteiligen Auswirkungen von DNA-Identitätsfeststellungsverfahren auf den laufenden Prozeß der Resozialisierung Betroffener im Sinne des § 2 I DNA-IFG[805] gilt es entgegenzuwirken durch eine angemessene Aufklärung über Sinn und Zweck der angestrebten Maßnahme und insbesondere über deren vergleichbar niedrige Eingriffsschwelle[806]; es erscheint hilfreich, Betroffene darauf hinzuweisen, daß selbst Beschuldigte, deren Urheberschaft für eine Straftat von erheblicher Bedeutung gar nicht feststeht, nach § 81 g I StPO gegebenenfalls erfaßt werden können. Ferner gewährleisten die nach dem BZRG für die Erfassung von Altfällen maßgeblichen Tilgungsfristen das Rehabilitationsinteresse des Betroffenen.[807]

c) Negativprognose

Auch bei Altfällen ist über die Betroffeneneigenschaft und die nicht-getilgte beziehungsweise nicht-tilgungsreife Registereintragung wegen der Anlaßtat hin-

---

sierter Betroffener auf die Ausführungen zum Verhältnis der Negativprognose zur Strafaussetzung verwiesen sein; vgl. S. 154 ff.
[801] SK-*Rogall*, Anhang zu § 81 g Rn. 6.
[802] Zur Notwendigkeit der Negativprognose auch bei Altfällen sogleich.
[803] *Kaufmann/Ureta*, StV 2000, 103, 106; *Kleinknecht/Meyer-Goßner*, § 81 g Rn. 8; HK-*Lemke*, § 81 g Rn. 21; SK-*Rogall*, Anhang zu § 81 g Rn. 10.
[804] BVerfG, EuGRZ 2001, 70, 74.
[805] Auf diesen Gesichtspunkt stellt *Singe* mit heftiger Kritik ab: *„Das DNA-Feststellungsgesetz spricht (...) dem Resozialisierungsgedanken und – gebot des Strafvollzugsgesetzes – einem Ausfluß des Menschenwürdeprinzips der Verfassung – Hohn"* (*Singe*, Betrifft JUSTIZ 1999, 102, 104).
[806] Vgl. *Kamann*, StV 1999, 10, 11.
[807] BVerfG, EuGRZ 2001, 70, 74.

ausgehend weitere Voraussetzung für Maßnahmen, daß hinsichtlich des Betroffenen im Sinne des § 81 g I StPO *„Grund zu der Annahme besteht, daß gegen ihn künftig erneut Strafverfahren zu führen sind (...)"*.[808]

Das Erfordernis der Negativprognose läßt sich § 2 I DNA-IFG zwar nicht unmittelbar entnehmen. Nach dem Wortlaut des § 2 I DNA-IFG, demzufolge *„Maßnahmen, die nach § 81 g StPO zulässig sind"*, unter bestimmten Voraussetzungen, welche eben nicht ausdrücklich die Negtivprognose beinhalten, durchgeführt werden dürfen, ließe sich diese Norm auch als eine Rechtsfolgenverweisung verstehen, welche bei rechtskräftiger Verurteilung wegen einer Straftat von erheblicher Bedeutung oder einer gleichgestellten Verfahrensbeendigung und fortbestehender nicht-tilgungsreifer Eintragung die Entnahme und molekulargenetische Untersuchung von Körperzellen erlaubt.[809]

Anlaß für ein derartiges extensives Verständnis von den Eingriffsvoraussetzungen des § 2 I DNA-IFG könnte der Umstand sein, daß die Altfallregelung sich im Unterschied zu § 81 g I StPO auf Personen bezieht, deren Urheberschaft für eine Straftat von erheblicher Bedeutung durch eine gerichtliche Verurteilung oder eine gleichgestellte verfahrensbeendende Entscheidung festgestellt worden ist, während hinsichtlich der (Anlaß-)Straftat bei § 81 g I StPO der bloße Anfangsverdacht ausreicht.[810]

Eine derart weitreichende Auslegung des § 2 I DNA-IFG entspräche jedoch weder der Intention des Gesetzgebers, der nach der amtlichen Begründung des Gesetzentwurfs vom 25.05.1998 davon ausgegangen ist, daß auch in Altfällen *„selbstverständlich"* die Regelungen des § 81 g StPO gelten[811], noch Sinn und Zweck der Altfallregelung. Diese soll nämlich ebenso wie die Neufallregelung der Identitätsfeststellung in künftigen Strafverfahren dienen.[812] Die Gewinnung von DNA-Identifizierungsmustern in Altfällen, bei denen keine Negativprognose gegeben ist, also kein Grund zu der Annahme besteht, daß gegen den Betroffenen zukünftig erneut wegen Straftaten von erheblicher Bedeutung zu ermitteln sein wird, wäre im unmittelbarsten Sinne des Wortes „zwecklos".

---

[808] OLG Zweibrücken, NJW 1999, 300, 301; LG Waldshut-Tiengen, StV 1999, 365, 366; LG Gera StV 1999, 589, 589; LG Ingolstadt, NJW 2000, 749, 750; LG Freiburg, NStZ 2000, 162, 162 = StV 2000, 531, 532 = StraFo 2000, 59, 59; *Graalmann-Scheerer*, Kriminalistik 2000, 328, 334; *Kleinknecht/Meyer-Goßner*, § 81 g Rn. 8; *Markwardt/Brodersen*, NJW 2000, 692, 693; SK-*Rogall*, Anhang zu § 81 g Rn. 11; KK-*Senge*, § 81 g Rn. 14.

[809] *Markwardt/Brodersen*, NJW 2000, 692, 693.

[810] LG Waldshut-Tiengen, StV 1999, 365, 366; vgl. zu den tatbestandlichen Voraussetzungen des § 81 g StPO im einzelnen oben S. 56 ff.

[811] BT-Dr. 13/10791, S. 5.

[812] SK-*Rogall*, Anhang zu § 81 g Rn. 6.

§ 2 I DNA-IFG ist daher dahingehend zu verstehen, daß auch bei Altfällen für die Gewinnung von Körperzellen und deren molekulargenetische Untersuchung die Negativprognose tatbestandliche Eingriffsvoraussetzung ist.[813] Ebenso wie bei einer Maßnahme nach der Neufallregelung des § 81 g I StPO kann die Negativprognose gestützt werden auf *„die ‚Art und Ausführung der (abgeurteilten) Tat‘, die ‚Persönlichkeit‘ des Verurteilten oder ‚sonstige Erkenntnisse‘ "*, ohne daß – dies sei nochmals betont – die einschlägige Verurteilung in jedem einzelnen Fall bereits eine hinreichende Rechtfertigung für eine Eingriffsmaßnahme bietet.[814]

Gilt es nun in einem Altfall die Negativprognose zu erstellen, so kann es zu einem Nebeneinander der Prognoseentscheidung nach § 81 g I StPO (in Verbindung mit § 2 I DNA-IFG) und derjenigen des § 56 I StGB kommen, wenn die Strafe wegen der Anlaßtat zur Bewährung ausgesetzt worden ist, was gemäß § 56 I Satz 1 StGB voraussetzt, daß *„zu erwarten ist, daß der Verurteilte sich schon die Verurteilung zur Warnung dienen lassen und künftig auch ohne die Wirkung des Strafvollzugs keine Straftaten mehr begehen wird."*

In Rechtsprechung und Schrifttum wird für diese Konstellationen die Vereinbarkeit einer günstigen Sozialprognose des Betroffenen im Rahmen der Strafaussetzungsfrage mit der *„Annahme (...), daß gegen ihn künftig erneut Strafverfahren (...) zu führen sind"* gemäß § 81 g I StPO problematisiert. Als widersprüchlich empfinden es etwa **Seibel/Gross**, wenn die zuständige Staatsanwaltschaft, stellt sie nach Verurteilung des Betroffenen lediglich zu einer Bewährungsstrafe einen Antrag nach § 2 I DNA-IFG, kein Rechtsmittel gegen das Urteil in dem Anlaßverfahren einlegt.[815] Die Negativprognose des § 81 g I StPO könne nicht dem Urteil über die Anlaßtat entnommen werden; in Fällen der Strafaussetzung zur Bewährung gemäß § 56 I StGB entstünde andernfalls bei Bejahung der Negativprognose des DNA-IFG ein unauflösbarer Widerspruch. Dies folge insbesondere daraus, daß die günstige Sozialprognose des § 56 I StGB die Erwartung voraussetze, daß der Verurteilte künftig gänzlich straffrei leben werde, während demgegenüber im Rahmen des § 81 g I StPO danach zu fragen sei, ob der Betroffene *„künftig Straftaten begehen könnte, die sogar von erheblicher Bedeutung sein müssen."*[816]

---

[813] BVerfG, EuGRZ 2001, 70, 74 f.; *Markwardt/Brodersen,* NJW 2000, 692, 693.
[814] Vgl. LG Duisburg, StraFo 1999, 202, 204.
[815] *Seibel/Gross,* StraFo 1999, 117, 118 Fn. 19; vgl. *Singe,* Betrifft: JUSTIZ 1999, 102, 104.
[816] LG Waldshut-Tiengen, StV 1999, 365, 366; vgl. ferner LG Lüneburg, StV 1999, 421; LG Gera, StV 1999, 589; LG Frankenthal, StV 2000, 303; vgl. auch *Kaufmann/Ureta,* StV 2000, 103, 104; NStZ 2000, 221, 221; vgl. aber nunmehr auch LG Waldshut-Tiengen, StV 2001, 10, 11.

Diesbezüglich ist nun folgendes anzumerken: Zunächst schließen die zitierten Entscheidungen solche Fallgestaltungen aus dem Regelungs-bereich des DNA-IFG nicht kategorisch aus, bei denen für die Negativprognose im Sinne des § 81 g I StPO auf von den der Aussetzungsentscheidung im Anlaßverfahren zugrundeliegenden Erkenntnissen verschiedene beziehungsweise neue Erkenntnisse abgestellt werden kann[817]; ferner darf auch nicht übersehen werden, daß das über das Vorliegen der Voraussetzungen der Negativprognose befindende Gericht (ohnehin) nicht gebunden ist an die Feststellungen, die das andere Gericht im Hinblick auf die Bewährungsentscheidung getroffen hat, da diese nicht in Rechtskraft erwachsen.[818]

Schließlich ist es aber auch denkbar, daß in einem Fall, in dem die Voraussetzungen des § 56 I StGB zu bejahen sind, gleichzeitig die Negativprognose des § 81 g I StPO ausgestellt werden kann, ohne daß letztere auf neuen oder anderen Erkenntnissen beruht.

Hierfür spricht bereits, daß der Gesetzgeber die Negativprognose des DNA-IFG in Anlehnung an die Regelung des § 8 VI Nr. 1 BKAG konzipiert hat[819]; diesem Modell entsprechend stellt die Negativprognose des § 81 g I StPO gerade nicht ab auf Strafart, Strafhöhe oder die Bewährungsfrist, der Gesetzgeber hat auf die Schaffung entsprechender einschränkender Erfordernisse verzichtet. Im übrigen dürfte es auch als widersprüchlich zu erachten sein, einerseits nach der Altfallregelung zwar Schuldunfähige und sonstige Personen, welche überhaupt nicht strafgerichtlich verurteilt werden können und nach § 81 g I StPO selbst bloße Beschuldigte, hinsichtlich derer überhaupt nicht absehbar ist, ob und gegebenenfalls in welcher Höhe eine Strafe hinsichtlich der Anlaßstraftat gegen sie ver-

---

[817] Deutlich: LG Lüneburg, StV 1999, 421; ähnlich auch LG Gera, StV 1999, 589. Soweit sich in der Entscheidung des LG Waldshut-Tiengen die Aussage findet: *„Eine solche negative Prognose kann nicht schon dem Urteil über die Anlaßtat entnommen werden."*, meint das LG hiermit, daß auch im Rahmen der Altfallregelung eine Negativprognose stets erstellt werden muß, da allein der Umstand, daß der Betroffene wegen der Anlaßstraftat verurteilt worden ist, nicht hinreichend ist (vgl. LG Waldshut-Tiengen, StV 1999, 365, 366); unklar bleibt dagegen, ob das LG Zweibrücken in jedem Fall einer Strafaussetzung zur Bewährung die Möglichkeit einer Maßnahme nach dem DNA-IFG sogar kategorisch ausschließen will (LG Zweibrücken, StV 2000, 304, 304); vgl. schließlich LG Freiburg, StV 2001, welches *„solange eine faktische ,Sperrwirkung' für die Zulässigkeit von Maßnahmen nach § 81 g StPO i.V.m. § 2 DNA-IFG"* annimmt, *„wie die Bewährungszeit läuft und ein Bewährungswiderrufsgrund nicht vorliegt oder das bewährungsüberwachende Gericht von einm Widerruf absieht"*.
[818] BVerfG, EuGRZ 2001, 70, 74; ähnlich LG Waldshut-Tiengen, StV 2001, 10, 11; vgl. auch *Messer/Siebenbürger*, Vordermayer/v.Heintschel-Heinegg-Handbuch, Teil A Kap. 1 Rn. 130.
[819] BT-Dr. 13/10791, S. 5.

hängt werden wird, zu erfassen, andererseits jedoch Betroffene, bei denen eine ihnen günstige Bewährungsentscheidung ergangen ist, gänzlich aus dem Regelungsbereich des DNA-IFG auszunehmen.[820]

Des weiteren spricht gegen die Annahme, bei einer dem Betroffenen günstigen Aussetzungsentscheidung bleibe kein Raum für die Bejahung der Negativprognose des § 81 g I StPO, daß Maßnahmen nach der Altfallregelung bis zur Tilgungsreife[821] der Eintragung hinsichtlich der Anlaßstraftat – dergegenüber sich ein (Rest-) Straferlaß als Minus darstellt – in Betracht kommen, so daß das für Maßnahmen nach dem DNA-IFG eröffnete Zeitfenster also nicht (einmal) begrenzt ist auf den Zeitraum der Vollstreckung der Strafe hinsichtlich der Anlaßstraftat.[822]

Verbreitet wird in Rechtsprechung und Literatur im Hinblick auf den vergleichbaren Sinn und Zweck der fraglichen Regelungen des weiteren mit der Rechtsprechung des **BVerwG** zu § 81 b 2. Alt. StPO argumentiert[823], derzufolge eine erkennungsdienstliche Erfassung nach § 81 b 2. Alt. StPO nicht als rechtswidrig zu erachten ist, *„weil die Vollstreckung der Strafe wegen der Handlung des Betroffenen, die auch den Anlaß der erkennungsdienstlichen Maßnahme bildet, zur Bewährung ausgesetzt worden ist."*[824]

Die Erwägungen des **BVerwG**, welche hierfür die Grundlage bilden, lassen sich prinzipiell auf die Negativprognose des § 81 g I StPO übertragen[825]: Ebenso wie erkennungsdienstliche Maßnahmen nach § 81 b 2. Alt. StPO und das Institut der Strafaussetzung unterschiedlichen Zwecken zu dienen bestimmt sind[826], soll die Anordnung von Maßnahmen nach dem DNA-IFG allein die Identitätsfeststellung in künftigen Strafverfahren ermöglichen[827], während demgegenüber die Strafaussetzung zur Bewährung als vielschichtiges kriminalpolitisches Reaktionsmittel eigener Art angesehen wird.[828] Es ist also bei den jeweiligen Prognoseentscheidungen zu berücksichtigen, daß sie unterschiedlichen Zwecken die-

---

[820] LG Ingolstadt, NJW 2000, 749, 750 f.
[821] Vgl. S. 146 ff.
[822] Vgl. *Fluck*, Kriminalistik 2000, 479, 481; ähnlich LG Ingolstadt a.a.O.
[823] LG Göttingen, NJW 2000, 751, 751; LG Göttingen, NStZ 2000, 164, 164; *Fluck*, Kriminalistik 2000, 479, 480; *Markwardt/Brodersen*, NJW 2000, 692, 694.
[824] BVerwG, NJW 1983, 772, 772.
[825] Die Heranziehung der Behandlung der erkennungsdienstlichen Maßnahmen für die hier betrachtete Frage ist gerechtfertigt, da die vorrangig vorzunehmende Betrachtung des Normenkomplexes des DNA-IFG allein keine zwingende Auslegung vorgibt.
[826] BVerwG, NJW 1983, 772, 774.
[827] Vgl. nur BT-Dr. 13/10791, S. 4.
[828] Vgl. LK-*Gribbohm*, § 56 Rn. 1; *Tröndle/Fischer*, § 56 Rn. 1 a m.w.N.

nen.[829] Daher sind auch die Eingriffsvoraussetzungen beziehungsweise die Kriterien, bei deren Vorliegen die Strafaussetzung gewährt werden kann, nicht identisch.[830] Die Betrachtung von Sinn und Zweck der Regelungen des DNA-IFG – die Identitätsfeststellung in künftigen Strafverfahren zu verbessern[831] – spricht grundsätzlich für vergleichsweise geringe, an dem Grad des bloßen Anfangsverdachts der StPO orientierte, Anforderungen im Rahmen der Negativprognose, welche – wie noch zu zeigen sein wird – auch vorliegen können im Falle einer Strafaussetzung zur Bewährung.

Soweit zur Begründung dieses Standpunkts auch darauf verwiesen wird, daß Eingriffe nach dem DNA-IFG von vergleichsweise geringer Intensität sind (etwa gegenüber der Inhaftierung des Betroffenen)[832], sieht sich diese Argumentationslinie von **Kamann** formulierter Kritik ausgesetzt: *„Die Eingriffsintensität hat mit der Bejahung oder Verneinung der Wiederholungsgefahr nichts zu tun. Entweder ist Rückfall auf Grund der Sozialprognose zu verneinen oder er ist es nicht."*[833] Dem ist jedoch entgegenzuhalten, daß die Intensität eines Eingriffs sich mittelbar durchaus auf seine tatbestandlichen Voraussetzungen ausüben kann. Bei einer Maßnahme von besonders hoher Eingriffsintensität kann nämlich unter dem Gesichtspunkt der verfassungskonformen Auslegung eine bestimmte restriktive Behandlung ihrer tatbestandlichen Voraussetzungen geboten sein, welche allein die Heranziehung von Wortlaut und Sinn und Zweck der Norm nicht ohne weiteres nahelegen würde. Umgekehrt ermöglicht die relativ geringe Eingriffsintensität der Maßnahmen nach dem DNA-IFG eine weitergehende Orientierung an Zweckgesichtspunkten, soweit einzelne Fragen im Wege der Auslegung zu klären sind.

Im Rahmen der in § 81 g I StPO normierten Negativprognose des DNA-IFG ist danach grundsätzlich bereits die – dem bloßen Anfangsverdacht der StPO vergleichbare – auf gegenwärtige tatsächliche Umstände gestützte Möglichkeit aus-

---

[829] *Haller/Conzen*, Das Strafverfahren, Rn. 899; *Schulz*, Boyd/Hruschka/Joerden-Ethik und Recht, S. 199 f. Zutreffend geht auch der gemeinsame Runderlaß zur Umsetzung des DNA-IFG davon aus, daß die *„Strafaussetzung zur Bewährung gemäß den §§ 56 ff. StGB einerseits und die Anordnung einer Entnahme von DNA-Material andererseits unterschiedlichen Zwecken dienen und entsprechend auch verschiedenen Prüfmaßstäben unterliegen"* (Nr. 1.7 des Gem. RdErl. d. MI, d. MJ u. d. MFAS v. 19.11.1998 - NdsRpfl 1999, 52, 52).

[830] OLG Jena, StV 2001, 5, 6.

[831] Vgl. wiederum nur BT-Dr. 13/10791, S. 4.

[832] OLG Jena, StV 2001, 5, 6; LG Hannover, NStZ 2000, 221; *Haller/Conzen*, Das Strafverfahren, Rn. 899; Erlaß des nordrhein-westfälischen Innen- und Justizministeriums v. 29.09.1998 an die Generalstaatsanwaltschaften (4100 – III A 252) (zit. nach *Kamann*, Beilage zu ZAP 5/2000, S. 15).

[833] *Kamann*, Beilage zu ZAP 5/2000, S. 15.

reichend, daß gegen den Betroffenen „*künftig erneut Strafverfahren (...) zu führen sind*"[834] – etwa wegen zurückliegender noch unentdeckter Straftaten. Ähnlich niedrig wird die Eingriffsschwelle für die Anordnung einer erkennungsdienstlichen Behandlung nach § 81 b 2. Alt. StPO angesetzt.[835]

Die Strafaussetzung zur Bewährung erfordert demgegenüber nun gerade nicht etwa, daß auch diese Möglichkeit ausgeschlossen ist; hinreichend ist lediglich eine „*durch Tatsachen begründete Wahrscheinlichkeit straffreier Führung.*"[836] Die Wahrscheinlichkeit des Ausbleibens weiterer Straf*taten* schließt jedoch die Möglichkeit künftiger Straf*verfahren* wegen erheblicher Straftaten nicht aus.[837] Die Negativprognose des § 81 g I StPO (in Verbindung mit § 2 I DNA-IFG) ist nämlich nicht bezogen auf künftige Straftaten, sondern auf künftige Strafverfahren.[838] Die Voraussetzungen des § 81 g I StPO können also durchaus auch dann vorliegen, wenn zwar keine zukünftigen Straftaten mehr von dem Betroffenen zu erwarten sind, diesem im Rahmen des § 56 StGB deshalb eine günstige Sozialprognose auszustellen ist, jedoch die Möglichkeit besteht, daß gegen ihn noch weitere Strafverfahren wegen Straftaten von erheblicher Bedeutung wegen zurückliegender noch nicht entdeckter Taten zu führen sein werden.[839]

---

[834] Zur Negativprognose des § 81 g I StPO siehe im einzelnen S. 83 ff.

[835] *Markwardt/Brodersen* (NJW 2000, 692, 694) verweisen auf die Entscheidungen BVerwG, NJW 1989, 2640, 2640 sowie VGH München, NVwZ-RR 1998, 496 und zitieren erstere: „*Die Notwendigkeit der Anfertigung und Aufbewahrung von erkennungsdienstlichen Unterlagen bemißt sich danach, ob der anläßlich des gegen den Betroffenen gerichteten Strafverfahrens festgestellte Sachverhalt nach kriminalistischer Erfahrung angesichts aller Umstände des Einzelfalls – insbesondere angesichts der Art, Schwere und Begehungsweise der dem Betroffenen zur Last gelegten Straftaten, seiner Persönlichkeit sowie unter Berücksichtigung des Zeitraums, während dessen er strafrechtlich nicht (mehr) in Erscheinung getreten ist – Anhaltspunkte für die Annahme bietet, daß der Betroffene künftig oder anderwärts gegenwärtig mit guten Gründen als Verdächtiger in den Kreis potentieller Beteiligter an einer noch aufzuklärenden strafbaren Handlung einbezogen werden könnte und daß die erkennungsdienstlichen Unterlagen die dann zu führenden Ermittlungen – den Betroffenen schließlich überführend oder entlastend – fördern könnten.*" Von dieser Prognoseformel geht auch BVerwG, NJW 1983, 772, 773 aus.

[836] BVerwG, NJW 1983, 772, 774; *Haller/Conzen,* Das Strafverfahren, Rn. 899; LK-*Gribbohm,* § 56 Rn. 11; *Tröndle/Fischer,* § 56 Rn. 5 m.w.N.

[837] Weitergehend *Fluck,* Kriminalistik 2000, 479, 480 f. unter Einbeziehung möglicher künftiger Straftaten. Entsprechendes gilt für die Anfertigung erkennungsdienstlicher Unterlagen nach § 81 b 2. Alt. StPO: Die Annahme ihrer Notwendigkeit „*kann auch wegen eines Risikos gerechtfertigt sein, das bei der Bewilligung von Strafaussetzung zur Bewährung in Kauf genommen werden kann*" (vgl. erneut BVerwG, NJW 1983, 772, 774); vgl. schließlich OLG Jena, StV 2001, 5, 6, welches abstellt auf die „*reale Möglichkeit*" einer „*neuen Straftat*".

[838] Siehe oben S. 98 f.

[839] *Markwardt/Brodersen,* NJW 2000, 692, 694.

Bei einer Entscheidung über eine Strafaussetzung zur Bewährung (§ 56 StGB, § 21 JGG) ist somit ein anderer Prüfungsrahmen anzulegen, als bei der Beurteilung der Frage, ob im Sinne des § 81 g I StPO hinsichtlich des Betroffenen *„Grund zu der Annahme besteht, daß gegen ihn künftig erneut Strafverfahren (...) zu führen sind."*[840] Schließlich kann eine falsche Prognose im Zusammenhang mit einer dem Betroffenen günstigen Aussetzungsentscheidung notfalls korrigiert werden, während unterbliebene Maßnahmen nach dem DNA-IFG nicht beliebig nachgeholt werden können, so daß ein DNA-Identifizierungsmuster gegebenenfalls unabänderlich fehlt, welches die Aufklärung einer schwerwiegenden Straftat eventuell möglich gemacht hätte.[841]

Der hier vertretene Standpunkt steht dabei nicht in einem Widerspruch zu den jüngsten Aussagen des Bundesverfassungsgerichts zum DNA-IFG. Insoweit das Bundesverfassungsgericht in seiner Entscheidung vom 14.12.2000 ausgeführt hat, eine Maßnahme nach § 2 DNA-IFG in Verbindung mit § 81 g StPO setze *„die richterliche Annahme der Wahrscheinlichkeit künftiger Straftaten von erheblicher Bedeutung"* voraus[842], sind hiermit nämlich nur diejenigen richterlichen Anordnungen in Altfällen gemeint, welche sich ausschließlich auf die Annahme künftiger Strafverfahren wegen künftiger Straf*taten* stützen. Dies ergibt sich aus der Wortwahl des Bundesverfassungsgerichts, daß in dem gegebenen Zusammenhang von der *„Wiederholungsgefahr"*, *„der Wahrscheinlichkeit für einen Rückfall"*, der *„Prognose der Gefahr der Wiederholung"*, und in größter Deutlichkeit von der *„Annahme der Wahrscheinlichkeit künftiger Straftaten"* beziehungsweise der *„Wahrscheinlichkeit einer künftigen Tatbegehung"* spricht.[843]

---

[840] LG Göttingen, Nds.Rpfl. 1999, 293, 294; LG Ingolstadt, NJW 2000, 749, 750; LG Göttingen, NJW 2000, 751, 751; *Fluck*, Kriminalistik 2000, 479, 480; *Graalmann-Scheerer*, Kriminalistik 2000, 328, 334 formuliert – vom hier vertretenen Standpunkt aus betrachtet – unnötig vorsichtig, daß *„die Voraussetzungen nach § 81 g Abs. 1 StPO bzw. § 2 DNA-IFG nicht in vollem Umfang identisch sind mit den Voraussetzungen nach den §§ 56, 57 und 67 d Abs. 2 StGB"*; *Haller/Conzen*, Das Strafverfahren, Rn. 899; vgl. ferner Nr. 1.7 des Gem. RdErl. d. MI, d. MJ u. d. MFAS v. 19.11.1998 (4104 – 304.123) – Nds.Rpfl. 1999, 52, 52; a.A. unter Ausblendung der erörterten grammatischen und teleologischen Gesichtspunkte: LG Zweibrücken, StV 2000, 304, demzufolge das *„Gebot einer Differenzierung in der Prognose bei einer Strafaussetzung nach § 56 StGB einerseits und einer Prognose nach § 81 g StPO"* dem DNA-IFG nicht entnommen werden könne.

[841] *Fluck*, Kriminalistik 2000, 479, 481 unter Verweis auf BVerwG, NJW 1983, 772, 774 zu § 81 b 2. Alt. StPO.

[842] BVerfG, EuGRZ 2001, 70, 74 f.; a.A. etwa LG Frankfurt, StV 2001, 9, 10 und OLG Jena, NStZ 2000, 553, 554, welche die *„Möglichkeit neuer Straftaten"* hinreichen lassen.

[843] BVerfG, EuGRZ 2001, 70, 74 f.

Das Bundesverfassungsgericht verwendet in der zitierten Entscheidung im Zusammenhang mit dem Erfordernis der Annahme künftiger Strafverfahren in Altfällen keine Formulierung, in die ihrem Wortlaut nach auch diejenigen Konstellationen miteinbezogen werden könnten, bei denen die Negativprognose im Hinblick auf künftige Strafverfahren (auch) wegen eventueller zurückliegender erheblicher Straftaten bejaht wird. Da nun dem Bundesverfassungsgericht kaum unterstellt werden kann, übersehen zu haben, daß sich die Negativprognose des § 81 g I StPO nach dem klaren Gesetzeswortlaut nicht auf künftige Straf*taten* bezieht, sondern auf künftige Straf*verfahren*, ist davon auszugehen, daß das Bundesverfassungsgericht seine inhaltlichen Aussagen absichtsvoll auf den Bereich der Altfälle beschränkt hat, bei denen die richterliche Negativprognose sich allein auf eventuelle neue erhebliche Straf*taten* des Betroffenen stützt.

Für diese durch § 2 DNA-IFG in Verbindung mit § 81 g StPO ohne weiteres erreichbaren Konstellationen, ist dem Bundesverfassungsgericht auch zuzustimmen. Die Besonderheit der fraglichen Fallgestaltungen liegt nämlich darin, daß ausschließlich bei Maßnahmen gegenüber Verurteilten, die allein im Hinblick auf *künftige* Straf*taten* von erheblicher Bedeutung begründet werden, dem Adressaten unterstellt wird, daß die Verurteilung wegen der Anlaßstraftat nicht die gewünschte Wirkung gezeigt habe, ihn vor weiterer Straffälligkeit zu bewahren.

Auch eine Strafrestaussetzung zur Bewährung wirkt sich nach alldem nicht determinierend aus auf die Negativprognose nach § 81 g I StPO.[844] Zentral für die Entscheidung über die Strafrestaussetzung bei zeitiger Freiheitsstrafe ist nach § 57 I S. 1 Nr. 2 StGB die Frage, ob die *„Aussetzung unter Berücksichtigung des Sicherheitsinteresses der Allgemeinheit verantwortet werden kann"*; hierauf ist gemäß § 57 a I S. 1 Nr. 3 StGB auch im Falle lebenslanger Freiheitsstrafe die Prognose auszurichten. Im Rahmen dieser Entscheidung hat die Strafvollstreckungskammer jeweils das Resozialisierungsinteresse des Verurteilten und das Sicherheitsinteresse der Allgemeinheit gegeneinander abzuwägen.[845] Für die schwerpunktmäßige Einbeziehung des Resozialisierungsinteresses eines Betroffenen im Sinne des § 2 I DNA-IFG, dessen Reststrafe zur Bewährung ausgesetzt worden ist, in die vorzunehmende Negativprognoseentscheidung des § 81 g I StPO bietet diese Vorschrift – insbesondere nach ihrem Wortlaut und Zweck – demgegenüber keinen Anhalt. Hinzu kommt noch, daß die Gleichschaltung der Entscheidung über die Negativprognose in Altfällen mit derjenigen über die Reststrafaussetzung für die Praxis wenig hilfreich wäre, da seit der Änderung des § 57 StGB durch das Gesetz zur Bekämpfung von Sexualdelikten und anderen gefährlichen Straftaten vom 26.01.1998 über die Voraussetzungen der Be-

---

[844] Vgl. *Graalmann-Scheerer*, Kriminalistik 2000, 328, 334.
[845] *Ostendorf*, NJW 2000, 1090, 1091.

währungsentlassung gestritten wird, die Rechtsprechung im Hinblick auf den anzulegenden Prognosemaßstab ein uneinheitliches Bild abgibt.[846]

Im Hinblick auf die dargestellten Unterschiede zwischen einer Entscheidung über eine Strafaussetzung und einer solchen über die Negativprognose des DNA-IFG – denen nach § 81 g I StPO stets die Annahme zugrunde liegt, daß gegen den Maßnahmeadressaten *„erneut Strafverfahren (...) zu führen sind"* – schließen Erfassungsmaßnahmen nach dem DNA-IFG umgekehrt auch Straf(rest)aussetzungen nicht aus.[847]

Insoweit im Schrifttum weiterhin bereits die kriminalpolitische Notwendigkeit nachträglicher DNA-Analysen bei Personen, die schuld- oder verhandlungsunfähig sind, generell angezweifelt wird[848], ist zu entgegnen, daß Eingriffe eben nur dann erfolgen, wenn in dem konkreten Fall bezüglich des Betroffenen *„Grund zu der Annahme besteht, daß gegen ihn künftig erneut Strafverfahren (...) zu führen sind."* Dies rechtfertigt es auch, daß die Betroffeneneigenschaft im Sinne von § 2 I DNA-IFG in ihrer zeitlichen Begrenzung letztlich an einzelfallunabhängige Fristenregelungen anknüpft, ohne daß es darauf ankommt, daß der Betroffene sich noch in staatlichem Gewahrsam oder unter staatlicher Aufsicht befindet oder das Gesetz gegenüber den einschlägigen Regelungen des BZRG kürzere spezielle Fristen vorsieht.[849]

Wenn nun das **LG Hannover** in einem Altfall die Negativprognose unter Hinweis auf den großen zeitlichen Abstand zu den Vorbelastungen des Betroffenen verneint hat[850], kann in derartigen Fällen kein „Automatismus" anerkannt werden. Es ist im Einzelfall denkbar, daß bei einem Betroffenen, dessen Anlaßstraftat zwar längere Zeit zurückliegt, aktuelle Erkenntnisse etwa zur Persönlichkeit gegeben sind, welche gleichwohl die Negativprognose tragen. Ferner darf auch in Altfällen mit lang zurückliegender Anlaßstraftat, bei denen keine aktuellen Erkenntnisse Grund zur Annahme geben, daß gegen den Betroffenen

---

[846] *Ostendorf,* NJW 2000, 1090, 1090 f. m.w.N.
[847] So jedoch *Singe,* der meint, die – nach seinem Verständnis – Straf(rest)aussetzungen entgegenstehenden Maßnahmen nach dem DNA-Identitätsfeststellungsgesetz kämen *„einer zweiten und ungleich schärferen Bestrafung gleich. Sie verletzen das Verfassungsverbot der Doppel- und der unbegrenzten Dauerbestrafung"* (*Singe,* Betrifft: JUSTIZ 1999, 102, 104).
[848] HK-*Lemke,* § 81 g Rn. 20.
[849] Zweifelnd *Lemke* (HK-*Lemke,* § 81 g Rn. 17).
[850] Der Beschluß vom 03.09.1999 bezieht sich auf einen Betroffenen, der im Jahre 1969 wegen Raubes in Tateinheit mit Körperverletzung und letztmalig im Jahre 1989 zu einer Geldstrafe verurteilt worden (LG Hannover, StV 1999, 590); im Rahmen der Negativprognose will auch *Schulz* abstellen auf *„die Länge des Zeitraums der tatspezifischen Unbescholtenheit"* (*Schulz,* Boyd/Hruschka/Joerden-Ethik und Recht, S. 200).

erneut Strafverfahren zu führen sind, nicht aus den Augen verloren werden, daß für die Negativprognose des DNA-IFG grundsätzlich die auf bestimmte Tatsachen gestützte Möglichkeit zukünftiger Strafverfahren hinreichend ist.[851]/[852] Der zitierten Entscheidung[853] kann damit nur zugestimmt werden, soweit in dem zugrundeliegenden konkreten Fall eine derartige Möglichkeit nicht festzustellen gewesen ist. Anderenfalls könnte der Anordnung einer Eingriffsmaßnahme jedenfalls nicht das Fehlen der Voraussetzungen der Negativprognose, sondern allenfalls die mangelnde Verhältnismäßigkeit im engeren Sinne entgegenstehen.[854]

Befindet sich nun der Betroffene, der einer Maßnahme nach § 2 I DNA-IFG in Verbindung mit § 81 g I StPO unterworfen werden soll, nicht in Freiheit, sondern im Strafvollzug oder im Vollzug einer freiheitsentziehenden Maßregel, so steht dies – ohne weiteres – weder der Negativprognose entgegen, noch stellen sich in einem derartigen Fall Eingriffe nach der Altfallregelung als unverhältnismäßig dar.

Zum einen setzt § 81 g I StPO keine zukünftigen Straftaten, sondern künftige Strafverfahren voraus; insoweit kommen also auch solche wegen zeitlich gegebenenfalls lang zurückliegender Taten in Betracht[855], welche der Betroffene noch in Freiheit begangen hat. Zum anderen erscheint es durchaus denkbar, daß die Negativprognose für einen im Strafvollzug oder im Vollzug einer freiheitsentziehenden Maßregel befindlichen Betroffenen darauf gestützt wird, daß Grund zu der Annahme besteht, gegen den Betroffenen werden in Zukunft Strafverfahren wegen identifizierungsgeeigneter Taten nach einem Entweichen zu führen sein.[856] Weiterhin ist grundsätzlich auch durchaus denkbar, daß der Täteridentifizierung zugängliche zukünftige erhebliche Straftaten des Betroffenen im Vollzug oder gelegentlich einer eventuellen zukünftigen Vollzugsunter-

---

[851] Siehe zur Negativprognose im einzelnen oben S. 83 ff.
[852] Im Hinblick darauf, daß im Rahmen der Negativprognose des DNA-IFG die dem bloßen Anfangsverdacht entsprechende Möglichkeit neuer Strafverfahren ausreichend ist, leuchtet es nicht ein, daß *Graalmann-Scheerer,* Kriminalistik 2000, 328, 334 bei länger zurückliegender Anlaßdelinquenz (stets) einen spezifisch erhöhten Begründungsaufwand für die Negativprognose annimmt. Dagegen dürfte es angezeigt sein, in den Fällen, in denen im Rahmen der Negativprognose nach dem DNA-IFG neue erhebliche Straf*taten* angenommen werden, obgleich hinsichtlich der Anlaßtat eine positive Aussetzungsentscheidung erfolgt war, besonders sorgfältig zu prüfen und dies in dem Beschluß angemessen darzustellen (vgl. LG Oldenburg, StV 2001, 7, 8; *Graalmann-Scheerer,* a.a.O).
[853] LG Hannover, StV 1999, 590.
[854] Dies dürfte im Ergebnis auch gelten hinsichtlich der Entscheidungen LG Bremen, StV 2000, 303, 304 und AG Stade, StV 2000, 304, 305.
[855] Vgl. dazu oben S. 98 f.
[856] Vgl. *Fluck,* Kriminalistik 2000, 479, 481.

brechung als Prognosestraftaten von erheblicher Bedeutung im Sinne des § 81 g I StPO (in Verbindung mit § 2 I DNA-IFG) in Bezug genommen werden; in derartigen Konstellationen steht die Datenerhebung nach der Altfallregelung auch nicht in einem Widerspruch zum Resozialisiserungsgebot.[857]

Abzulehnen ist daher der Ansatz des **LG Freiburg**, das aus dem Grundsatz der Verhältnismäßigkeit folgert, daß bei inhaftierten Betroffenen im Sinne des § 2 I DNA-IFG Maßnahmen nach der Altfallregelung nicht *„weit vor möglichen Lokkerungen beziehungsweise einem möglichen Entlassungszeitpunkt gem. § 57 Abs. 1 StGB"* erfolgen dürfen. Dieses durch die Kammer geforderte Zuwarten bei der Erhebung von DNA-Identifizierungsmustern Inhaftierter soll es ermöglichen, im Rahmen der Negativprognose des § 81 g I StPO die Entwicklung des Betroffenen im Vollzug zu berücksichtigen.[858] Hierbei übersieht das Landgericht jedoch, daß die Neufallregelung die Erhebung von DNA-Identifzierungsmustern bereits ermöglicht im Rahmen des Ermittlungsverfahrens, das heißt zu einem Zeitpunkt, zu dem die anzustellende Negativprognose regelmäßig in einem größeren Maße summarisch ausfallen muß, als dies bei Datenerhebungen nach § 2 I DNA-IFG der Fall ist.[859]

Wertvolle Erkenntnisse für die Erstellung der Negativprognose eines Betroffenen im Sinne der Altfallregelung liefern die Gefangenenpersonalakten der Vollzugsbehörde; hierüber noch hinausgehend kann ein Führungs- und Entwicklungsbericht der Vollzugsbehörde hinsichtlich der Persönlichkeit und der Persönlichkeitsentwicklung des Betroffenen aufschlußreich sein.[860] Denn eine einwandfrei begründete Entscheidung über eine Maßnahme nach dem DNA-IFG, welche in das Recht des Betroffenen auf informationelle Selbstbestimmung eingreift, erfordert eine *„zureichende Sachaufklärung, insbesondere durch Beiziehung der verfügbaren Straf- und Vollstreckungsakten, des Bewährungshefts und*

---

[857] BVerfG, EuGRZ 2001, 70, 75.
[858] LG Freiburg, unveröffentl. Beschl. v. 23.11.1999 – II Qs 124/99, zit. nach *Fluck*, Kriminalistik 2000, 479, 481.
[859] So treffend *Fluck*, Kriminalistik 2000, 479, 481 f., der des weiteren zu bedenken gibt, daß der für die Anordnung der Datenerhebung zuständige Ermittlungsrichter sich jeweils – folgte man dem LG Freiburg a.a.O. – mit der zuständigen Strafvollstreckungskammer, die üblicherweise erst kurze Zeit vor der Entlassung tätig wird, abstimmen müßte. Gelänge es in diesen Fällen nicht, die Maßnahmen nach § 2 I DNA-IFG iVm. § 81 g I StPO noch vor der Entlassung umzusetzen, so wäre die Erfassung von Betroffenen gefährdet, welche nach ihrer Entlassung etwa ins Ausland verziehen oder sich nicht ordnungsgemäß anmelden.
[860] *Kamann*, Beilage zu ZAP 5/2000, S. 16 berichtet jedoch von einer zu beobachtenden Tendenz der Vollzugsbehörden, sich der Herausgabe ihrer Akten an den im Verfahren nach dem DNA-IFG zuständigen Ermittlungsrichter oder den anwaltlichen Beistand des Betroffenen vehement zu verweigern.

zeitnaher Auskünfte aus dem Bundeszentralregister", welche in eine fallbezogenen Entscheidungsbegründung mündet.[861]

Kann bei einem Betroffenen eine positive Persönlichkeitsentwicklung festgestellt werden, die der Annahme zukünftiger Straftaten entgegensteht, so ist im Rahmen der Entscheidung über die Negativprognose des § 81 g I StPO wiederum zu berücksichtigen, daß diese eben nicht zwingend anknüpft an zukünftige Straftaten des Betroffenen, sondern sie sich auch stützen kann auf die Annahme, daß in der Zukunft Strafverfahren wegen zurückliegender noch unentdeckter Straftaten von erheblicher Bedeutung gegen den Betroffenen zu führen sein werden.[862]

Diesen Umstand dürfte das **LG Berlin** verkannt haben, das die Negativprognose bei einem Betroffenen, bei dem eine günstige Persönlichkeitsentwicklung vorliegt, ablehnt mit der Begründung, daß *„zur Zeit keine Gefahr für einen Rückfall und neue einschlägige Straftaten"* besteht.[863]

3. Verfahren

a) Die Anordnungskompetenz

Der neu geschaffene § 2 II DNA-IFG verweist nunmehr in bezug auf den Gesichtspunkt der Anordnungszuständigkeit auf die §§ 81 a II, 81 f und – insoweit präziser als die Regelung des § 81 g III – weiterhin auch ausdrücklich auf § 162 I StPO.[864]/[865] Die Anordnung der Erhebung von Körpermaterial erfolgt danach gemäß § 81 a II durch den Richter, das heißt den Ermittlungsrichter (§ 162 I StPO), gegebenenfalls in seltenen Fällen[866] durch die Staatsanwaltschaft oder ih-

---

[861] BVerfG, EuGRZ 2001, 70, 74; vgl. auch oben S. 131 f.
[862] *Markwardt/Brodersen,* NJW 2000, 692, 694; vgl. auch oben S. 98 f.
[863] LG Berlin, StV 2000, 303.
[864] BGBl. I 1998, S. 1242.
[865] *Messer/Siebenbürger* sehen hierdurch wohl auch die Kontroverse über die Zuständigkeit für die richterliche Anordnung in Neufällen als erledigt an (*Messer/Siebenbürger*-Vordermayer/v.Heintschel-Heinegg, Teil A Kap. 1 Rn. 124.
[866] Insoweit das AG Bremen es als undenkbar ansieht, daß in einem Altfall jemals nur durch eine Eilanordnung der Untersuchungszweck erreicht werden kann (AG Bremen, NStZ-RR 1999, 179, 180), leuchtet dies nicht ein; warum der Fall eines Betroffenen nicht denkbar sein soll, bezüglich dessen die tatbestandlichen Voraussetzungen nach § 2 I DNA-IFG iVm. § 81 g I StPO vorliegen und hinsichtlich dessen die StA über Erkenntnisse verfügt, denen zufolge der Betroffene, gegen den kein aktueller Tatverdacht besteht – warum auch immer – beabsichtigt unterzutauchen, ist nicht ersichtlich.

re Hilfsbeamten.[867] Die molekulargenetische Untersuchung des erlangten Materials kann allein der Ermittlungsrichter anordnen.[868] In bezug auf die Frage der örtlichen Zuständigkeit wird auf die diesbezüglichen Ausführungen im Rahmen der Neufallregelung verwiesen.[869]/[870]

Ein Bedürfnis für diese Neuregelung hatte sich daraus ergeben, daß § 2 DNA-IFG a.F. keinen § 81 g III StPO entsprechenden Verweis auf Verfahrensregelungen enthielt; dies hatte dazu geführt, daß die Frage der Zuständigkeit für die Anordnung von Maßnahmen nach der Altfallregelung uneinheitlich bewertet worden ist.[871]

Diese Kontroverse ist durch die Ergänzung des § 2 II DNA-IFG jedoch gegenstandslos geworden.[872] Die Zuständigkeit für die Beantragung der richterlichen Anordnung in Altfällen folgt der nunmehr geregelten Anordnungskompetenz. Befindet sich der Betroffene nicht (mehr) im Straf- oder Maßregelvollzug, so obliegt die Beantragung von Maßnahmen nach § 2 I DNA-IFG in Verbindung mit § 81 g StPO derjenigen Staatsanwaltschaft, die für die Verfolgung der früheren Straftat von erheblicher Bedeutung zuständig gewesen ist[873]; entsprechendes gilt, soweit der Betroffene sich zwar aktuell im Straf- oder Maßregelvollzug befindet, allerdings nicht wegen der Anlaßstraftat von erheblicher Bedeutung. In den sonstigen Fällen, das heißt soweit wegen der Anlaßstraftat von erheblicher Bedeutung vollstreckt wird, kann die vollstreckende Staatsanwaltschaft den Antrag nach § 2 II DNA-IFG in Verbindung mit den dort genannten Vorschriften stellen.[874]

---

[867] SK-*Rogall*, Anhang zu § 81 g Rn. 13 mit umfangreichen Nachweisen zum diesbezüglichen Streitstand vor der Einführung des § 2 II DNA-IFG.
[868] SK-*Rogall*, Anhang zu § 81 g Rn. 14.
[869] S. o. S. 122 ff., 126 f.
[870] Vgl auch *Messer/Siebenbürger*, Vordermayer/v.Heintschel-Heinegg-Handbuch, Teil A Kap. 1 Rn. 131.
[871] *Haller/Conzen*, Das Strafverfahren, Rn. 900; SK-*Rogall*, Anhang zu § 81 g Rn. 13 mit umfangreichen Nachweisen; vgl. auch *Kamann*, StV 1999, 10, 10 f. und *Rinio*, DIE POLIZEI 1999, 318, 319 sowie *Schneider*, Bäumler-Polizei und Datenschutz, S. 219.
[872] *Ohler*, StV 2000, 326, 327.
[873] Dabei ist kraft Übereinkunft der Länder die Staatsanwaltschaft der *letzten* tauglichen Anlaßstraftat von erheblicher Bedeutung für die Antragstellung zuständig (*Messer/Siebenbürger*, Vordermayer/v.Heintschel-Heinegg-Handbuch, Teil A Kap. 1 Rn. 131.
[874] *Kamann*, Beilage zu ZAP 5/2000, S. 14; siehe auch Nr. 1.5 des Gem. RdErl. d. MI, d. MJ u. d. MFAS v. 19.11.1998 (4104 – 304.123) – Nds.Rpfl. 1999, 52, 52; dagegen geht die Kommentierung bei *Ahlf/Daub/Lersch/Störzer*, BKAG, § 8 Rn. 16, davon aus, daß die Polizei den Antrag stellen sollte.

b) Rechtliches Gehör

Dem Betroffenen einer beabsichtigten Maßnahme nach der Altfallregelung ist ebenso wie einem Beschuldigten im Sinne des § 81 g I StPO rechtliches Gehör zu gewähren.[875]

c) Die Einwilligung des Betroffenen

Im Grundsatz kann auch für die Frage, ob sich Eingriffsmaßnahmen nach der Altfallregelung auf eine wirksame Einwilligung des Betroffenen stützen lassen, auf die Erwägungen zur entsprechenden Problematik im Rahmen der Neufallregelung des § 81 g StPO verwiesen werden.[876] Auch bei Körperzellentnahmen und molekulargenetischen Untersuchungen nach der Altfallregelung kann danach die Einwilligung des Betroffenen die richterliche Anordnung entbehrlich machen.[877]

Der Gesichtspunkt der Freiwilligkeit der Einwilligung erlangt jedoch eine besondere Bedeutung, soweit es um Betroffene im Sinne des § 2 I DNA-IFG geht, die sich im Straf- oder Maßregelvollzug befinden. Die der Einwilligung vorausgehende Aufklärung dieser Betroffenengruppe darf keinerlei Zweifel daran aufkommen lassen, daß die Nichterteilung der Einwilligung keine (nachteiligen) Auswirkungen auf den Straf- oder Maßregelvollzug haben würde.[878] Mit dem Begriff der Freiwilligkeit demgegenüber nicht mehr vereinbar wäre etwa der Hinweis gegenüber einem Strafgefangenen, die Verweigerung der Einwilligung könne Auswirkungen auf die Gewährung von Vollzugslockerungen haben.[879] Das DNA-IFG bietet keine Grundlage für derartige Verknüpfungen.[880] Daher darf sich der Gefangene keinem Druck ausgesetzt sehen, sich der DNA-Analyse zu unterziehen; es darf nicht der falsche Eindruck entstehen, daß letztlich nur die

---

[875] *Burhoff,* Ermittlungsverfahren, Rn. 267 d; *Kamann,* Beilage zu ZAP 5/2000, S. 14 f., 17 f.; vgl. *Schulz,* Boyd/Hruschka/Joerden-Ethik und Recht S. 198 Fn. 16; *Volk,* NStZ 1999, 165, 170.
[876] Vgl. oben S. 133 ff.
[877] Vgl. nur *Sprenger/Fischer,* NJW 1999, 1830, 1833.
[878] *Sprenger/Fischer,* NJW 1999, 1830, 1833.
[879] *Busch,* StV 2000, 661, 662; über angebliche dementsprechende Vorgehensweisen – insbesondere in bayerischen Justizvollzugsanstalten – ist berichtet worden (vgl. „Autor unbekannt', ZfStrVo 1999, 299 und *Singe,* Betrifft: JUSTIZ 1999, 102, 103); kritisch auch *Kamann,* StV 1999, 10, 10; dagegen sehen *Sprenger/Fischer* auch hinsichtlich der Gruppe der Strafgefangenen keine Anhaltspunkte dafür, daß die Erfordernisse für wirksame Einwilligungen von Polizei- und Justizbehörden nicht beachtet werden (*Sprenger/Fischer,* NJW 1999, 1830, 1833).
[880] *Kamann,* Beilage zu ZAP 5/2000, S. 16; *Sprenger/Fischer,* NJW 1999, 1830, 1833.

Möglichkeit der Einwilligung für ihn besteht.[881] Grundsätzlich können jedoch inhaftierte Betroffene durchaus wirksam in Maßnahmen nach § 2 DNA-IFG in Verbindung mit § 81 g StPO einwilligen.[882]

4. Die systematische Ermittlung in Betracht kommender Personen

Der Gesetzgeber war bei der Schaffung des § 2 DNA-IFG in der Fassung vom 07.09.1998[883] davon ausgegangen, daß die Landesbehörden mit den staatsanwaltlichen Verfahrensregistern[884], den polizeilichen Kriminalakten oder auch den Personalakten der Justizvollzugsanstalten über hinreichende Erkenntnisquellen verfügen, um für Maßnahmen nach § 2 DNA-IFG grundsätzlich in Betracht zu ziehende Personen[885] zu ermitteln. Es hat sich in der Folgezeit jedoch herausgestellt, daß diese angesprochene Vorgehensweise nicht hinreichend geeignet gewesen ist, um systematisch den in Frage kommenden Personenkreis namentlich zu bestimmen.[886] Ein Vorgehen über Gruppenauskünfte aus dem Bundeszentralregister, welche nicht auf der Angabe konkreter Personendaten beruhen, erwies sich jedoch auch als problematisch.[887] Denn die Regelungen des BZRG haben die Erteilung von Auskünften über eine bestimmte namentlich bekannte Person im Blick; auf der Grundlage des § 41 BZRG konnten (und können) zum Zweck der Überprüfung, ob die Voraussetzungen für Maßnahmen nach § 2 I DNA-IFG gegeben sind, folglich nur individualisierte Anfragen zu einzelnen Personen beantwortet werden.[888]

Der Gesetzgeber ging daher zutreffend davon aus, daß keine tragfähige Rechtsgrundlage für einen systematischen Suchlauf im Zentral- beziehungsweise im Erziehungsregister besteht, um dadurch für Maßnahmen nach der Altfallregelung grundsätzlich in Betracht kommende Personen aufzufinden.[889] Die für die

---

[881] *Busch,* StV 2000, 661, 662.
[882] LG Hamburg, StV 2000, 660, 661.
[883] BGBl. I 1998, S. 2646.
[884] Vgl. hierzu: *Lemke,* NStZ 1995, 484, 484 ff.
[885] *Sprenger/Fischer* gehen im Jahr 1999 von einer Zahl von bundesweit über 30 000 Personen aus, die derzeit inhaftiert bzw. untergebracht sind und für molekulargenetische Erfassungsmaßnahmen in Betracht kommen, sowie von hunderttausenden von Personen, die gegebenenfalls nach § 2 DNA-IFG zu erfassen wären, deren aktueller Aufenthalt jedoch vielfach zunächst ermittelt werden müßte (*Sprenger/Fischer,* NJW 1999, 1830, 1830).
[886] BT-Dr. 14/445 S. 5; *Schulz,* Boyd/Hruschka/Joerden-Ethik und Recht, S. 198 Fn. 15.
[887] *Klapper,* Kriminalistik 1999, 366.
[888] *Ahlf/Daub/Lersch/Störzer,* BKAG, § 8 Rn. 16; *Götz/Tolzmann,* BZRG, § 42 Rn. 20; *Schneider,* Bäumler-Polizei und Datenschutz, S. 219.
[889] BT-Dr. 14/445, S. 5.

Übermittlung der Personendaten potentieller Betroffener erforderlichen Rechtsgrundlagen wurden daher erst durch die Ergänzungsnovelle zum DNA-IFG vom 02.06.1999 bereitgestellt.[890]

Der neugeschaffene § 2 b DNA-IFG erlaubt nunmehr der Registerbehörde die Übermittlung von Eintragungen, die sich auf die in der Anlage zu § 2 c DNA-IFG aufgeführten Straftatbestände beziehen, an die in § 2 a DNA-IFG genannten Behörden, ohne daß das Auskunftsersuchen die Personendaten eines Betroffenen benennt. Hinreichend ist gemäß § 2 a DNA-IFG ein Ersuchen um Gruppenauskunft an die Registerbehörde.[891] Möglich ist dadurch ein systematischer Suchlauf[892] gerichtet auf die namentliche Ermittlung der betreffenden Personen.

Die für die Umsetzung der Regelungen der §§ 2 a – e DNA-IFG maßgebliche Anlage zu § 2 c DNA-IFG ist sehr umfangreich geraten. Sie umfaßt insgesamt 41 Straftatbestände, *„sowie entsprechende Straftaten, die zu Verurteilungen durch Gerichte der ehemaligen Deutschen Demokratischen Republik geführt haben."*[893] Aufnahme gefunden haben neben Straftatbeständen aus dem Bereich der (allgemeinen) Schwerstkriminalität (zum Beispiel Nr. 17: Mord, Nr. 27: erpresserischer Menschenraub, Nr. 34: Raub mit Todesfolge) und insbesondere aus dem Bereich der (schweren) Sexualdelinquenz (vergleiche Nr. 2 ff. der Anlage) zum Beispiel auch die Förderung sexueller Handlungen Minderjähriger (§ 180 StGB), die Entziehung Minderjähriger (§ 235 StGB), die Freiheitsberaubung (§ 239 StGB), und auch *„sämtliche Diebstahls-, Raub- und Erpressungsdelikte oberhalb des einfachen Diebstahls."*[894]/[895] Verbrechen aus dem Nebenstrafrecht sind nicht in der Auflistung enthalten.[896] Die eher extensiv angelegte Auflistung ist jedoch nicht zu kritisieren. Die Anlage zu § 2 c DNA-IFG enthält ihrer Funktion nach keine Definition oder abschließende Aufzählung der Straftaten (von erheblicher Bedeutung), bei denen Maßnahmen nach den Eingriffsregelungen des DNA-IFG erfolgen können.[897] Die Auflistung soll stattdessen le-

---

[890] *Vahle*, DSB 7+8/1999, 24.
[891] *Götz/Tolzmann*, BZRG, § 42 Rn. 20.
[892] Der Registerbehörde obliegt es dabei hinsichtlich länger zurückliegender Entscheidungen und hinsichtlich von Verurteilungen durch DDR-Gerichte unterschiedliche Normbezeichnungen zu berücksichtigen (vgl. SK-*Rogall*, Anhang zu § 81 g Rn. 23).
[893] BGBl. I 1999, 1242 f.; vgl. auch *Klapper*, Kriminalistik 1999, 366.
[894] *Rinio*, DIE POLIZEI, 1999, 318, 321.
[895] BGBl. I 1999, 1243.
[896] Kritisch hierzu: *Messer/Siebenbürger*, Vordermayer/v.Heintschel-Heinegg-Handbuch, Teil A Kap. 1 Rn. 128.
[897] BT-Dr. 14/445, S. 5; im Hinblick auf die Intention des Gesetzgebers des ÄndG/DNA-IFG erscheint es mindestens mißverständlich, den Straftatenkatalog als *„Auslegungshilfe für den unbestimmten Rechtsbegriff der Straftat von erheblicher Bedeutung"* zu charakterisieren (so *Fluck*, Kriminalistik 2000, 479, 480) – dies dürfte umso mehr gelten für die

diglich die Möglichkeit schaffen, systematisch eine Datenbasis für die Feststellung von „Altfällen" zu gewinnen, *„bei denen typischerweise eine Maßnahme nach § 2 DNA-Identitätsfeststellungsgesetz i.V.m. § 81 g StPO in Betracht kommen kann."*[898]

Daß der Gesetzgeber des Gesetzes zur Änderung des DNA-Identitätsfeststellungsgesetzes vom 02.06.1999 sich hinsichtlich der Zusammenstellung der Anlage zu § 2 c DNA-IFG an der Strafrechtspraxis orientiert hat[899], kann keinen Anlaß zu Kritik geben.[900] Da nun der Umstand, daß eine bestimmte Person wegen einer in der Anlage zu § 2 c DNA-IFG aufgeführten Straftat rechtskräftig verurteilt worden ist beziehungsweise unter den Voraussetzungen des § 2 I DNA-IFG nicht verurteilt werden konnte, eine einzelfallbezogene Beurteilung nicht entbehrlich macht, ob es sich bei der Anlaßstraftat um eine solche von erheblicher Bedeutung im Sinne des § 81 g I StPO gehandelt hat[901], erfährt der Wirkungsbereich der Altfallregelung durch das ÄndG/DNA-IFG keine Ausweitung. Eine inhaltliche Gleichstellung des Begriffs der Straftaten von erheblicher Bedeutung, an welchen die Eingriffsregelungen des DNA-IFG tatbestandlich anknüpfen, mit den Straftatbeständen aus der Anlage zu § 2 c DNA-IFG wird durch die unterschiedlichen Zwecke ausgeschlossen, welche die fraglichen Regelungen verfolgen.[902]

Die Praxis ist jedoch gleichwohl gehalten, dies nicht aus den Augen zu verlieren und die tatbestandlichen Voraussetzungen der in Betracht gezogenen Eingriffs-

---

Annahme, der Straftatenkatalog fungiere (auch) als *„bindende Auslegungshilfe"* für den Begriff der Straftat von erheblicher Bedeutung (so *Graalmann-Scheerer*, Kriminalistik 2000, 328, 334).

[898] BT-Dr. 14/445, S. 5; vgl. auch SK-*Rogall*, Anhang zu § 81 g Rn. 22.
[899] BT-Dr. 14/658, S. 12.
[900] Lediglich am Rande sei in diesem Zusammenhang angemerkt, daß die Fraktion BÜNDNIS 90/DIE GRÜNEN noch in ihrem Antrag vom 07.05.1998 postuliert hatte, daß – zur Wahrung des verfassungsrechtlichen Verhältnismäßigkeitsprinzips – als Anlaßstraftaten, welche eine Speicherung in der DNA-Analyse-Datei zu rechtfertigen geeignet sein, *„Straftaten, die sich gegen die sexuelle Selbstbestimmung oder gegen Leib und Leben richten, in Betracht* (kommen), *nicht aber Delikte mittlerer Kriminalität, wie etwa Bandendiebstahl"* (BT-Dr. 13/10656, S. 2), während nunmehr die Begründung des – inzwischen umgesetzten – Entwurfs eines Gesetzes zur Änderung des DNA-Identitätsfeststellungsgesetzes der Fraktionen der SPD und BÜNDNIS 90/DIE GRÜNEN – wie dargelegt – davon ausgeht, daß die Anlage zu § 2 c DNA-IFG Straftatbestände, wie z.B. in Nr. 30 den Bandendiebstahl, enthält, *„bei denen es sich in der Regel um Straftaten von erheblicher Bedeutung handeln wird"* (BT-Dr. 14/445, S. 5).
[901] SK-*Rogall*, § 81 g Rn. 10.
[902] Vgl. nur SK-*Rogall*, Anhang zu § 81 g Rn. 22.

regelung in jedem Einzelfall gewissenhaft zu prüfen – auch wenn es im konkreten Fall um eine Anlaßstraftat aus der Anlage zu § 2 c DNA-IFG geht.[903]

Befugt zum Antrag auf Erteilung einer Gruppenauskunft aus dem Zentralregister und dem Erziehungsregister sind nach § 2 a I DNA-IFG die Staatsanwaltschaften; nach § 2 b DNA-IFG darf die Auskunft erfolgen an diejenige Staatsanwaltschaft, *„in deren Zuständigkeitsbereich die letzte Eintragung wegen einer Katalogtat erfolgte."*[904] Die Anträge müssen Zwecken des § 2 DNA-IFG dienen und können bis zum 30.06.2001 gestellt werden. Diese Befristung steht nicht in einem Widerspruch zu dem Umstand, daß § 2 I DNA-IFG in seiner aktuellen Fassung – entgegen dem Gesetzesentwurf vom 25.05.1998[905] – keine zeitliche Beschränkung mehr beinhaltet. Die Regelung des § 2 a I dient lediglich dem systematischen Aufspüren von „vorhandenen" potentiellen Altfällen, das heißt der Ermittlung von Verurteilten oder diesen gleichgestellten Personen im Sinne des § 2 I DNA-IFG[906], während auf der Grundlage von § 2 I DNA-IFG zum Beispiel auch solche Personen erfaßt werden können, bei denen sich erst im Verlauf ihrer Strafhaft Erkenntnisse ergeben, die die Negativprognose im Sinne des DNA-IFG tragen.[907]

Bei der Ermittlung von für die Erfassung in Betracht zu ziehenden „Altfällen" geht § 2 b DNA-IFG der Regelung des § 45 II S. 2 BZRG nicht vor, welche bestimmt, daß ab Eintritt der Tilgungsreife einer Registereintragung keine Auskünfte mehr erteilt werden dürfen.[908] Ergibt sich für die Registerbehörde im Rahmen der Bearbeitung einer Gruppenanfrage nach den §§ 2 a, b DNA-IFG eine bestimmte tilgungsreife aber noch nicht getilgte einschlägige Eintragung, so kann die Behörde diese Eintragung nicht in ihre Gruppenauskunft an die anfragende Staatsanwaltschaft aufnehmen. Die spezielle Rechtsgrundlage für die Registerbehörde zur Übermittlung der Gruppenauskünfte im § 2 b DNA-IFG erfährt eine inhaltliche Ausgestaltung nämlich lediglich insofern, als § 2 c DNA-IFG („Umfang der Auskunft") die berechtigte Gruppenauskunftserteilung beschränkt auf Eintragungen bezüglich der in der Anlage genannten Straftatbe-

---

[903] Vgl. BT-Dr. 14/445, S. 5; Zweifel an der Einzelfallbezogenheit bei der Erfassung von „Altfällen" in der Praxis äußert *Singe,* Betrifft: Justiz 1999, 102, 103.
[904] *Rogall* kritisiert zu Recht, die Regelung dieser Einschränkung in § 2 b DNA-IFG, der die Rechtsgrundlage für die Übermittlungsbefugnis der Registerbehörde darstellt. In Anbetracht der Systematik der Regelungen wäre es näherliegend gewesen, die fragliche Einschränkung in § 2 a I DNA-IFG zu regeln, da diese Norm – wie dargestellt – die Antragsbefugnis der Staatsanwaltschaft regelt (vgl. SK-*Rogall,* Anhang zu § 81 g Rn. 19).
[905] BT-Dr. 13/10791, S. 3, 5.
[906] Vgl. SK-*Rogall,* Anhang zu § 81 g Rn. 18.
[907] BT-Dr. 13/11116, S. 7; SK-*Rogall,* Anhang zu § 81 g Rn. 1.
[908] Vgl. zu § 45 BZRG: *Kalf,* StV 1991, 132, 135.

stände.[909] Eine weitergehende Ausgestaltung der Gruppenauskunft für Zwecke des § 2 DNA-IFG war durch das Gesetz zur Änderung des DNA-Identitätsfeststellungsgesetzes vom 2.06.1999 nicht intendiert[910] und kann den Vorschriften der §§ 2 a, b DNA-IFG auch nicht entnommen werden.

Die in § 2 a I DNA-IFG enthaltene Zweckbindungsregelung wird flankiert durch die Regelung des § 2 d DNA-IFG über „Verwendung und Löschung", welche bestimmt, daß die den Staatsanwaltschaften übermittelten Datenbestände nur für Zwecke des § 2 a DNA-IFG verwendet werden dürfen.[911] Da nun § 2 a I DNA-IFG seinerseits die Antragsbefugnis der Staatsanwaltschaften eingrenzt auf Zwecke des § 2 I DNA-IFG (das heißt auf die Umsetzung von Erfassungsmaßnahmen im Sinne des § 81 g I StPO gegenüber Verurteilten und gleichgestellten Personen) und auch die in § 2 b DNA-IFG geregelte Auskunftsbefugnis der Registerbehörde an den Zweck des § 2 a DNA-IFG geknüpft ist, stellt sich die Norm des § 2 d DNA-IFG als im Grunde lediglich bekräftigend dar.[912]

Neben der dargestellten Möglichkeit der in § 2 b DNA-IFG angesprochenen einzelnen Staatsanwaltschaften, Verurteilte (und gleichgestellte Personen) im Sinne des § 2 I DNA-IFG systematisch aus dem Zentralregister und dem Erziehungsregister „abzufragen", kann das BKA nunmehr – ebenfalls zum Zwecke der Feststellung von für Maßnahmen nach § 2 I DNA-IFG grundsätzlich in Betracht kommender „Altfälle" – nach § 2 a II DNA-IFG um Registerauskünfte im Sinne des § 2 a I DNA-IFG ersuchen, um diese Daten dann nach § 2 e I DNA-IFG mit den Daten der Haftdatei abzugleichen.[913] In dieser Datei befinden sich die Daten von aufgrund richterlicher Anordnung inhaftierten und auch von bereits aus der Haft entlassenen Personen. § 9 II BKAG erlaubt den Verbleib der Daten in der Haftdatei für 2 Jahre über die Haftentlassung hinaus.[914]

Ergibt der Abgleich „Treffer", so werden diese Daten, das heißt die Daten derjenigen in der Haftdatei gespeicherten Straftäter, welche wegen einer Straftat aus der Anlage zu § 2 c DNA-IFG abgeurteilt worden sind, nach § 2 e I S. 2 und 3 DNA-IFG zunächst an das zuständige Landeskriminalamt und von dort weiter an die zuständige Staatsanwaltschaft übermittelt, welche dann gegebenenfalls[915]

---

[909] SK-*Rogall*, Anhang zu § 81 g Rn. 21 f.
[910] Vgl. BT-Dr. 14/445, S. 5 f.; BT-Dr. 14/658, S. 12.
[911] *Kamann*, Beilage zu ZAP 5/2000, S. 5.
[912] Vgl. die deutliche Kritik *Rogalls* (SK-*Rogall*, Anhang zu § 81 g Rn. 24 f.).
[913] SK-*Rogall*, Anhang zu § 81 g Rn. 26; *Vahle*, DSB 7+8/1999, 24.
[914] *Kamann*, Beilage zu ZAP 5/2000, S. 5; *Krekeler*, StraFo 1999, 82, 82.
[915] Soweit für die Entscheidung über die Beantragung von Maßnahmen nach der Altfallregelung z.B. Ermittlungen am Wohnort eines Verurteilten sich als notwendig erweisen, wird die Staatsanwaltschaft hierum die dortigen Polizeidienststellen ersuchen (BT-Dr. 14/658, S. 12).

Maßnahmen nach § 2 I DNA-IFG in Verbindung mit § 81 g StPO beantragen kann. Innerhalb von 2 Wochen nach der Übermittlung hat das BKA die Registerauskünfte nebst den Daten, die sich aus dem Abgleich mit der Haftdatei ergeben haben, zu löschen.[916]

Ist der Abgleich demgegenüber ergebnislos verlaufen, so hat das BKA die übermittelten Registerauskünfte nach § 2 e II S. 2 DNA-IFG unverzüglich zu löschen.[917] Die sonstigen Empfänger von Daten im Sinne des § 2 e DNA-IFG, Landeskriminalämter und Staatsanwaltschaften, werden durch § 2 e III DNA-IFG verpflichtet, die Daten nur für Zwecke der Altfallregelung des § 2 DNA-IFG zu verwenden und sie unverzüglich zu löschen, sobald sie hierfür nicht mehr erforderlich sind.[918]

Ergibt sich das besondere Problem, daß der aktuelle Aufenthaltsort eines Verurteilten oder einer gleichgestellten Person im Sinne des § 2 I DNA-IFG nicht bekannt ist, so gelten über den durch das StVÄG 1999 eingefügten Verweis in § 2 III DNA-IFG die (ebenfalls durch das genannte Änderungsgesetz) neu geschaffenen Vorschriften der §§ 131 a und c StPO.[919] § 131 a II StPO ermöglicht dabei die Ausschreibung des Betroffenen zur Aufenthaltsermittlung, während § 131 a III StPO (über die angesprochene Verweisung) grundsätzlich sogar die Öffentlichkeitsfahndung nach Verurteilten und gleichgestellten Personen zum Zweck der Erstellung eines DNA-Identifizierungsmusters gestattet, *„soweit die Aufenthaltsermittlung auf andere Weise erheblich weniger Erfolg versprechend oder wesentlich erschwert wäre."*[920] Im Hinblick auf die stigmatisierenden Effekte derartiger Maßnahmen ist die Praxis gehalten, in jedem Einzelfall besonders kritisch zu prüfen, ob der Grundsatz der Verhältnismäßigkeit noch gewahrt ist.[921] Die Anordnung der Ausschreibung zur Aufenthaltsermittlung erfolgt gemäß § 131 c I S. 2 StPO durch die Staatsanwaltschaft, bei Gefahr im Verzuge durch deren Hilfsbeamten. Nach § 131 c I S. 1 StPO wird eine Öffentlichkeitsfahndung durch den Richter, im Eilfall durch die Staatsanwaltschaft und ihre Hilfsbeamten angeordnet. § 131 c II StPO bestimmt, daß Anordnungen von Hilfsbeamten im Sinne des § 152 GVG binnen einer Woche durch die Staatsanwaltschaft bestätigt werden müssen und daß bei *„andauernder Veröffentlichung in elektronischen Medien sowie bei wiederholter Veröffentlichung im Fernsehen oder in periodischen Druckwerken"* eine Eilanordnung nach § 131 c I S. 1 StPO – ebenfalls innerhalb einer Woche – der richterlichen Bestätigung bedarf.

---

[916] *Kamann*, Beilage zu ZAP 5/2000, S. 5; SK-*Rogall*, Anhang zu § 81 g Rn. 28.
[917] *Kamann*, Beilage zu ZAP 5/2000, S. 5; SK-*Rogall*, Anhang zu § 81 g Rn. 29.
[918] *Kamann*, Beilage zu ZAP 5/2000, S. 5; SK-*Rogall*, Anhang zu § 81 g Rn. 30.
[919] Vgl. BGBl. 2000 I, S. 1254 und 1261.
[920] *Brodersen*, NJW 2000, 2536, 2537.
[921] Vgl. BT-Dr. 1484, S. 21; BT-Dr. 14/2595, S. 27 f.

B. Die Verwendungsregelung

Aussagen zu der Verwendung der auf der Grundlage von § 81 g StPO oder § 2 DNA-IFG gewonnenen DNA-Identifizierungsmuster trifft § 3 DNA-IFG.[922] Die umfangreiche und nicht ohne weiteres leicht verständliche Fassung der „Verwendungsregelung" geht darauf zurück, daß diese Norm bereits im Rahmen des Gesetzgebungsverfahrens des DNA-Identitätsfeststellungsgesetzes gegenüber dem ursprünglichen Entwurf eine Ergänzung durch die Voranstellung des aktuellen ersten Satzes erfahren hat und durch das Gesetz zur Änderung des DNA-IFG vom 02.06.1999 des weiteren Satz 3 der gültigen Fassung hinzugefügt wurde.[923] Dabei gebraucht das Gesetz für die Umschreibung des „Umgangs" mit den gewonnenen DNA-Identifizierungsmustern im einzelnen die Begriffe der „Speicherung" (§ 3 S. 1 DNA-IFG), der „Verarbeitung" und der „Nutzung" (§ 3 S. 2 DNA-IFG); in Satz 4 ist die Erteilung von Auskünften für *„Zwecke eines Strafverfahrens, der Gefahrenabwehr und der internationalen Rechtshilfe hierfür"* besonders angesprochen.

I. Vorüberlegung: Die Gesetzgebungszuständigkeit für die Verwendungsregelung des § 3 DNA-IFG

Durch die letztgenannte Regelung sollte nach den Ausführungen des Rechtsausschusses des Deutschen Bundestages bezüglich der DNA-Analyse-Datei eine verengende Spezialregelung gerade für den Bereich der Auskunftserteilung gegenüber den ansonsten für die Verwendung der gewonnenen Daten in Bezug genommenen Vorschriften des Bundeskriminalamtgesetzes geschaffen werden.[924] Aus der ausdrücklichen Aufnahme des *Auskunfts*zwecks der „Gefahrenabwehr" folgt dabei, daß die Kompetenz des Bundes für die Verwendungsregelung nicht umfassend auf Art. 73 Nr. 10 a GG (Zusammenarbeit des Bundes und der Länder in der Kriminalpolizei) gestützt werden kann. Denn die aus diesem Kompetenztitel dem Bund erwachsende Zuständigkeit erstreckt sich nicht bis in den Bereich der Gefahrenabwehr.[925] Art. 73 Nr. 10 a GG kann für die Verwendungsregelung jedoch insoweit die kompetentielle Grundlage liefern, wie diese (auch) kriminalpolizeilichen Zwecken im Sinne der genannten Kompetenznorm

---

[922] HK-*Lemke*, § 81 g Rn. 22; SK-*Rogall*, Anhang zu § 81 g Rn. 31.
[923] SK-*Rogall*, Anhang zu § 81 g Rn. 31 ff.
[924] BT-Dr. 13/11116, S. 8.
[925] Sachs-*Degenhart*, Art. 73 Rn. 43; *Jarass/Pieroth*, Art. 73 Rn. 22; Dreier-*Stettner*, Art. 73 Rn. 42.

dient[926], also die Verhütung, Aufklärung und Verfolgung gewichtiger strafbarer Handlungen anstrebt.[927]

Demgegenüber weitergehende Regelungen des DNA-IFG ruhen kompetentiell auf den Bundesbefugnissen aus Art. 87 I S. 2 GG insoweit das BKA als Zentralstelle für das polizeiliche Auskunfts- und Nachrichtenwesen auf der Grundlage der Bundeskompetenz für Regelungen der internationalen Verbrechensbekämpfung tätig wird. Der Bundeskompetenz nach Art. 87 I S. 2 GG korrespondiert hierbei der Umstand, daß die DNA-Identifizierungsmuster beim BKA als der Zentralstelle für das polizeiliche Auskunfts- und Nachrichtenwesen in einer Verbunddatei gespeichert werden[928], in einer solchen elektronischen Datensammlung also, die vom BKA als Zentralstelle für den elektronischen Datenverbund zwischen dem Bund und den Ländern geführt wird und auf die die Teilnehmer des Verbundes jeweils eigenverantwortlich Zugriff nehmen bei der Eingabe und dem Abruf von Daten.[929] Dies bedeutet, daß die Verbundteilnehmer – die zuständigen Länderbehörden und das BKA – die jeweils von ihnen gewonnenen Daten dezentral eingeben, welche dann für alle Teilnehmer durch die vom BKA bereitgestellte EDV-Anwendung angeboten werden.[930] Die Verarbeitung personenbezogener Daten und die damit verbundenen Eingriffe in das Recht auf informationelle Selbstbestimmung hiervon Betroffener stützen sich kompetentiell auf die Zentralstellenfunktion des BKA im Sinne von Art 87 I S. 2 GG.[931] Von diesem dem Bund zugewiesenen Kompetenzbereich werden nämlich die *„Sammlung, Auswertung und Weitergabe von Informationen über alle Fragen der Gefahrenabwehr und Strafverfolgung"* umfaßt.[932]

Sofern von § 3 S. 4 DNA-IFG Auskünfte auch zum Zweck der *„internationalen Rechtshilfe"* für die zuvor genannten Sachgebiete[933] umfaßt sind, kann diese Regelung kompetentiell nur im Hinblick auf den Bereich der internationalen Bekämpfung von Verbrechen, das heißt auf die internationale Zusammenarbeit

---

[926] Vgl. *Ahlf/Daub/Lersch/Störzer*, BKAG, § 32 Rn. 7.
[927] Vgl. Nachweise in Fn. 915.
[928] BT-Dr. 13/10791, S. 6; *Ahlf/Daub/Lersch/Störzer*, BKAG, § 8 Rn. 15; *Beulke*, Strafprozeßrecht, Rn. 242; *Jacob*, Spektrum der Wissenschaft 10/1998, 60, 63; *Kamann*, Beilage zu ZAP 5/2000, S. 4 und 29; *Kube/Schmitter*, Kriminalistik 1998, 415, 415; KK-*Senge*, § 81 g Rn. 15; *Senge*, NJW 1999, 253, 254.
[929] *Ahlf/Daub/Lersch/Störzer*, BKAG, § 8 Rn. 2 a.
[930] Vgl. BT-Dr. 14/1084, S. 1 f.; *Schneider*, Bäumler-Polizei und Datenschutz, S. 223.
[931] *Ahlf/Daub/Lersch/Störzer*, BKAG, § 2 Rn. 11.
[932] Sachs-*Sachs*, Art. 87 Rn. 41.
[933] Dies ergibt sich aus dem Gesetzestext, der von der *„internationalen Rechtshilfe hierfür"*, d.h. für die vorgenannten Bereiche spricht (vgl. *Eisenberg*, Beweisrecht der StPO, Rn. 1687 n; SK-*Rogall*, Anhang zu § 81 g Rn. 35).

zur Verhütung und Verfolgung von gewichtigeren Straftaten[934], von Art. 73 Nr. 10 GG („internationale Verbrechensbekämpfung") getragen werden. Soweit die Auskunftsregelung hinsichtlich des Bereichs der internationalen Rechtshilfe hierüber hinaus geht, folgt die Bundeskompetenz aus dem Sachzusammenhang[935] zu den Art. 73 Nr. 10 und 87 I S. 2 GG, da das Konzept etwa einer Länderkompetenz für die internationale Zusammenarbeit bei der Gefahrenabwehr nicht praktisch umsetzbar erscheint, so daß aus diesem Gesichtspunkt die überwiegende Sachnähe zum expressis verbis eröffneten Bundesbereich erwächst.

II. Die Speicherung der DNA-Identifizierungsmuster

Die nach den Regelungen des DNA-IFG gewonnenen DNA-Identifizierungsmuster werden in der DNA-Analyse-Datei beim Bundeskriminalamt gespeichert.[936] Präziser ausgedrückt geht es hierbei um die Speicherung der Daten aus einem im Rahmen des Erhebungsverfahrens bundeseinheitlich verwendeten standardisierten „Meldebogen". Dieser enthält neben den Daten zur Person – darunter das DNA-Identifizierungsmuster – ergänzende Vorgangs-, Verwaltungs- und Erfassungsdaten, wie zum Beispiel auch die Deliktsbezeichnung der jeweiligen Anlaßstraftat.[937] Entsprechend der Errichtungsanordnung für die DNA-Analyse-Datei, der maßgeblichen internen Verwaltungsvorschrift[938], werden diese personenbezogenen Daten aus dem Meldebogen eines Beschuldigten im Sinne des § 81 g I StPO beziehungsweise eines Betroffenen im Sinne des § 2 I DNA-IFG in die Datensammlung aufgenommen.[939]/[940]

Durch die Speicherung personenbezogener Daten in einer Datei wird in das aus Art. 2 I GG in Verbindung mit Art. 1 I GG abgeleitete Recht des einzelnen auf informationelle Selbstbestimmung eingegriffen.[941] Neben der Erhebung eines DNA-Identifizierungsmusters stellt danach auch die nachfolgende Speicherung dieser gewonnenen Daten als Akt der Datenverarbeitung für sich einen eigen-

---

[934] *Jarass/Pieroth*, Art. 73 Rn. 22; vgl. ferner Mangoldt/Klein-*Pestalozza*, GG³, Art. 73 Rn. 684 ff. und *Schreiber*, NJW 1997, 2137, 2140.
[935] Vgl. hierzu oben S. 31 m.w.N.
[936] *Kamann*, Beilage zu ZAP 5/2000, S. 4.
[937] Vgl. für die Einzelheiten das Muster bei *Schneider*, Bäumler-Polizei und Datenschutz, S. 222.
[938] Vgl. *Ahlf/Daub/Lersch/Störzer*, BKAG, § 34 Rn. 11 m.w.N.
[939] Nr. 4 und 5 der Errichtungsanordnung „DNA-Analyse-Datei", Stand 27.10.1999.
[940] Soweit im folgenden sprachlich verknappt von der Verwendung von DNA-Identifizierungsmustern die Rede ist, geht es selbstverständlich nicht allein um diese selbst, sondern um den gesamten vorstehend umrissenen Datensatz.
[941] *Ahlf/Daub/Lersch/Störzer*, BKAG, § 32 Rn. 4.

ständigen grundrechtsrelevanten Eingriff dar.[942] Aus den Ausführungen des **BVerfG** im Volkszählungsurteil[943] ergibt sich nämlich, daß jede Form des Umgangs mit personenbezogenen Daten als Maßnahme mit Eingriffsqualität einer Befugnisnorm bedarf.[944]

Es stellt sich im Zusammenhang mit der Verwendung der DNA-Identifizierungsmuster daher vorrangig die Frage, auf welcher Rechtsgrundlage die nach den Regelungen des DNA-IFG erhobenen DNA-Identifzierungsmuster unter welchen Voraussetzungen überhaupt gespeichert werden dürfen.

1. Datenspeicherung in den Fällen des § 81 g StPO

Die Speicherung der DNA-Identifizierungsmuster von „Neufällen" ist in § 3 Satz 2 DNA-IFG nicht mit ausdrücklichen Worten angesprochen, während demgegenüber der auf Betreiben des Rechtsausschusses vorangestellte Satz 1 ausdrücklich die Speicherung der Altfälle erwähnt. Hierdurch könnten sich zunächst besondere Zweifel an der Rechtmäßigkeit der Speicherung der nach § 81 g StPO erhobenen DNA-Identifizierungsmuster ergeben.[945]

Gleichwohl ist die Speicherung der nach § 81 g StPO gewonnenen Daten beim BKA zulässig. Nach § 3 Satz 2 DNA-IFG „*können*" die auf der Grundlage der Neufallregelung erhobenen Daten „*nach dem Bundeskriminalamtgesetz verarbeitet und genutzt werden.*" Der Normtext greift insoweit auf die Terminologie des Bundesdatenschutzgesetzes zurück. Dieser zufolge unterfällt dem Begriff der Datenverarbeitung die Speicherung von Daten[946]; weitere Unterfälle der Datenverarbeitung stellen die Übermittlung, Veränderung, Sperrung und Löschung von Daten dar, während unter der Nutzung von Daten die anderweitige Verwendung verstanden wird, soweit es nicht bereits um Datenverarbeitung geht.[947]

§ 3 Satz 2 DNA-IFG trifft damit durch die Verwendung des Begriffs der Datenverarbeitung die Aussage, daß (auch) die Speicherung der nach § 81 g StPO ge-

---

[942] *Ahlf/Daub/Lersch/Störzer*, BKAG, § 8 Rn. 15; *Kamann*, Beilage zu ZAP 5/2000, S. 33; *Schreiber*, NJW 1997, 2137, 2141; vgl. auch *Foldenauer*, Genanalyse im Strafverfahren, S. 51 m.w.N; vgl. jetzt auch BVerfG, EuGRZ 2001, 70, 73.
[943] BVerfGE 65, 1, 44.
[944] *Ahlf/Daub/Lersch/Störzer*, BKAG, § 25 Rn. 2.
[945] SK-*Rogall*, Anhang zu § 81 g Rn. 32.
[946] SK-*Rogall*, Anhang zu § 81 g Rn. 32.
[947] *Wittig*, JuS 1997, 961, 963.

wonnenen DNA-Identifizierungsmuster beim BKA „*nach dem Bundeskriminalamtgesetz*" erfolgen kann.

Ob nun unmittelbar in § 3 Satz 2 DNA-IFG die Eingriffsgrundlage für die Speicherung der Neufälle in der DNA-Analyse-Datei zu sehen ist, ist im Wege der Auslegung einfachen Rechts zu ermitteln. Die Gesetzesauslegung beginnt herkömmlich mit der grammatischen Auslegung, der Interpretation nach dem Wortsinn.[948] Auf die Frage, ob § 3 Satz 2 DNA-IFG die Eingriffsgrundlage für die Speicherung der Neufälle bereitstellt, gibt die isolierte Betrachtung des Wortlauts jedoch keine zwingende Antwort. Die in dieser Vorschrift enthaltene Aussage, daß (auch) die Speicherung der auf der Grundlage von § 81 g StPO erhobenen Daten nach dem Bundeskriminalamtgesetz erfolgen kann, kann dahingehend gedeutet werden, daß die fraglichen DNA-Identifizierungsmuster gespeichert werden dürfen soweit das BKAG hierfür eine einschlägige Eingriffsgrundlage bereitstellt.

Ein derartiges Verständnis wird durch den Wortlaut jedoch nicht erzwungen. Von diesem durchaus gedeckt ist auch eine Auslegung, wonach lediglich für die Einzelheiten der weiteren Datenverwendung, das heißt hinsichtlich der sonstigen Datenverarbeitung und -nutzung[949] die speziellen Regelungen des BKAG gelten, die Speicherung als erster und wichtigster der Erhebung nachfolgender Schritt der Datenverarbeitung jedoch durch § 3 Satz 2 DNA-IFG unmittelbar ermöglicht wird.[950]

Der amtlichen Begründung des Gesetzentwurfs zufolge soll die Verwendungsregelung des § 3 DNA-IFG „*zum Ausdruck bringen*", daß die nach § 81 g StPO erhobenen Daten in der DNA-Analyse-Datei des BKA „*gespeichert werden dürfen*"[951]; die Speicherung erfolge dabei „*auf der Grundlage der Vorschriften des Bundeskriminalamtgesetzes.*"[952] Diese Ausführungen deuten nun im Hinblick auf den insbesondere vom damaligen Bundesminister des Innern **Kanther** vertretenen Standpunkt, daß mit den §§ 8 VI, 34 BKAG bereits eine hinreichende Rechtsgrundlage für die Führung der DNA-Analyse-Datei vorhanden sei[953], eher darauf hin, daß ihnen die Auffassung zugrunde liegt, § 3 Satz 2 DNA-IFG komme kein eigenständiger Regelungsgehalt zu, was die verfassungsrechtliche Rechtfertigung der Speicherung der Neufälle angeht, die Eingriffsgrundlage für

---

[948] BGH St 19, 158, 159; *Deckert*, JA 1994, 412, 414 m.w.N.
[949] Vgl. zur Terminologie wiederum *Wittig*, JuS 1997, 961, 963.
[950] So im Ergebnis wohl *Kleinknecht/Meyer-Goßner*, § 81 g Rn. 10.
[951] BT-Dr. 13/10791, S. 6; vgl. auch BT-Dr. 13/11116, S. 7 f.
[952] BT-Dr. 13/10791, S. 4.
[953] Vgl. hierzu *Ahlf/Daub/Lersch/Störzer*, BKAG, § 8 Rn. 15 m.w.N.

die Speicherung der nach § 81 g StPO gewonnenen DNA-Identifizierungsmuster sei (allein) im BKAG zu suchen.

Der Wille der an dem Gesetzgebungsverfahren beteiligten Organe oder ihrer Mitglieder ist jedoch nicht das entscheidende Kriterium für die Auslegung eines Gesetzes.[954] Die Motive der gesetzgebenden Instanzen können nicht dem objektiven Gesetzesinhalt gleichgesetzt werden. Der (subjektive) Wille des Gesetzgebers kann bei der Auslegung stattdessen lediglich herangezogen werden, soweit er in dem Gesetz selbst einen hinreichend bestimmten Ausdruck gefunden hat.[955]

Ein gewisses Gewicht kommt bei der Ermittlung des objektiven Gehalts des § 3 Satz 2 DNA-IFG dem Umstand zu, daß das DNA-IFG, wie sich unmittelbar aus § 81 g I StPO entnehmen läßt[956], die Täteridentifizierung in zukünftigen Strafverfahren bezweckt.[957] Das grundlegende Anliegen des DNA-IFG kann daher zwangsläufig nur dann verwirklicht werden, wenn die gewonnenen Daten für eventuelle zukünftige Verwendung auch gespeichert werden (dürfen).[958] So wie die Speicherung gewonnener DNA-Identifizierungsmuster zu diesem Zweck deren vorherige Gewinnung sachlogisch voraussetzt, wäre die Datenerhebung ohne die Möglichkeit anschließender Speicherung zwecklos, sie wäre angesichts des Gesetzeszwecks des DNA-IFG unverhältnismäßig und damit verfassungswidrig. Die Frage der Datenspeicherung ist insoweit nicht von geringerem Gewicht, als diejenige der Datenerhebung. Dies dürfte eher gegen die Annahme sprechen, daß das DNA-IFG nach seinem objektiven Gehalt – im Vertrauen auf sachfernere weniger spezifische vorhandene Regelungen im BKAG – auf die Schaffung einer sachbezogenen spezifischen Eingriffsgrundlage für die Speicherung der DNA-Identifizierungsmuster gänzlich verzichtet habe.[959]

Entscheidend für die hier vertretene Interpretation des § 3 Satz 2 DNA-IFG als einer Norm, die als *„andere Rechtsvorschrift"* im Sinne des § 8 VI 1. Alt.

---

[954] BVerfGE 1, 299, 312.
[955] BVerfGE 11, 126, 130; 59, 128, 153; 62, 1, 45; NJW 1987, 3246; *Schmidt-Bleibtreu/Klein*, vor. Art. 70 Rn. 2.
[956] Vgl. den Wortlaut: *„Zum Zwecke der Identitätsfeststellung in zukünftigen Strafverfahren..."*
[957] Diesem in § 81 g StPO zum Ausdruck kommenden objektiven Gehalt entspricht insofern auch der subjektive Wille des Gesetzgebers: BT-Dr. 13/10791, S. 4.
[958] *Kamann*, Beilage zu ZAP 5/2000, S. 35.
[959] So aber i.E. *Senge*, der die Speicherung der Neufälle allein auf §§ 8 VI Nr. 1 iVm. 2 IV BKAG stützen will (*Senge*, NJW 1999, 253, 256; KK-*Senge*, § 81 g Rn. 15); vgl. auch *Beulke*, der die Speicherung nach dem DNA-IFG gewonnener DNA-Identifizierungsmuster auf § 8 VI Nr. 1 iVm. § 2 IV BKAG *„sowie § 3 DNA-IFG"* stützen will (*Beulke*, Strafprozeßrecht, Rn. 242).

BKAG die Speicherung der nach § 81 g StPO gewonnenen Daten erlaubt[960], sind jedoch die folgenden Überlegungen im Rahmen der Betrachtung des systematischen Zusammenhangs der durch die Regelung des § 3 DNA-IFG ausgestalteten Schnittstelle zwischen dem DNA-IFG und dem BKAG: Soweit die Eingriffsgrundlage nicht als durch das DNA-IFG geregelt anzusehen wäre, erfolgte die Speicherung der Neufälle auf der Grundlage von § 8 VI 2. Alt. Nr. 1 in Verbindung mit § 2 IV Nr. 1 BKAG.[961]

Die vereinzelt vertretene Auffassung, § 8 VI BKAG komme – da er sich seinem Wortlaut nach nur auf Daten bezieht, die bei der Durchführung *„erkennungsdienstlicher Maßnahmen"* erhoben worden sind – als Eingriffsgrundlage nur für die Speicherung derjenigen DNA-Identifizierungsmuster in Betracht, die nicht im Wege körperlicher Eingriffe im Sinne von § 81 a I Satz 2 StPO gewonnen worden sind, anderenfalls sei § 8 II in Verbindung mit § 2 I, II Nr. 1 BKAG einschlägig[962], vermag nicht zu überzeugen.

Zwar sind körperliche Eingriffe im Rahmen einer erkennungsdienstlichen Behandlung nach § 81 b StPO nicht zulässig[963]; eine andere Frage ist es jedoch, ob der Begriff der erkennungsdienstlichen Maßnahme in § 8 VI BKAG gleichgesetzt werden muß mit dem der zulässigen erkennungsdienstlichen Behandlung im Sinne des § 81 b StPO. § 81 b 2. Alt. StPO erklärt die Aufnahme von Lichtbildern und Fingerabdrücken und die Vornahme von Messungen und ähnliche Maßnahmen zulässig *„für Zwecke des Erkennungsdienstes"*. Demgegenüber weitergehende Eingriffe können daher nicht auf § 81 b 2. Alt. StPO gestützt werden[964] - mögen sie auch entsprechenden Zwecken dienen.

Der Schluß, daß es sich dann bei derartigen Maßnahmen nicht um solche erkennungsdienstlicher Art handeln kann, läßt sich jedoch nicht mit dem Wortlaut des § 81 b StPO in Einklang bringen, dem keine abschließende Legaldefinition der erkennungsdienstlichen Maßnahme zu entnehmen ist. Gegenüber den in § 81 b StPO geregelten Maßnahmen weitergehende stellen sich daher zwar als unzulässige, gleichwohl jedoch erkennungsdienstliche Maßnahmen dar, soweit sie Zwecken des Erkennungsdienstes dienen.

---

[960] Nach Erbs/Kohlhaas/Ambs-*Riegel*, § 8 BKAG Rn. 13 f. ist „bereits" in § 81 a II StPO die „andere Rechtsvorschrift" zu sehen; vgl. ferner *Kleinknecht/Meyer-Goßner*, § 81 g Rn. 10.
[961] Mit diesem Ergebnis *Senge*: KK-*Senge*, § 81 g Rn. 15; *Senge*, NJW 1999, 253, 256.
[962] *Ahlf/Daub/Lersch/Störzer*, BKAG, § 8 Rn. 18; vgl. auch *Pätzel*, ZFIS 1998, 90, 92.
[963] *Kramer*, JR 1994, 224, 225 m.w.N.
[964] *Kleinknecht/Meyer-Goßner*, § 81 b Rn. 8 m.w.N.

Nach dem polizeilichen Sprachgebrauch ist nämlich unter dem Begriff des „Erkennungsdienstes" allgemein der Abgleich zwischen gesicherten Spuren und personenbezogenen Daten zu verstehen, so daß bereits der Wortlaut des § 8 VI BKAG gegen eine Verengung seines Regelungsbereichs auf Maßnahmen spricht, die auf der Grundlage von § 81 b StPO erfolgen können.[965] Dem Umstand, daß § 81 g I StPO ausdrücklich Eingriffsmaßnahmen erlaubt – für Zwecke[966], die denen des „klassischen" Erkennungsdienstes im Sinne des § 81 b 2. Alt. StPO praktisch entsprechen[967] - welche jedoch über den Bereich der nach § 81 b StPO zulässigen Maßnahmen eindeutig hinausgehen, nämlich die Entnahme von Körperzellen und zwar gegebenenfalls auch in Form einer Blutprobe[968], wird eine am Zweck orientierte Betrachtung gerecht. So wie der Begriff der „erkennungsdienstlichen Sammlung", den § 2 IV Nr. 1 BKAG, die § 8 VI BKAG korrespondierende Aufgabennorm des BKAG, verwendet, nach Sinn und Zweck nicht eng als eine Zusammenstellung von Fingerabdrücken, Lichtbildern, Ergebnissen von Messungen und Ähnlichem[969] auszulegen ist, sind Körperzellentnahmen mit sich anschließender molekulargenetischer Untersuchung nach dem DNA-IFG durchaus als erkennungsdienstliche Maßnahmen im Sinne des § 8 VI BKAG zu werten.[970]

Enthielte das DNA-IFG nun keine eigene Eingriffsgrundlage für die Speicherung der DNA-Identifizierungsmuster der Neufälle, so wäre nach alldem die hierfür in Betracht kommende gegenüber § 8 II in Verbindung mit § 2 I, II Nr. 1 BKAG speziellere Norm also in § 8 VI 2. Alt. Nr. 1 BKAG zu sehen. Auf der Grundlage dieser Norm können zur Erfüllung von Aufgaben nach § 2 IV BKAG *„personenbezogene Daten, die bei der Durchführung erkennungsdienstlicher Maßnahmen erhoben worden sind"*, in Dateien gespeichert, verändert und genutzt werden, wenn dies erforderlich ist, *„weil bei Beschuldigten oder Personen,*

---

[965] *Kube/Schmitter*, Kriminalistik 1998, 415, 415.
[966] Vgl. wiederum BT-Dr. 13/10791, S. 4.
[967] Maßnahmen nach der erkennungsdienstlichen Alternative des § 81 b StPO dienen der *„vorsorglichen Bereitstellung von sächlichen Hilfsmitteln für die Erforschung und Aufklärung von Straftaten"* (*Kleinknecht/Meyer-Goßner*, § 81 b Rn. 3 m.w.N.).
[968] Vgl. SK-*Rogall*, § 81 g Rn. 4 f.
[969] Vgl. § 81 b StPO.
[970] So i. E. auch *Jacob*, Spektrum der Wissenschaft 10/1998, 60, 62. Nicht zu überzeugen vermag daher die widersprüchlich anmutende angesprochene Literaturansicht (*Ahlf/Daub/Lersch/Störzer*, BKAG, § 8 Rn. 17 f.), die einerseits die DNA-Analyse-Datei als erkennungsdienstliche Sammlung im Sinne des § 2 IV Nr. 1 BKAG ansieht, da der Begriff der erkennungsdienstlichen Sammlung im Hinblick auf den verfolgten Zweck weit auszulegen sei, so daß er nicht nur Zusammenstellungen von Feststellungen umfaßt, die nach § 81 b StPO getroffen werden können, um dann andererseits den Begriff der erkennungsdienstlichen Maßnahme in § 8 VI BKAG zu verengen auf nach § 81 b StPO zulässige erkennungsdienstliche Maßnahmen.

die einer Straftat verdächtig sind, wegen der Art oder Ausführung der Tat, der Persönlichkeit des Betroffenen oder sonstiger Erkenntnisse Grund zu der Annahme besteht, daß gegen ihn Strafverfahren zu führen sind." § 2 IV Nr. 1 BKAG regelt dabei den Betrieb von erkennungsdienstlichen Sammlungen als Zentralstellenaufgabe. Die in § 8 VI Satz 1 2. Alt. Nr. 1 BKAG enthaltene Negativprognose entspricht strukturell derjenigen des § 81 g I StPO.[971]

Unter der Prämisse, § 8 VI Satz 1 2. Alt. Nr. 1 BKAG sei die Eingriffsgrundlage für die Speicherung der nach § 81 g StPO gewonnenen Daten, wären nun allerdings Fälle mindestens theoretisch denkbar, bei denen bereits die Voraussetzungen für die Gewinnung des DNA-Identifizierungsmusters bei dessen Erhebung nicht vorgelegen haben, weil es im Sinne des § 81 g I StPO bei der Anlaßtat oder hinsichtlich der Negativprognose nicht um Straftaten von erheblicher Bedeutung gegangen ist, ohne daß nun der Speicherung dieser Daten, sollten sie gleichwohl erhoben worden sein, eine umfassende gesetzliche Regelung entgegenstünde.[972] Denn die Eingriffsvoraussetzungen nach § 8 VI Satz 1 2. Alt. Nr. 1 BKAG sind insofern deutlich weiter gefaßt, als es weder bezüglich der Anlaßtat, noch im Rahmen der Prognose um Straftaten von erheblicher Bedeutung gehen muß.[973]

Zu denken wäre etwa an einen Beschuldigten, dessen Persönlichkeit durchaus Grund zu der Annahme bietet, daß gegen ihn zukünftig Strafverfahren zu führen sein werden – jedoch keine von erheblicher Bedeutung. Würde nun bei diesem Beschuldigten im Rahmen eines Ermittlungsverfahrens, welches sich auf eine Straftat bezieht, der ebenfalls keine erhebliche Bedeutung zukommt, entgegen § 81 g StPO ein DNA-Identifizierungsmuster erhoben, so wäre diese Konstellation im einzelnen wie folgt zu bewerten: Bereits die Datenerhebung hätte nicht erfolgen dürfen, da die tatbestandlichen Voraussetzungen der Eingriffsgrundlage des § 81 g StPO niemals vorgelegen haben. Der der Datenerhebung nachfolgenden Speicherung des DNA-Identifizierungsmusters für zukünftige Verwendung stünde – handelte es sich bei § 8 VI 2. Alt. Nr. 1 BKAG um die Eingriffsgrundlage für die Datenspeicherung – gleichwohl keine umfassende gesetzliche Regelung entgegen. Denn es wäre ja im Sinne von § 8 VI 2. Alt. Nr. 1 BKAG

---

[971] BT-Dr. 13/10791, S. 5.
[972] Gegen eine restriktive Auslegung des § 8 VI 2. Alt. Nr. 1 BKAG als Eingriffsgrundlage für die Speicherung der nach dem DNA-IFG gewonnenen DNA-Identifizierungsmustern nur unter der Voraussetzung, daß sich Anlaßstraftat und Negativprognose auf Straftaten von erheblicher Bedeutung beziehen, spricht die geringere „Regelungsintensität": das Erfordernis, daß Anlaßstraftat und Negativprognose auf den Bereich der Straftaten von erheblicher Bedeutung bezogen sein müssen, müßte in diese Norm erst „hineingelesen" werden.
[973] *Markwardt/Brodersen*, NJW 2000, 692, 695.

durchaus der Verdacht einer Straftat gegen den Beschuldigten gegeben, dessen Persönlichkeit auch die Negativprognose im Sinne dieser Norm trägt.

Wer nun insoweit anführte, daß doch § 3 Satz 2 DNA-IFG entgegenstünde, müßte sich auf eine recht gespreizt wirkende Auslegung des § 3 Satz 2 DNA-IFG zurückziehen, als einer Norm, welche zwar die Speicherung von DNA-Identifizierungsmustern, bei deren Erhebung die Voraussetzungen des § 81 g StPO nicht gegeben gewesen sind, untersagt, ohne jedoch umgekehrt die Speicherung von solchen Daten positiv zu erlauben, die unter den tatbestandlichen Voraussetzungen der Neufallregelung zustande gekommen sind. § 3 Satz 2 DNA-IFG müßte also als eine Art „Negativfilter" gedeutet werden, der den einschlägigen Normen des BKAG vorgeschaltet ist – ohne daß ihm jedoch die Qualität der Eingriffsgrundlage für die Speicherung der „Neufälle" zukäme. Es sind keine Anhaltspunkte erkennbar, die für eine derartig komplizierte Konstruktion sprechen könnten.

Eine Anwendung des § 8 III BKAG käme in jedem Fall überhaupt erst ab dem Zeitpunkt der Beendigung des sich gegebenenfalls über einen längeren Zeitraum erstreckenden Verfahrens in Betracht.[974]

Ferner stünde der Speicherung des fraglichen Datums insbesondere auch nicht § 32 II 1. Alt. BKAG entgegen, die für die Löschung in Dateien gespeicherter Daten maßgebliche Norm. § 32 II 1. Alt. BKAG gebietet die Löschung von Daten, deren Speicherung unzulässig ist; dies ist der Fall, wenn die Speicherung weder durch eine Rechtsnorm noch durch Einwilligung gedeckt wird.[975] Derartiges wäre in der betrachteten Fallkonstellation gerade nicht gegeben, da die gegenüber den Erfordernissen der Erhebungsnorm weiteren Voraussetzungen der Speicherungsnorm nicht auf Straftaten von erheblicher Bedeutung beschränkt sind, so daß § 8 VI Satz 1 2. Alt. Nr. 1 BKAG tatbestandlich vorlag und auch weiterhin vorliegt.

Ferner stellte auch § 32 II 2. Alt. BKAG, welche auf den Wegfall der Erforderlichkeit der Datenspeicherung als Löschungsgrund abhebt, jedenfalls keine umfassende gesetzliche Löschungsregelung dar. Dies ergibt sich aus der folgenden Überlegung. Die Erforderlichkeit der Datenspeicherung im Sinne des § 32 II 2. Alt. BKAG ist gegeben, wenn ohne die fraglichen Daten die betreffende Aufgabe nicht, nicht vollständig, nicht in angemessener Zeit oder nicht in rechtmäßiger Weise erfüllt werden kann.[976]

---

[974] Zu dieser Norm unten S. 200 ff.
[975] *Ahlf/Daub/Lersch/Störzer*, BKAG, § 32 Rn. 12 m.w.N.
[976] *Ahlf/Daub/Lersch/Störzer*, BKAG, § 32 Rn. 13.

Die durch die Speicherung eines nach § 81 g StPO gewonnenen DNA-Identifizierungsmusters in der DNA-Analyse-Datei verfolgte Aufgabe ist im BKAG jedoch nicht gesetzlich umschrieben; erst der Errichtungsanordnung ließe sich entnehmen, daß die DNA-Analyse-Datei der Vorsorge für die künftige Verfolgung von Straftaten mit erheblicher Bedeutung dient und daß folglich die Daten zu löschen sind, wenn sich die Negativprognose nicht (mehr) halten läßt hinsichtlich weiterer Strafverfahren bezüglich erheblicher Straftaten.[977]

Ob in der hier betrachteten Fallgestaltung § 32 II 2. Alt. BKAG die Löschung des Datums gebietet, kann daher allein auf der Grundlage gesetzlicher Regelungen nicht festgestellt werden, da sich diesen die Aufgaben der DNA-Analyse-Datei nicht entnehmen lassen; es müßte auf die Angaben zum Zweck der Datenverarbeitung in der Errichtungsanordnung für die DNA-Analyse-Datei zurückgegriffen werden. Diese stellt als „Dateistatut" jedoch lediglich eine interne Verwaltungsvorschrift dar.[978]

Nun kann jedoch nicht plausibel angenommen werden, daß das DNA-IFG das weitere „Schicksal" der DNA-Identifizierungsmuster nach deren Erhebung allein in die Hände des BKAG legt, so daß jedenfalls keine umfassende gesetzliche Regelung der Speicherung von Daten entgegenstünde, bezüglich derer bereits die tatbestandlichen Voraussetzungen für die Erhebung nicht vorgelegen haben. Die Speicherung und weitere Verwendung der Daten stellt den sachlogisch der Erhebung der Daten nachfolgenden Akt dar. Der erste Eingriff in das Recht auf informationelle Selbstbestimmung bereitet den zweiten vor, ermöglicht ihn. Dafür, daß die Eingriffsvoraussetzungen für den in der Speicherung liegenden nachfolgenden Eingriff in der aufgezeigten Art und Weise prinzipiell weiter gefaßt sein sollen, als diejenigen für die Erhebung der Daten, beziehungsweise zumindest ihrer Struktur nach weniger „robust" ausgestaltet sein sollen, insoweit für die Frage der Erforderlichkeit der Daten im Sinne des § 32 II Satz 1 2. Alt. BKAG erst das behördeninterne Dateistatut herangezogen werden müßte, ist kein nachvollziehbarer Grund ersichtlich.[979]

Im Gegenteil birgt ein derartiges Konzept die Gefahr, daß ein erhöhter Anreiz für einen – im Hinblick auf die grundrechtlich relevanten Positionen der Maßnahmeunterworfenen bedenklichen –„großzügigeren" Umgang mit den tatbe-

---

[977] Vgl. Nr. 2.2 (1) und 8.4 der Errichtungsanordnung „DNA-Analyse-Datei", Stand 27.10.1999.
[978] *Ahlf/Daub/Lersch/Störzer*, BKAG, § 34 Rn. 11 m.w.N.
[979] Es sei im gegebenen Zusammenhang nur kurz darauf verwiesen, daß die Aufbewahrung nach § 81 b StPO gewonnener erkennungsdienstlicher Unterlagen als unzulässig angesehen wird, wenn bereits die Anordnung ihrer Erhebung unzulässig gewesen ist (*Kleinknecht/Meyer-Goßner*, § 81 b Rn. 17).

standlichen Voraussetzungen der Datenerhebungsvorschriften des DNA-IFG in denjenigen Fällen zumindest im Raum stünde, in denen die Voraussetzungen nach § 8 VI 2. Alt. Nr. 1 BKAG erkennbar gegeben sind, die jedoch hinsichtlich der engeren (auf Straftaten von erheblicher Bedeutung beschränkten) Erfordernisse der Regelungen des DNA-IFG im „Grenzbereich" verortet sind, da der Speicherung unrechtmäßig zustandegekommener DNA-Identifizierungsmuster dann – wie dargelegt – keine umfassende gesetzliche Regelung entgegenstünde.

Stellte nun allein § 8 VI S. 1 2. Alt. Nr. 1 BKAG die Eingriffsgrundlage für die Speicherung der DNA-Identifizierungsmuster dar, so wäre nach den vorstehenden Überlegungen der Gleichlauf zwischen den Eingriffsvoraussetzungen für die Datengewinnung und die Datenspeicherung nicht qua gesetzlicher Regelung, sondern lediglich über das verwaltungsinterne[980] „Dateistatut" gewährleistet.

Die verfassungsrechtlichen Vorgaben, wie sie im „Volkszählungsurteil" formuliert worden sind[981], gebieten es jedoch, die gesetzlichen Regelungen des DNA-IFG so auszulegen, daß die Voraussetzungen der mit diesem Gesetz in Zusammenhang stehenden Eingriffe einer möglichst umfassenden und geschlossenen gesetzlichen Regelung zu entnehmen sind. Eingriffe in das Recht auf informationelle Selbstbestimmung erfordern eine gesetzliche Grundlage, aus der sich die Voraussetzungen und der Umfang des Eingriffs ergeben.[982] Die Auslegung einfachgesetzlichen Rechts, wie der hier betrachteten Normen, ist auf die größtmögliche Wirkungskraft der betroffenen Grundrechtsnorm auszurichten.[983]

Diesen Vorgaben entspricht die Auslegung des § 3 Satz 2 DNA-IFG als der gesetzlichen Eingriffsgrundlage für die Speicherung der nach § 81 g StPO gewonnenen DNA-Identifizierungsmuster.[984] Der in der Speicherung der Neufälle liegende Eingriff erfolgt danach auf der Grundlage des § 3 S. 2 DNA-IFG.[985] § 3 Satz 2 DNA-IFG stellt dabei eine andere Rechtsvorschrift im Sinne des § 8 VI Satz 1 1. Alt. BKAG dar[986] und gewährleistet eine grundlegende gesetzliche Gleichschaltung zwischen den Erfordernissen der Datenerhebung und denen der

---

[980] *Ahlf/Daub/Lersch/Störzer*, BKAG, § 34 Rn. 11 m.w.N.
[981] BVerfGE 65, 1, 41 ff.
[982] BVerfGE 65, 1, 44; *Schreiber*, NJW 1997, 2137, 2141.
[983] Vgl. BVerfGE 6, 55, 72; 32, 54, 71; 39, 1, 38.
[984] Soweit das hier vertretene Verständnis vom § 3 Satz 2 DNA-IFG über den subjektiven Willen des Gesetzgebers hinausgeht, hat dieser in den einzelnen Regelungen des DNA-IFG keinen hinreichend bestimmten Ausdruck gefunden (vgl. oben S. 98 m.w.N.).
[985] *Kleinknecht/Meyer-Goßner*, § 81 g Rn. 10; vgl. auch *Ahlf/Daub/Lersch/Störzer*, BKAG, § 8 Rn. 18 und *Volk*, NStZ 1999, 165, 169.
[986] *Ahlf/Daub/Lersch/Störzer*, BKAG, § 8 Rn. 18; vgl. ferner Erbs/Kohlhaas/Ambs-*Riegel*, § 8 BKAG Rn. 14, wonach bereits die Erhebungsnorm des § 81 g StPO eine *„andere Rechtsvorschrift"* im Sinne des § 8 VI Satz 1 1. Alt. BKAG sein soll.

Datenspeicherung. Voraussetzung für die Speicherung des Datensatzes eines Neufalls ist somit nach § 3 Satz 2 DNA-IFG (in Verbindung mit § 8 VI Satz 1 1. Alt. BKAG), daß das fragliche DNA-Identifizierungsmuster im Sinne von § 3 Satz 2 DNA-IFG nach § 81 g StPO gewonnen worden ist, das heißt, daß dessen Voraussetzungen, nämlich der Verdacht einer (Anlaß-)Straftat von erheblicher Bedeutung nebst Negativprognose bezüglich zukünftiger Strafverfahren wegen Straftaten von erheblicher Bedeutung, bei der Erhebung tatsächlich vorgelegen haben. Der in der Speicherung des DNA-Identifizierungsmusters liegende Eingriff in das Recht des Maßnahmeunterworfenen auf informationelle Selbstbestimmung läßt sich nur rechtfertigen, wenn hierfür die über § 3 Satz 2 DNA-IFG in Bezug genommenen materiellen Voraussetzungen des § 81 g StPO gelten; allein darauf abzustellen, ob die fraglichen Informationen (formell) rechtmäßig zustande gekommen sind[987], würde dem Gewicht des in der Speicherung liegenden Eingriffs dagegen nicht gerecht.[988] § 3 Satz 2 DNA-IFG ist daher dahingehend zu lesen, daß nur die materiell rechtmäßig nach § 81 g StPO gewonnenen Daten in der DNA-Analyse-Datei gespeichert werden dürfen – und zwar soweit beziehungsweise solange sich nicht die Erforderlichkeit der Löschung der Daten ergibt.[989]

Die Nutzung erhobener DNA-Identifizierungsmuster stellt sich im durch die Verwendungsregelung eröffneten Rahmen als verfassungsgemäßer Eingriff in die informationelle Selbstbestimmung dar, der im öffentlichen Interesse erfolgt, um der Vorsorge für zukünftige Strafverfolgung willen.[990]

2. Datenspeicherung in den Fällen des § 2 DNA-IFG

Eingriffsgrundlage für die Speicherung der Altfälle ist § 3 DNA-IFG in seinen Sätzen 1 und 2.[991] Der im Vergleich zu Satz 2 deutlichere Wortlaut des Satzes 1, der die Speicherung der nach § 2 DNA-IFG erhobenen Daten ausdrücklich anspricht, ist insoweit jedoch nicht von vorrangiger Bedeutung. Satz 1 war in dem ursprünglichen Gesetzentwurf nicht enthalten.[992] Maßgeblich für den Rechtsausschuß, den auf die Speicherung der Altfälle bezogenen Satz 1 der Norm in seine

---

[987] So BayVGH für Feststellungen mit vergleichsweise geringem Gewicht in polizeilichen Ermittlungsakten (BayVGH, BayVBl. 1991, 657, 658).
[988] Vgl. *Kamann*, Beilage zu ZAP 5/2000, S. 32; ähnlich Erbs/Kohlhaas/Ambs-*Riegel*, § 32 BKAG Rn. 11.
[989] Hierzu unten S. 200 ff.
[990] Vgl. BVerfG, EuGRZ 2001, 70, 74.
[991] *Kleinknecht/Meyer-Goßner*, § 81 g Rn. 10; KK-*Senge*, § 81 g Rn. 15; *Senge*, NJW 1999, 253, 256; vgl. ferner *Ahlf/Daub/Lersch/Störzer*, BKAG, § 8 Rn. 18.
[992] Vgl. BT-Dr. 13/10791, S. 3.

Beschlußempfehlung aufzunehmen, ist die Überlegung gewesen, daß die Datenerhebungen durch § 2 DNA-IFG in eine untypisch späte Verfahrensphase (nach Ergehen eines Urteils oder einer gleichgestellten Entscheidung) verlagert werden. Es sollte jedoch lediglich die Rechtslage klargestellt werden. Denn wenn entsprechend der ratio legis des DNA-IFG bereits in „Verdachtsfällen" die Speicherung nach § 81 g StPO gewonnener DNA-Identifizierungsmuster zu rechtfertigen ist, so muß dies nach den Ausführungen des Rechtsausschusses erst recht für Verurteilte und gleichgestellte Personen gelten.[993]

Irrelevant bleibt, daß die Verwendung des Begriffs der „Verdachtsfälle" durch den Rechtsausschuß eher dafür spricht, daß der Ausschuß die Eingriffsgrundlage für die Speicherung der Altfälle in § 8 VI Satz 1 2. Alt. Nr. 1 BKAG sieht.[994] Es lassen sich nämlich sämtliche Erwägungen, welche zur Frage der Eingriffsgrundlage für die Datenspeicherung bei Neufällen angestellt worden sind, auch auf die Speicherung der Altfälle übertragen. Hier wie dort ist die Überlegung entscheidend, daß die Speicherung von DNA-Identifizierungsmustern, bezüglich derer die Erhebungsvoraussetzungen nicht vorgelegen haben, am wirksamsten verhindert werden kann durch eine Interpretation des § 3 Satz 2 DNA-IFG als einer anderen Rechtsvorschrift im Sinne des § 8 VI Satz 1 1. Alt. BKAG.

Eingriffsgrundlage für die Speicherung der DNA-Identifizierungsmuster in Altfällen ist daher § 3 in seinen Sätzen 1 und 2 DNA-IFG.[995] Ebenso wie im Rahmen der Speicherung der Neufälle ist die Speicherung gebunden an das Vorliegen der über § 3 Sätze 1 und 2 DNA-IFG in Bezug genommenen materiellen Eingriffsvoraussetzungen der §§ 2 I DNA-IFG, 81 g I StPO.[996] Denn gespeichert werden dürfen nach § 3 S. 1 und 2 DNA-IFG (nur) die nach § 2 DNA-IFG gewonnenen DNA-Identifizierungsmuster.

3. Datenspeicherung in den Fällen der Datenerhebung für Zwecke aktueller Strafverfolgung

Das DNA-IFG in seiner ursprünglichen Form vom 7.09.1998[997] enthielt noch keine gesetzliche Grundlage für die Speicherung nach § 81 e StPO für Zwecke

---

[993] BT-Dr. 13/11116, S. 8.
[994] § 8 VI Satz 1 2. Alt. Nr. 1 BKAG spricht von „*Beschuldigten und Personen, die einer Straftat verdächtig sind.*"
[995] *Kleinknecht/Meyer-Goßner*, § 81 g Rn. 10; KK-*Senge*, § 81 g Rn. 5; *Senge*, NJW 1999, 253, 255; vgl. ferner *Ahlf/Daub/Lersch/Störzer*, BKAG, § 8 Rn. 18.
[996] Vgl. zur Speicherung der Altfälle *Kamann*, Beilage zu ZAP 5/2000, S. 32.
[997] BGBl. I 1998, S. 2646.

aktueller Strafverfolgung erhobener DNA-Identifizierungsmuster in der DNA-Analyse-Datei.[998]

Hierauf hat der Gesetzgeber reagiert. Durch das Gesetz zur Änderung des DNA-Identitätsfeststellungsgesetzes vom 02.06.1999 ist dem § 3 DNA-IFG der Satz 3 der nunmehr gültigen Fassung hinzugefügt worden: *"Das gleiche gilt unter den in § 81 g Abs. 1 der Strafprozeßordnung genannten Voraussetzungen für die gemäß § 81 e der Strafprozeßordnung gewonnenen DNA-Identifizierungsmuster eines Beschuldigten; im Falle eines unbekannten Beschuldigten genügt der Verdacht einer Straftat gemäß § 81 g Abs. 1 der Strafprozeßordnung."*[999]

§ 3 Satz 3 DNA-IFG, der nach den Ausführungen in der amtlichen Begründung zum Entwurf des ÄndG/DNA-IFG für die Fälle der Datenerhebung nach § 81 e StPO eine Gesetzeslücke schließt[1000], stellt die Eingriffsgrundlage für die Speicherung von DNA-Identifizierungsmustern dar, welche für Zwecke aktueller Strafverfolgung erhoben worden waren.[1001] Dies folgt aus der Bezugnahme auf Satz 2 (*"Das gleiche gilt..."*), der als andere Rechtsvorschrift im Sinne des § 8 VI Satz 1 1. Alt. BKAG die Eingriffsgrundlage darstellt für die Speicherung der Neufälle.[1002] Soweit danach § 3 Satz 2 DNA-IFG unmittelbar die Zulässigkeit der Speicherung der nach § 81 g StPO gewonnenen Daten ausspricht, gilt nach dem Wortlaut des Satzes 3 nichts anderes für die nach § 81 e StPO erstellten DNA-Identifizierungsmuster.[1003]

Für die Speicherung eines nach § 81 e StPO erhobenen DNA-Identifizierungsmusters eines bekannten Beschuldigten verweist § 3 Satz 3 1. Halbsatz DNA-IFG hinsichtlich der Rechtsfolge – nämlich der Zulässigkeit der Speicherung in der DNA-Analyse-Datei – auf Satz 2 der Norm und hinsichtlich der Voraussetzungen hierfür auf § 81 g StPO. Ein auf der Grundlage von § 81 e StPO gewonnenes DNA-Identifizierungsmuster eines bekannten Beschuldigten kann somit in der DNA-Analyse-Datei gespeichert werden, wenn sich Anlaß-

---

[998] *Klapper,* Kriminalistik 1999, 366; *Rinio,* DIE POLIZEI, 1999, 318, 319.
[999] BGBl. I 1999, S. 1242.
[1000] BT-Dr. 14/445, S. 6.
[1001] BT-Dr. 14/445, S. 1.
[1002] Ob sich Satz 3 des § 3 DNA-IFG auch auf den ersten Satz der Norm bezieht, was von *Rogall* problematisiert wird (SK-*Rogall,* Anhang zu § 81 g Rn. 33), ist letztlich irrelevant, da (bereits) Satz 2 die Eingriffsgrundlage für die Speicherung der gewonnenen DNA-Identifizierungsmuster darstellt.
[1003] Vgl. zur Natur des § 3 Satz 3 DNA-IFG als Eingriffsgrundlage auch die im Verlauf der Beratungen des Rechtsausschusses zum Ausdruck gebrachte Position der Fraktion BÜNDNIS 90/DIE GRÜNEN, wonach (erst) durch den Gesetzentwurf des ÄndG/DNA-IFG *„eine klare gesetzliche Grundlage für die Speicherung der nach § 81 e StPO gewonnenen DNA-Identifizierungsmuster"* geschaffen werde (BT-Dr. 14/658, S. 9).

straftat und Negativprognose auf Straftaten von erheblicher Bedeutung beziehen.[1004]

Handelt es sich dagegen um ein DNA-Identifizierungsmuster, das auf die Untersuchung von Körperzellen eines unbekannten Beschuldigten zurückgeht, so ist für die Speicherung nach § 3 Satz 3 2. HS. DNA-IFG lediglich vorauszusetzen, daß der unbekannte Beschuldigte einer Straftat von erheblicher Bedeutung verdächtig ist.[1005] Soweit in der Kommentarliteratur dagegen die Ansicht vertreten wird, daß auch für die Speicherung unbekannter Beschuldigter die Negativprognose im Sinne des § 81 g StPO zu verlangen sei[1006], was grundsätzlich durchaus denkbar ist für Fallgestaltungen, bei denen die Negativprognose auf die (festgestellte) Art oder Ausführung der (Anlaß-) Tat gestützt werden kann, steht einer derartigen Auslegung der eindeutige Wortlaut des § 3 Satz 2 2. Halbsatz DNA-IFG entgegen, wonach bei Verfahren gegen Unbekannte bereits der Verdacht einer Straftat von erheblicher Bedeutung genügt.

Zweck der Speicherung ist in jedem Fall die Identitätsfeststellung in künftigen Strafverfahren. Dies ergibt sich aus der Inbezugnahme des § 81 g I StPO. Durch die Speicherung eines nach § 81 e StPO gewonnenen DNA-Identifizierungsmusters in der DNA-Analyse-Datei erfährt dieses Datum, welches für Zwecke aktueller Strafverfolgung erhoben worden war, somit eine Zweckänderung.[1007] Insoweit nun das **BVerfG** im Volkszählungsurteil bekanntlich die Forderung erhoben hat, die Verwendung – mithin auch die Speicherung[1008] – personenbezogener Daten sei auf den gesetzlich bestimmten Zweck, gemeint ist der Erhebungszweck, zu begrenzen[1009], stellt sich in besonderem Maße die Frage nach der verfassungsmäßigen Rechtfertigung der durch § 3 Satz 3 DNA-IFG bedingten Zweckänderung.

Ausnahmen vom Zweckbindungsgebot sind jedoch möglich.[1010] Die Änderung im Umgangszweck, insbesondere die Weitergabe personenbezogener Daten

---

[1004] Vgl. SK-*Rogall*, Anhang zu § 81 g Rn. 33.
[1005] *Markwardt/Brodersen*, NJW 2000, 692, 693.
[1006] SK-*Rogall*, Anhang zu § 81 g Rn. 33.
[1007] Vgl. zum Begriff der „Zweckänderung": *Gola/Schomerus*, BDSG, § 14 2.4.
[1008] Zur datenschutzrechtlichen Terminologie: *Wittig*, JuS 1997, 961, 963.
[1009] BVerfGE 65, 1, 46; *Auernhammer*, BDSG, § 14 Rn. 8; vgl. zum „Volkszählungsurteil" *Tinnefeld/Ehmann*, Datenschutzrecht, S. 81 ff, insbes. S. 87.
[1010] *Lilie*, ZStW Bd. 106 (1994), 625, 635; *Walden*, Zweckbindung, S. 270 m.w.N.; Ausdruck der grundsätzlichen Möglichkeit einer Zweckänderung ist etwa § 14 II BDSG. Diese Norm nennt neun Fallgruppen, bei denen im überwiegenden Interesse eine Ausnahme von der Zweckbindung zugelassen ist und eine Verwendung von Daten zu einem anderen Zweck als dem Erhebungs- oder Speicherungszweck erfolgen kann (*Auernhammer*,

außerhalb des Erhebungszwecks, stellt allerdings einen neuen spezifischen Eingriff in das Recht auf informationelle Selbstbestimmung dar, welcher seinerseits einer verfassungsmäßigen gesetzlichen Grundlage bedarf.[1011] Nach den Vorgaben des Volkszählungsurteils setzt eine derartige Zweckänderung eine normenklare bereichsspezifische gesetzliche Grundlage voraus, welche dem überwiegenden Allgemeininteresse dient und auch dem Grundsatz verhältnismäßigen Handelns gerecht wird.[1012]

§ 3 Satz 3 DNA-IFG verweist für die Voraussetzungen des Eingriffs in einer normenklaren Weise auf den § 81 g I StPO. Die Regelung dient dabei, wie auch die anderen vorstehend angesprochenen Eingriffsnormen, unter Wahrung des Verhältnismäßigkeitsgrundsatzes dem überwiegenden öffentlichen Interesse an effektiver (künftiger) Strafverfolgung.[1013]

4. Die Speicherung von DNA-Identifizierungsmustern, welche im Wege einer Einwilligung erhoben worden sind

Die Speicherung derjenigen DNA-Identifizierungsmustern, welche auf der Grundlage einer wirksamen Einwilligung des Beschuldigten beziehungsweise des Betroffenen gewonnen worden sind, ist grundsätzlich zulässig.[1014] Hiervon geht auch die geltende Errichtungsanordnung zur DNA-Analyse-Datei aus: *„DNA-Identifizierungsmuster, die auf Grund der Einwilligung des Betroffenen gewonnen worden sind, dürfen nur in die Datei eingestellt werden, wenn der Betroffene die Einwilligung in Kenntnis der Aufnahme in die beim BKA geführte DNA-Analyse-Datei erteilt hat. Für die Anforderungen an die Einwilligung in die Gewinnung des DNA-Identifizierungsmusters gelten die Voraussetzungen*

BDSG, § 14 Rn. 9 ff.; *Bergmann/Möhrle/Herb*, BDSG, § 14 Rn. 35 f.; Simitis/Dammann/Geiger/Mallmann/Walz-*Damann*, BDSG, § 14 Rn. 53).

[1011] *Kutscha*, ZRP 1999, 156, 158; *Sanchez*, Das Recht auf informationelle Selbstbestimmung, S, 196; *Siebrecht*, Rasterfahndung, S. 48, 101 f, 148; vgl. auch *Siebrecht*, StV 1996, 566, 567; *Vassilaki*, BewHi 1999, 141, 153; *Walden*, Zweckbindung, S. 270.

[1012] BVerfGE 65, 1, 43 ff.; *Bergmann/Möhrle/Herb*, BDSG, § 14 Rn. 35; *Gola/Schomerus*, BDSG, § 14 3.1.; *Sanchez*, Das Recht auf informationelle Selbstbestimmung, S. 196; vgl. auch *Vassilaki*, BewHi 1999, 141, 153.

[1013] Vgl. BVerfG, EuGRZ 2001, 70, 74; *Auernhammer*, BDSG, § 14 Rn. 18; *Gola/Schomerus*, BDSG, § 14 Rn. 3.8.; Simitis/Damann/Geiger/Mallmann/Walz-*Damann*, BDSG, § 14 Rn. 78.

[1014] *Markwardt/Brodersen*, NJW 2000, 692, 693.

des § 4 Abs. 2 BDSG bzw. der vergleichbaren Ländervorschriften entsprechend."[1015]

Da in derartigen Fällen Grundlage der Speicherung und weiteren Verwendung nicht die Regelungen des DNA-IFG sind, stattdessen die Einwilligung diese Eingriffe in die informationelle Selbstbestimmung trägt, wird durch einen Widerruf der Einwilligung der Datenverwendung die Grundlage entzogen. Hiervon betroffene DNA-Identifizierungsmuster sind dann zu löschen.[1016]

Inwieweit DNA-Identifizierungsmuster tatsächlich in die DNA-Analyse-Datei gelangen, deren Erhebung sich auf eine Einwilligung stützt, hängt danach letztlich von der Praxis ab, die in dem jeweiligen Bundesland geübt wird.[1017] Während zum Beispiel der Gemeinsame Runderlaß der zuständigen niedersächsischen Ministerien zur Umsetzung des DNA-Identitätsfeststellungsgesetzes vom 19.11.1998 unter Nr. 1.3 ausführt: *„Die molekulargenetische Untersuchung erfordert in jedem Fall eine richterliche Anordnung"*[1018], stellt etwa der Freistaat Bayern auch solche Daten in die DNA-Analyse-Datei ein, deren Erhebung keine richterliche Anordnung zugrunde liegt.[1019]

Die Speicherung der nach dem DNA-IFG gewonnenen DNA-Identifizierungsmuster in der DNA-Analyse-Datei setzt in keiner der angesprochenen Fallgruppen einen Gerichtsbeschluß voraus.[1020] Für ein derartiges Erfordernis bieten die maßgeblichen gesetzlichen Regelungen des DNA-IFG (oder des BKAG) keine Anhaltspunkte.

[1015] Nr. 2.2 (4) Errichtungsanordnung „DNA-Analyse-Datei", Stand 27.10.1999; vgl. auch *Messer/Siebenbürger*, Vordermayer/v.Heintschel-Heinegg-Handbuch, Teil A Kap. 1 Rn. 116.
[1016] *Busch*, StV 2000, 661, 662.
[1017] Vgl. *Ludwig/Ulrich*, DER SPIEGEL 30/2000, S. 49.
[1018] Nr. 1.3 des Gem.RdErl. d. MI, d. MJ u. d. MFAS v. 19.11.1998 (4104 – 304.123) – Nds.Rpf. 1999, 52, 52.
[1019] Vgl. *Ludwig/Ulrich*, DER SPIEGEL 30/2000, S. 49.
[1020] Vgl. *Kamann*, Beilage zu ZAP 5/2000, S. 11; kritisch dazu *Seibel/Gross*, StraFo 1999, 117, 118; insoweit *Messer/Siebenbürger* formulieren: *„Einstellungen gegen den Willen des Betroffenen sind nur möglich, wenn ein richterlicher Beschluß vorliegt"*, beziehen sie sich offensichtlich auf den Beschluß hinsichtlich der Datenerhebung, dessen Notwendigkeit bei der Untersuchung von Spuren Unbekannter sich auch aus dem Umstand ergebe, daß die Errichtungsanordnung zur DNA-Analyse-Datei die Einstellung von DNA-Identifizierungsmustern, deren Erstellung kein richterlicher Beschluß (und auch keine wirksame Einwilligung) zugrunde liegt, nicht zuläßt (*Messer/Siebenbürger*, Vordermayer/v.Heintschel-Heinegg-Handbuch, Teil A Kap. 1 Rn. 116, 118 Fn. 208).

III. Die weitere Datenverarbeitung und -nutzung

Für die (weitere) Verarbeitung und Nutzung der nach dem DNA-IFG gewonnenen DNA-Identifizierungsmuster gelten nach § 3 Satz 2 DNA-IFG die Regelungen des BKAG.[1021] Anzuwenden sind danach insbesondere die Vorschriften über die Verantwortung für die Datenverwendung, über die Datenschutzkontrolle, über Schadensersatz, Auskünfte, Berichtigung und Löschung.[1022]

Eine gegenüber den Bestimmungen des BKAG verengend wirkende Regelung trifft § 3 S. 4 DNA-IFG für den besonders bedeutsamen Bereich der Erteilung von Auskünften aus der DNA-Analyse-Datei.[1023]

1. Die Erteilung von Auskünften

§ 3 Satz 4 DNA-IFG bestimmt, daß *„Auskünfte"* aus der DNA-Analyse-Datei nur erteilt werden dürfen für *„Zwecke eines Strafverfahrens, der Gefahrenabwehr und der internationalen Rechtshilfe hierfür."* In der Sache geht es dabei um Datenübermittlungen im Sinne des BDSG, demzufolge eine Übermittlung von Daten in dem Bekanntgeben gespeicherter oder durch Datenverarbeitung unmittelbar erlangter Daten an Dritte (Empfänger) liegt; dabei kann die Übermittlung durch die Weitergabe der Daten von der speichernden Stelle an den Empfänger oder aber durch Abruf bereitgehaltener Daten durch diesen erfolgen.[1024]

§ 3 S. 4 DNA-IFG ist in dem Gesetzentwurf vom 25.05.1998 nicht enthalten gewesen[1025] und geht auf die Beschlußempfehlung des Rechtsausschusses (6. Ausschuß) zurück.[1026] Die Norm betrifft die Frage des sachlichen Umfangs zulässiger Auskunftserteilung.[1027] Eine dem BKAG vorgehende Regelung hinsichtlich des Kreises der grundsätzlich auskunftsberechtigten Datenempfänger und hinsichtlich von Art und Weise der Auskunftserteilung enthält das DNA-IFG dagegen nicht.[1028]

[1021] SK-*Rogall*, Anhang zu § 81 g Rn. 34.
[1022] BT-Dr. 13/10791, S. 6; *Kleinknecht/Meyer-Goßner*, § 81 g Rn. 10; HK-*Lemke*, § 81 g Rn. 23.
[1023] BT-Dr. 11116, S. 8; *Kleinknecht/Meyer-Goßner*, § 81 g Rn. 10; HK-*Lemke*, § 81 g Rn. 25; SK-*Rogall*, Anhang zu § 81 g Rn. 35.
[1024] *Walden*, Zweckbindung, S. 284.
[1025] Vgl. BT-Dr. 13/10791, S. 3.
[1026] BT-Dr. 13/11116, S. 5.
[1027] Vgl. BT-Dr. 13/11116, S. 8; SK-*Rogall*, Anhang zu § 81 g Rn. 35.
[1028] *Kamann*, Beilage zu ZAP 5/2000, S. 29.

a) In Betracht kommende Auskunftszwecke

Mit der Verwendung des Begriffs der Auskunftserteilung für *„Zwecke eines Strafverfahrens"* hat der Gesetzgeber die in § 81 g I StPO enthaltene wesentlich speziellere beziehungsweise engere Umschreibung des Zwecks der Erhebung der DNA-Identifizierungsmuster[1029] gerade nicht aufgegriffen, sondern eine demgegenüber weitere Formulierung gewählt. Dies legt es nahe, diese Zweckbestimmung weiter auszulegen gegenüber dem in § 81 g I StPO angesprochenen Zweck der Identitätsfeststellung in künftigen Strafverfahren. Nach ihrem Wortlaut läßt sich ihr alles zuweisen, was der Umsetzung materiellen Strafrechts und des zugehörigen Verfahrensrechts im Zusammenhang mit einem konkreten Fall dient beziehungsweise dieses bezweckt. Dieser Bereich ist dabei nach seinem systematischen Zusammenhang auf die Strafverfolgung im engeren Sinne und weiterhin – gemäß den Vorstellungen der Gesetzesverfasser – auf Zwecke des Strafvollzugs, der Strafvollstreckung und des Gnadenverfahrens zu konkretisieren.[1030] Würde nämlich das DNA-IFG keine eigene Regelung für den Bereich der Auskünfte aus der DNA-Analyse-Datei enthalten, so hätte dies zur Folge, daß für die innerstaatliche Übermittlung personenbezogener Daten aus der Datei § 10 BKAG die bereichsspezifische Befugnisnorm darstellte, soweit die Übermittlung nicht im elektronischen Datenverbund (INPOL)[1031] erfolgt.[1032] Nach § 10 II Nr. 2 BKAG könnten dann personenbezogene Daten aus der DNA-Analyse-Datei an Behörden außerhalb des Polizeibereichs[1033] - also zum Beispiel mit einem aktuellen Strafverfahren befaßte Gerichte oder Staatsanwaltschaften – übermittelt werden *„für Zwecke der Strafverfolgung, der Strafvollstreckung, des Strafvollzugs und der Gnadenverfahren."*

Durch § 3 Satz 4 DNA-IFG werden die in § 10 II Nr. 2 BKAG ausdrücklich im einzelnen genannten Zwecke sprachlich verknappt auf *„Zwecke eines Strafverfahrens"*. Eine noch hierüber hinausgehende Interpretation[1034] würde nicht in Einklang zu bringen sein mit dem in § 3 Satz 4 DNA-IFG zum Ausdruck kommenden gesetzgeberischen Anliegen, eine begrenzende Spezialregelung für Auskünfte aus der DNA-Analyse-Datei zu schaffen.[1035]/[1036]

[1029] *„...Zwecke der Identitätsfeststellung in zukünftigen Strafverfahren..."*
[1030] BT-Dr. 13/11116, S. 8; *Eisenberg*, Beweisrecht der StPO, Rn. 1687 n.; SK-*Rogall*, Anhang zu § 81 g Rn. 35; KK-*Senge*, § 81 g Rn. 15.
[1031] Vgl. dazu *Krekeler*, StraFo 1999, 82, 82.
[1032] Vgl. zu den Einzelheiten *Ahlf/Daub/Lersch/Störzer*, BKAG, § 10 Rn. 1.
[1033] Vgl. *Ahlf/Daub/Lersch/Störzer*, BKAG, § 10 Rn. 8 f.
[1034] Vgl. etwa die in § 10 II Nr. 1, 3 und 4 BKAG angesprochenen Zwecke.
[1035] BT-Dr. 13/11116, S. 8.
[1036] Vgl. den Wortlaut: *„Auskünfte dürfen nur ... erteilt werden."*.

Unübersehbar ist nun, daß § 3 Satz 4 DNA-IFG die Auskunftserteilung aus der DNA-Analyse-Datei für Zwecke gestatten soll, welche nicht deckungsgleich sind mit dem Zweck, für den die dort gespeicherten Daten zuvor erhoben worden sind.[1037/1038]

Die Körperzellentnahme und die molekulargenetische Untersuchung des gewonnenen Materials zur Erstellung eines DNA-Identifizierungsmusters erfolgen bei Neu- und Altfällen gemäß § 81 g I StPO[1039] allein zum *„Zwecke der Identitätsfeststellung in künftigen Strafverfahren."* Soweit es um ein nach § 81 e gewonnenes Datum geht, welches nach § 3 Satz 3 DNA-IFG in die DNA-Analyse-Datei gelangen konnte, erfolgte die Datengewinnung für Zwecke eines konkreten Strafverfahrens[1040], während die Speicherung über den durch § 3 Satz 3 DNA-IFG angesprochenen § 81 g I StPO der Identitätsfeststellung in künftigen Strafverfahren dient.[1041]

Dies gibt Anlaß zu der Frage, ob der Bereich der Auskünfte für *„Zwecke eines Strafverfahrens"* nicht doch in restriktiverer Weise zu interpretieren ist in Anlehnung an den enger gefaßten Eingriffszweck der *„Identitätsfeststellung in künftigen Strafverfahren"*, der der Datenerhebung beziehungsweise der Eingabe der Datensätze in die DNA-Analyse-Datei stets zugrunde liegt.

Eine grundsätzliche Orientierung an die Voraussetzungen der Erhebungs- und Speicherungsnormen ist jedoch im Ergebnis nicht geboten. Durch die ausdrückliche Nennung von weiteren Auskunftserteilungszwecken in § 3 Satz 4 DNA-IFG[1042], welche – wie dargelegt – bereits begrifflich in augenfälliger Weise über den Zweck der Identitätsfeststellung in künftigen Strafverfahren hinausgehen bringt das DNA-IFG unmißverständlich zum Ausdruck, daß der durch § 3 Satz 4 DNA-IFG speziell geregelte Bereich der Auskunftserteilung gerade keine systematische Einheit darstellt mit den anderen Normen des DNA-IFG. In diesem Punkt unterscheiden sich § 3 Satz 2 und Satz 4 DNA-IFG grundlegend: Während erstgenannte Vorschrift den Konnex zwischen den materiellen Erhebungsvoraussetzungen nach dem DNA-IFG und der Speicherung der gewonnenen Daten in der DNA-Analyse-Datei herstellt, ließe sich Entsprechendes für

---

[1037] BT-Dr. 13/11116, S. 8.
[1038] Hieran übt *Paeffgen* mit deutlichen Worten Kritik: Da durch § 3 DNA-IFG Auskunftsersuchen nicht auf den Erhebungszweck begrenzt werden, verkümmere *„das vom BVerfG einmal hochstilisierte Zulässigkeits-Erfordernis der Zweckbindung zu einem amöbenhaften Gebilde"* (*Paeffgen*, StV 1999, 625, 626).
[1039] § 81 g I StPO gilt für Neufälle unmittelbar, für Altfälle über den Verweis in § 2 DNA-IFG.
[1040] *Kleinknecht/Meyer-Goßner*, § 81 e Rn. 3 ff.
[1041] Vgl. oben S. 188 f.
[1042] *„(...) Zwecke (...) der Gefahrenabwehr, und der internationalen Rechtshilfe hierfür (...)"*

den Bereich der Auskunftserteilung schon mit dem Wortlaut des Satzes 4 nicht in Einklang bringen.

Des weiteren zwingt der Umstand, daß die Erteilung von Auskünften über personenbezogene Daten zu von dem Erhebungszweck unterschiedlichen Zwecken erfolgen kann – auch im Hinblick auf die Vorgaben des Volkszählungsurteils[1043] – nicht zu einer grundlegenden Korrektur des dargelegten Verständnisses vom Begriffsinhalt der „Strafverfahrenszwecke". Soweit § 3 Satz 4 DNA-IFG eine Auskunftserteilung für Zwecke eines Strafverfahrens regelt, welche über den den Erhebungsnormen zugrunde liegenden Zweck der Identitätsfeststellung hinausgeht, geschieht dies nämlich im vorrangigen öffentlichen Interesse. „Das Strafverfahren" ist letztlich als solches in einem umfassenden Sinn Ausdruck eines die von dem Verfahren betroffenen grundrechtlichen Positionen des Eingriffsadressaten überwiegenden Allgemeininteresses. Dies findet seinen Ausdruck etwa in der Regelung des § 14 II Nr. 7 BDSG, welche aus Gründen des vorrangigen öffentlichen Interesses eine Zweckentfremdung personenbezogener Daten zuläßt, um der Verfolgung von Straftaten und Ordnungswidrigkeiten willen und darüberhinaus auch für die Vollstreckung und den Vollzug von Strafen und Maßnahmen nach dem JGG.[1044]

Zwar hat das **BVerfG** im Volkszählungsurteil bekanntlich den Grundsatz der Zweckbindung personenbezogener Daten formuliert.[1045] Die Erhebung personenbezogener Daten setzt also eine Ermächtigungsgrundlage voraus, welche den Eingriff an einen bestimmten Zweck koppelt.[1046]

Der Zweck der Erhebungsregelungen des DNA-IFG, an welchen die Gewinnung von DNA-Identifizierungsmustern von Beschuldigten im Sinne des § 81 g I StPO und Betroffenen im Sinne des § 2 I DNA-IFG gebunden ist, wird in § 81 g I StPO ausdrücklich bezeichnet: Es geht allein um die Identitätsfeststellung in künftigen Strafverfahren.[1047] Die Verwendung gewonnener personenbezogener Daten für hiervon verschiedene andere Zwecke ist jedoch nicht kategorisch ausgeschlossen; eine derartige Zweckentfremdung bedeutet allerdings einen neuen Eingriff in das Recht auf informationelle Selbstbestimmung, da der Umgang mit Daten zu vom Erhebungszweck verschiedenen Zwecken für den Bürger weniger

---

[1043] BVerfGE 65, 1, 43 ff., insbes. 46.
[1044] *Auernhammer,* BDSG, § 14 Rn. 18; *Gola/Schomerus,* BDSG, § 14 3.8.; Simitis/Damann/Geiger/Mallmann/Walz-*Damann,* BDSG, § 14 Rn. 78.
[1045] BVerfGE 65, 1, 46.
[1046] BVerfGE 65, 1, 46; vgl. auch *Sanchez,* Das Recht auf informationelle Selbstbestimmung, S. 196; *Siebrecht,* Rasterfahndung, S. 48; *Vassilaki,* BewHi 1999, 141, 152 f.
[1047] Vgl. BT-Dr. 13/10791, S. 4.

durchschaubar ist[1048], als die Datenverarbeitung im Rahmen des Erhebungszwecks, so daß erstere anders als letztere nicht bereits auf die Informationserhebungsermächtigung gestützt werden kann. Die Zweckentfremdung setzt daher eine neue eigene Eingriffsgrundlage voraus, welche den Vorgaben des Volkszählungsurteils ihrerseits entsprechen muß.[1049] § 3 Satz 4 DNA-IFG stellt nun – insoweit Zwecke des Strafverfahrens angesprochen sind – durchaus eine derartige Eingriffsermächtigung im vorrangigen öffentlichen Interesse dar, welche normenklar und verhältnismäßig ist.

Gefahrenabwehr im Sinne von § 3 Satz 4 DNA-IFG soll nach den Ausführungen des Rechtsausschusses nicht die Abwehr konkreter Gefahren meinen, sondern soll „- *in Abgrenzung zu anderen nicht justitiellen oder polizeilichen Zwecken – in einem weiten Sinne zu verstehen sein.*" Dabei soll insbesondere die Datenübermittlung im Rahmen – auch internationaler – informationeller Zusammenarbeit mitumfaßt sein.[1050]

Der Terminus „Gefahrenabwehr" bezeichnet die Hauptaufgabe polizeilicher Tätigkeit.[1051] Diese der Polizei zugewiesene Aufgabe erstreckt sich traditionell auf die Abwehr konkreter und abstrakter Gefahren.[1052] Der durch § 3 Satz 4 DNA-IFG angesprochene Bereich der Auskunftserteilung „für Zwecke der Gefahrenabwehr" ist daher, im Einklang mit dem subjektiven Willen des Gesetzgebers, nicht auf Fälle beschränkt, in denen es um die Abwehr konkreter Gefahren geht, sondern umgreift grundsätzlich jede Auskunftserteilung, welche nach den Umständen des Einzelfalls der Erfüllung der umfassend verstandenen polizeilichen Aufgabe der Gefahrenabwehr dient.

Ein derartiges Verständnis findet seine Bestätigung im übrigen darin, daß von der – insoweit wortgleich mit § 3 Satz 4 DNA-IFG formulierten – Befugnis des Bundeskriminalamtes für *„Zwecke der Gefahrenabwehr"* nach § 10 II Nr. 3 BKAG im innerstaatlichen Bereich Daten zu übermitteln, die Abwehr konkreter und abstrakter Gefahren für Einzelne oder die Allgemeinheit, durch die die öffentliche Sicherheit und Ordnung bedroht wird, umfaßt wird.[1053]

[1048] Es wird davon ausgegangen, daß eine erhebungszweckfremde Datenverwendung einen intensiveren Eingriff darstellt, als eine Verwendung im Rahmen des Erhebungszwecks (*Ahlf/Daub/Lersch/Störzer*, BKAG, § 10 Rn. 3; vgl. auch *Kutscha*, ZRP 1999, 156, 158 und *Siebrecht*, StV 1996, 566, 567).

[1049] *Kutscha*, ZRP 1999, 156, 158; *Lilie*, ZStW Bd. 106 (1994), 625, 635; *Sanchez*, Das Recht auf informationelle Selbstbestimmung, S. 196; *Siebrecht*, Rasterfahndung, S. 48, 101 f., 148; vgl. auch *Siebrecht*, StV 1996, 566, 567; *Vassilaki*, BewHi 1999, 141, 153.

[1050] BT-Dr. 13/11116, S. 8.

[1051] Vgl. nur Lisken/Denninger-*Denninger*, Handbuch des Polizeirechts, E Rn. 1 ff.

[1052] Vgl. etwa Schmidbauer/Steiner/Roese-*Schmidbauer*, PAG, Art. 2 Rn. 6 ff.

[1053] *Ahlf/Daub/Lersch/Störzer*, BKAG, § 10 Rn. 10.

§ 3 Satz 4 DNA-IFG stellt für die Verwendung der Daten der DNA-Analyse-Datei für Zwecke der Gefahrenabwehr in diesem Sinne eine normenklare und verhältnismäßige Eingriffsgrundlage dar[1054], die im vorrangigen öffentlichen Interesse die Sphäre desjenigen tangiert, dessen Daten auf der Grundlage dieser Regelung weitergegeben werden. Soweit schließlich Zwecke der internationalen Rechtshilfe für die Bereiche des Strafverfahrens und der Gefahrenabwehr in § 3 Satz 4 DNA-IFG ausdrücklich angeführt werden, geschieht dies, *„weil der Begriff der Rechtshilfe nicht ohne weiteres unter den Begriff Strafverfahren zu subsumieren ist und die justitielle Rechtshilfe überdies in § 3 BKAG ausgenommen ist."*[1055]

Auskunftserteilungen im aufgezeigten Rahmen aus der DNA-Analyse sind verfassungsgemäß, da durch sie im öffentlichen Interesse in das Recht auf informationelle Selbstbestimmung eingegriffen wird.[1056]

Zu unterbleiben hat die Auskunftserteilung aus der DNA-Analyse Datei – unabhängig vom jeweiligen Auskunftszweck – jedoch, wenn im Sinne des § 27 S. 1 Nr. 1 BKAG *„für die übermittelnde Stelle erkennbar ist, daß unter Berücksichtigung der Art der Daten und ihrer Erhebung die schutzwürdigen Interessen des Betroffenen das Allgemeininteresse an der Übermittlung überwiegen"*, soweit die Übermittlung nicht an eine Staatsanwaltschaft erfolgt, § 27 S. 2 BKAG.[1057]

Aus dieser für den Bereich der DNA-Analyse-Datei anwendbaren Norm und dem Grundsatz der Verhältnismäßigkeit folgt, daß bei jeder zweckändernden beziehungsweise -erweiternden Übermittlung dem damit verfolgten Zweck im konkreten Fall ein bedeutsames – die Zweckänderung rechtfertigendes – Gewicht zukommen muß. So wird eine Übermittlung für Zwecke der Gefahrenabwehr etwa nicht in jedem Fall einer noch so geringfügigen abstrakten Gefahr für ein vergleichsweise nachrangiges Rechtsgut zu legitimieren sein, zumal die dem Erhebungszweck des § 81 g I StPO entsprechende Verwendung der DNA-Identifizierungsmuster in einem zukünftigen Strafverfahren nur zulässig ist, soweit sich dieses auf eine Straftat von erheblicher Bedeutung bezieht.[1058]

[1054] In kompetentieller Hinsicht greift die Auskunftsregelung, soweit sie Zwecken der Gefahrenabwehr *„im weiteren Sinne"* dient (vgl. BT-Dr. 13/11116, S. 8), auf Art. 87 I GG S. 2 GG zurück, welcher die *„Sammlung und Weitergabe von Informationen* (auch) *über alle Fragen der Gefahrenabwehr"* regelt (Sachs-*Sachs*, Art. 87 Rn. 41).
[1055] Vgl. die diesbezüglichen Ausführungen des Rechtsausschusses: BT-Dr. 13/11116, S. 8.
[1056] Vgl. BVerfG, EuGRZ 2001, 70, 74.
[1057] *Kamann*, Beilage zu ZAP 5/2000, S. 29.
[1058] Zutreffend KK-*Senge*, § 81 g Rn. 13, zumal andernfalls nicht einzusehen wäre, weshalb sich die Negativprognose auf erhebliche Straftaten beziehen muß.

Wertungswidersprüchlich stellte es sich nun dar, für Übermittlungen außerhalb des ursprünglichen Erhebungszwecks im Ergebnis einen demgegenüber weiteren Maßstab gelten zu lassen. Die Übermittlung von Daten zur Gefahrenabwehr kann daher nur erfolgen, soweit es um Gefahren von einem gewissen Gewicht geht. Dies gilt um so mehr, soll eine abstrakte Gefahr abgewehrt werden. Zur Legitimierung einer zweckändernden Auskunftserteilung aus der DNA-Anlyse-Datei dürfte daher zu verlangen sein, daß eine derartige Auskunft nur erfolgt, sofern der jeweilige konkrete Zweck, der mit ihr verfolgt wird, bei wertender Betrachtung dem Interesse an der Identifizierung der Urheber erheblicher Straftaten gleichkommt. Andernfalls wäre für über den Erhebungszweck – auch wertungsmäßig – hinausgehende Auskunftsmöglichkeiten aus der DNA-Analyse-Datei der prägnant formulierten Kritik **Ohlers** zuzustimmen: *„Man legt den bissigen Hofhund an eine Kette, die nicht angepflockt ist."*[1059]

Eine extensive Anwendung des § 27 S. 1 Nr. 1 BKAG erscheint für die Übermittlung personenbezogener Daten aus der DNA-Analyse Datei darüberhinaus insbesondere angezeigt für den Bereich der Übermittlungen ins Ausland.[1060] Der Umstand, daß die in einem DNA-Identifizierungsmuster enthaltenen personenbezogenen Informationen in den Bereich fremder Rechtsordnungen „entlassen" werden können, wirkt zumindest potentiell eingriffsvertiefend zurück auf die Phasen der Datenerhebung und Speicherung[1061], solange nicht angenommen werden kann, daß die potentielle Gefahr gegenwärtigen oder insbesondere auch zukünftigen Mißbrauchs der übermittelten Daten – etwa durch unbefugte Weitergabe an Private – seitens der ausländischen Empfängerbehörden nicht als gegenüber einer Auskunftserteilung im Inland erhöht angesehen werden muß.

Erfolgt die Übermittlung aus der DNA-Analyse-Datei stattdessen an eine Behörde im Geltungsbereich des Grundgesetzes, so wirkt sich die Weitergabe dagegen nicht etwa rückwirkend eingriffserschwerend aus, weil zukünftig den DNA-Identifizierungsmustern auf Grund neuer wissenschaftlicher Erkenntnisse *vielleicht* ein Mehr an Informationen entnommen werden kann.

Dies ergibt sich aus der folgenden Überlegung: Handelt es sich bei dem Empfänger einer Auskunft aus der DNA-Analyse-Datei um eine deutsche Behörde, so ist diese zwingend an die geltendenden datenschutzrechtlichen Regelungen und Grundsätze gebunden. Stellte sich also – dieses wohl wenig plausible Ex-

---

[1059] *Ohler*, StV 2000, 326, 326; vgl. auch die scharfe Kritik von *Paeffgen*, StV 1999, 625, 626.
[1060] *Kamann*, Beilage zu ZAP 5/2000, S. 29; für eine extensive Anwendung des § 27 Nr. 1 BKAG bei Übermittlungen ins Ausland generell auch Erbs/Kohlhaas/Ambs-*Riegel*, § 27 BKAG Rn. 1.
[1061] Vgl. zur Eingriffstiefe oben S. 47 ff.

tremszenario[1062] einmal angenommen – nach der Übermittlung eines bestimmten DNA-Identifizierungsmusters im Hinblick auf einen plötzlichen naturwissenschaftlichen „Erkenntnisschub" heraus, daß das Datum nunmehr als umfassendes Persönlichkeitsprofil „lesbar" ist, so könnte hieraus nur die Verpflichtung zur Vernichtung des DNA-Identifizierungsmusters folgen. Diese Verpflichtung träfe nach Art. 20 III GG ohne irgendeine Einschränkung alle für DNA-Identifizierungsmuster datenschutzrechtlich verantwortlichen Stellen im Geltungsbereich des Grundgesetzes.[1063]

Bei Übermittlungen aus der DNA-Analyse-Datei ins Ausland trägt diese Überlegung dagegen nicht. Die durch § 3 Satz 4 DNA-IFG im Grunde ausdrücklich eröffnete Möglichkeit zu Übermittlungen aus der DNA-Analyse-Datei ins Ausland ist daher restriktiv zu interpretieren.

In jedem einzelnen Fall wird nach den konkreten Umständen zu prüfen sein, ob die Übermittlung im Hinblick auf die informationellen Interessen der Person, dessen DNA-Identifizierungsmuster mitgeteilt werden soll, vertretbar ist oder ob § 27 S. 1 Nr. 1 BKAG, der eine Übermittlung untersagt, wenn *„die schutzwürdigen Interessen des Betroffenen das Allgemeininteresse an der Übermittlung überwiegen"*, entgegensteht.[1064] In erster Linie wird sich bei Übermittlungen ins Ausland dabei im Sinne von § 14 VII Satz 7 BKAG die Frage nach einem der hiesigen Situation vergleichbaren Datenschutzstandard im Empfängerland stellen.[1065] Eine Praxis insoweit unvertretbarer Auslandsübermittlungen müßte erschwerend zurückwirken auf die Eingriffstiefe der Erhebungsmaßnahmen nach dem DNA-IFG[1066] und muß daher (bereits) aus diesem Gesichtspunkt ausscheiden. Zu beachten ist in diesem Zusammenhang ferner, daß es gegen einen Mißbrauch der Daten aus der DNA-Analyse-Datei durch ausländische Stellen keinen wirksamen Rechtsschutz für hiervon betroffene Personen gibt.[1067] Bei einer erbetenen Übermittlung ins Ausland wird daher auch unter diesem Aspekt in jedem Einzelfall besonders gründlich zu prüfen sein, ob das den DNA-Identifizierungsmuster innewohnende spezifische informationelle Gefährdungs-

---

[1062] Zu den naturwissenschaftlichen Aspekten oben S. 40 ff.
[1063] Machen zukünftige Entwicklungen einen restriktiveren Umgang mit den DNA-Identifizierungsmustern unterhalb der Vernichtung der Daten nötig, so würde entsprechendes gelten.
[1064] Vgl. *Kamann*, Beilage zu ZAP 5/2000, S. 29; für eine extensive Anwendung des § 27 Nr. 1 BKAK bei Übermittlungen ins Ausland generell auch Erbs/Kohlhaas/Ambs-*Riegel*, § 27 BKAG Rn. 1.
[1065] Vgl. *Ahlf/Daub/Lersch/Störzer*, BKAG, § 14 Rn. 45 ff.
[1066] Vgl. oben S. 47 ff.
[1067] *Kamann*, Beilage zu ZAP 5/2000, S. 29.

potential[1068] der Übermittlung entgegensteht.[1069] Diese Prüfung obliegt dem Bundeskriminalamt.[1070]

b) Die Auskunftsberechtigten

Das DNA-IFG beinhaltet – wie dargelegt – keine Regelung der Frage, an welche einzelnen Stellen Auskünfte auf welche Weise erteilt werden dürfen.[1071] Da nach § 3 Satz 2 DNA-IFG für die Verarbeitung[1072] der DNA-Identifizierungsmuster die Regelungen des BKAG maßgeblich sind, gelten diese folglich für alle Fragen der Auskunftserteilung soweit nicht die Zwecke der Auskunftserteilung betreffende Spezialregelung[1073] des Satzes 4 einschlägig ist. Daher erfolgen Verarbeitung und Nutzung der in der DNA-Analyse-Datei gespeicherten Daten im Rahmen des polizeilichen Informationssystems (INPOL)[1074] nach dem BKAG[1075]: Als Auskunftsberechtigte weist § 11 II BKAG (neben dem BKA selbst) die Landeskriminalämter, sonstige Polizeibehörden der Länder, den Bundesgrenzschutz und die für grenzpolizeiliche Aufgaben zuständigen Behörden der Zollverwaltung und das Zollkriminalamt aus[1076]; nach § 11 IV BKAG kommen Abfragen durch das Auswärtige Amt in Betracht, falls dies für paßbehördliche Aufgaben von Vertretungen im Ausland erforderlich ist.[1077]

Soweit es um eine Auskunft für Zwecke der internationalen Rechtshilfe im Sinne des § 3 S. 4 DNA-IFG geht, wird der Kreis der Auskunftsberechtigten durch § 14 I BKAG abgesteckt.[1078] Als Empfänger von Auskünften kommen danach in Betracht die *„Polizei und Justizbehörden sowie (...) sonstige für die Verhütung oder Verfolgung von Straftaten zuständige öffentliche Stellen anderer Staaten sowie zwischen- und überstaatliche Stellen, die mit Aufgaben der Verhütung oder Verfolgung von Straftaten befaßt sind (...)."*

[1068] Vgl. oben S. 49 f.
[1069] Diese Problematik macht eine in der Praxis konsequente Anwendung des § 14 VII BKAG erforderlich (vgl. *Ahlf/Daub/Lersch/Störzer*, BKAG, § 14 Rn. 45 ff., insbes. 47).
[1070] *Ahlf/Daub/Lersch/Störzer*, BKAG, § 14 Rn. 29; vgl. auch Nr. 7.4 (2) der Errichtungsanordnung „DNA-Analyse-Datei", Stand 27.10.1999.
[1071] *Kamann*, Beilage zu ZAP 5/2000, S. 29.
[1072] Vgl. zur Terminologie *Wittig*, JuS 1997, 961, 963.
[1073] BT-Dr. 13/11116, S. 8.
[1074] Vgl. Erbs/Kohlhaas/Ambs-*Riegel*, § 11 BKAG Rn. 2 ff.
[1075] Erbs/Kohlhaas/Ambs-*Riegel*, § 11 BKAG Rn. 12.
[1076] Vgl. *Kamann*, Beilage zu ZAP 5/2000, S. 29; vgl. auch *Vahle*, DSB 10/1997, 12, 12.
[1077] Vgl. *Kamann*, Beilage zu ZAP 5/2000, S. 29.
[1078] Vgl. *Kamann*, Beilage zu ZAP 5/2000, S. 29.

Maßgeblich für die Frage, ob eine ausländische Behörde zu dem Kreis der hinsichtlich der Daten der DNA-Analyse-Datei grundsätzlich Auskunftsberechtigten gehört, ist danach deren Funktion, so daß neben ausländischen Polizei- und Strafverfolgungsbehörden, Interpol, Europol und NATO-Dienststellen selbst ausländische Geheimdienste in Betracht kommen, soweit sie (auch) Funktionen von Polizei- beziehungsweise Justizbehörden wahrnehmen.[1079] Ob nun eine ausländische Stelle auskunftsberechtigt ist, hat jeweils das BKA zu prüfen.[1080]

2. Löschung und Berichtigung der Daten, Datenschutzkontrolle

Auch die Inbezugnahme der Löschungsregelungen des BKAG ist von Bedeutung für die Frage der Verfassungsmäßigkeit der Eingriffe in das Recht auf informationelle Selbstbestimmung. Zwar findet dieses anerkanntermaßen seine Grenzen in der Gemeinschaftsbezogenheit und -gebundenheit des Individuums und darf daher aus Gründen des überwiegenden Allgemeininteresses eingeschränkt werden.[1081] Doch ist Voraussetzung hierfür auch, daß zum Schutz vor Zweckentfremdung der fraglichen Daten Weitergabe- und Verwertungsverbote einerseits und andererseits auch Löschungspflichten geregelt sind.[1082]

a) Die (Löschungs-) Regelung des § 8 III BKAG

Wird nun die Zulässigkeit der (weiteren) Speicherung von DNA-Identifizierungsmustern gerade dadurch in Frage gestellt, daß in dem Anlaßverfahren eine verfahrensbeendende Entscheidung erfolgt ist, so greift die bereits mehrfach erwähnte Regelung des § 8 III BKAG ein. Über § 3 Satz 2 DNA-IFG und § 8 VI Satz 2 BKAG gilt diese Norm mangels einer entgegenstehenden Regelung im DNA-IFG für die in der DNA-Analyse-Datei gespeicherten Daten.[1083]

Nach § 8 III BKAG wird die Speicherung, Veränderung und Nutzung von Daten unzulässig, soweit der Beschuldigte rechtskräftig freigesprochen wird, die Eröffnung des Hauptverfahrens unanfechtbar abgelehnt oder das Verfahren nicht nur vorläufig eingestellt wird, *„wenn sich aus den Gründen der Entscheidung*

[1079] *Kamann*, Beilage zu ZAP 5/2000, S. 29; Erbs/Kohlhaas/Ambs-*Riegel*, § 3 BKAG Rn. 36.
[1080] *Ahlf/Daub/Lersch/Störzer*, BKAG, § 14 Rn. 29; vgl. auch Nr. 7.4 (2) der Errichtungsanordnung „DNA-Analyse-Datei", Stand 27.10.1999.
[1081] BVerfGE 65, 1, 43 f.
[1082] BVerfGE 65, 1, 46.
[1083] BT-Dr. 13/11116 S. 7; LG Freiburg, NStZ 2000, 165; *Kamann*, Beilage ZAP 5/2000, S. 30; Kleinknecht/Meyer-Goßner § 81 g Rn. 10; SK-*Rogall*, § 81 g Rn. 27; vgl. auch *Ahlf/Daub/Lersch/Störzer*, BKAG, § 8 Rn. 21.

ergibt, daß der Betroffene die Tat nicht oder nicht rechtswidrig begangen hat"[1084], wenn also kein Restverdacht mehr besteht.[1085]

Uneinheitlich wird nun in diesem Zusammenhang die Frage beurteilt, wie zu verfahren ist, wenn der Beschuldigte zwar durchaus verurteilt wird, sich diese Verurteilung jedoch lediglich auf eine nicht erhebliche Straftat bezieht. Während **Rogall** davon ausgeht, daß in einem derartigen Fall die Sperrung beziehungsweise die Löschung des fraglichen Datums geboten sei[1086], meint **Senge**, daß der Umstand, daß sich die Verurteilung nicht auf die Straftat von erheblicher Bedeutung bezieht, hinsichtlich derer der Beschuldigte im Zeitpunkt der Maßnahme nach § 81 g StPO verdächtig gewesen ist, der Beschuldigte stattdessen nur wegen einer nicht erheblichen Straftat verurteilt worden ist, nicht (einmal) der Verwertbarkeit des DNA-Identifizierungsmusters in künftigen Strafverfahren entgegensteht.[1087] Er erachtet folglich auch die fortdauernde Speicherung als rechtmäßig.

Für die von **Senge** eingenommene Position spricht zwar, daß § 8 III BKAG seinem Wortlaut nach, der ausdrücklich gerade nicht die (Anlaß-) Verfahrensbeendigung durch eine Verurteilung des Beschuldigten anspricht[1088], die Unzulässigkeit der weiteren Speicherung des betreffenden DNA-Identifizierungsmusters in der DNA-Analyse-Datei in der fraglichen Konstellation nicht zwingend zur Folge hat. Zu beachten ist aber, daß § 8 III BKAG unter engen Voraussetzungen die fortdauernde Speicherung, Veränderung und Nutzung vorhandener Daten nur ermöglichen soll, soweit ein Restverdacht weiterhin gegeben ist, Schuldausschließungsgründe vorliegen oder die Verfahrensbeendigung auf dem Eingreifen von Strafaufhebungs- oder Strafausschließungsgründen beruht.[1089] Bei diesem nicht ausgeräumten „Restverdacht" geht es nun um nichts anderes, als den ursprünglichen Tatverdacht.[1090] Soweit der Gesetzgeber für die Rechtfertigung der weiteren Speicherung von „Verdachtsfällen" in der DNA-Analyse-Datei die Regelung des § 8 III BKAG anspricht[1091], ist dabei der (unausgeräumte) Anfangs-

---

[1084] Ergeht in dem Anlaßverfahren eine dem § 8 III BKAG unterfallende Entscheidung, so unterrichtet die zuständige Staatsanwaltschaft gem. Art. 32 JuMiG iVm. Nr. 11 MiStra die Stelle, die die fraglichen Daten in die DNA-Analyse Datei eingegeben hat, damit diese die Daten löscht (*Kamann*, Beilage zu ZAP 5/2000, S. 38).
[1085] *Ahlf/Daub/Lersch/Störzer*, BKAG, § 8 Rn. 6.
[1086] SK-*Rogall*, § 81 g Rn. 32. Unklar in diesem Punkt *Kamann*, der davon spricht, daß die Anlaßstraftat nach der verfahrensabschließenden gerichtlichen Entscheidung nicht oder nicht rechtswidrig begangen worden ist (*Kamann*, Beilage zu ZAP 5/2000, S. 30).
[1087] *Senge*, NJW 1999, 253, 255; KK-*Senge*, § 81 g Rn. 13, einschränkend bei Rn. 17.
[1088] Vgl. nur *Ahlf/Daub/Lersch/Störzer*, BKAG, § 8 Rn. 6.
[1089] *Ahlf/Daub/Lersch/Störzer*, BKAG, § 8 Rn. 6.
[1090] Vgl. Erbs/Kohlhaas/Ambs-*Riegel*, § 8 BKAG Rn. 7.
[1091] BT-Dr. 13/11116, S. 7 f.

verdacht in bezug auf eine Straftat von erheblicher Bedeutung nach § 81 g I StPO zu verlangen. Ein „Verdachtsfall" im Sinne der Neufallregelung ist nicht irgendeiner Straftat verdächtig, sondern gemäß § 81 g I StPO einer solchen von erheblicher Bedeutung. Soweit eine Verurteilung im Anlaßverfahren Raum läßt für die Annahme des fortbestehenden nicht auszuräumenden Tatverdachts wegen einer Straftat von erheblicher Bedeutung, unterfällt diese Situation in der Tat weder nach dem Gesetzeswortlaut, noch nach einer wertenden Betrachtung dem Regelungsbereich des § 8 III BKAG, da der spezifische Anlaßverdacht fortbesteht.[1092] Läßt die Verurteilung wegen einer nicht-erheblichen Straftat für eine derartige Annahme dagegen keinen Raum, liegt wertungsmäßig die Situation des § 8 III BKAG insofern vor, als sich aus der verfahrensbeendenden Entscheidung ergibt, daß der Beschuldigte die Straftat von erheblicher Bedeutung nicht oder nicht rechtswidrig begangen hat.

In denjenigen Fällen, welche sich mangels eines weiterhin gegebenen Verdachts einer Straftat von erheblicher Bedeutung nicht (mehr) als „Verdachtsfälle" im Sinne des DNA-IFG darstellen, tritt dann die Rechtsfolge des § 8 III BKAG ein, die weitere Datenverwendung wird unzulässig; (nur) für diese Fälle ist also **Rogall** zu folgen.[1093]

Voraussetzung ist dabei jedoch in jedem Fall, daß sich aus den Entscheidungsgründen ergibt, daß der Beschuldigte die Straftat (von erheblicher Bedeutung) nicht oder nicht rechtswidrig begangen hat. Dies hat – umgekehrt – für „Verdachtsfälle" im Sinne des DNA-IFG, das heißt für solche Beschuldigte, die nicht wegen einer erheblichen oder einer sonstigen Straftat verurteilt wurden, ohne daß sich aus den Gründen der verfahrensbeendenden Entscheidung positiv ersehen läßt, daß sie die Anlaßstraftat von erheblicher Bedeutung nicht oder nicht rechtswidrig begangen haben, recht einschneidende Konsequenzen.

Hinreichend für die fortdauernde Speicherung kann danach im Ergebnis lediglich ein nichtausgeräumter (Anfangs-) Verdacht[1094] bezüglich einer Straftat von erheblicher Bedeutung sein, soweit diese unaufgeklärte Tat im Sinne des § 81 g I StPO nach ihrer Art oder Ausführung auch die Negativprognose gegenüber dem (unbekannten) „Urheber" der Anlaßtat trägt. In einer derartigen Konstellation[1095] ermöglicht § 8 III BKAG die fortdauernde Speicherung personenbezo-

---

[1092] Zu denken wäre etwa an eine Verurteilung wegen einfachen Diebstahls, bei der nach dem in-dubio-pro-reo Grundsatz die Voraussetzungen eines besonders schweren Falles nicht angenommen werden konnten, ohne daß jedoch der diesbezügliche Verdacht umgekehrt auszuräumen gewesen wäre.
[1093] Weitergehend: SK-*Rogall*, § 81 g Rn. 32.
[1094] Vgl. *Ahlf/Daub/Lersch/Störzer*, BKAG, § 8 Rn. 6.
[1095] Vgl. etwa das auf S. 92 gebildete Beispiel.

gener Daten eines Betroffenen letztlich allein deswegen, weil dieser in den nicht ausgeräumten (bloßen) Anfangsverdacht eines schweren Verbrechens geraten ist, welchem – zum Beispiel wegen einer anzunehmenden sexualpathologischen Motivation des (unbekannten) Täters – „Seriencharakter" zukommt.

Bei isolierter Betrachtung dieses Gesichtspunkts geht § 8 III BKAG in seinen Wirkungen weiter als die strukturähnliche Norm des § 494 II Satz 2 StPO. Letztgenannte Vorschrift bestimmt nämlich, daß im länderübergreifenden staatsanwaltschaftlichen Verfahrensregister[1096] (§§ 492 – 495 StPO[1097]) gespeicherte Daten des Beschuldigten eines Strafverfahrens, welches gerade nicht zu einer Eintragung im Bundeszentralregister geführt hat, zwei Jahre nach der Verfahrenserledigung (durch rechtskräftigen Freispruch, unanfechtbare Ablehnung der Eröffnung des Hauptverfahrens oder nicht nur vorläufige Einstellung) zu löschen sind – soweit kein weiteres Verfahren eingetragen wird.[1098]

Zumal nun bereits die Regelung des § 494 II Satz 2 StPO im Hinblick auf die Unschuldsvermutung als rechtsstaatlich bedenklich kritisiert wird[1099], stellt sich für die Speicherung der DNA-Identifizierungsmuster in der DNA-Analyse-Datei ebenso die Frage, ob die durch § 8 III BKAG eröffneten dargestellten Möglichkeiten der fortdauernden Datenspeicherung in „Verdachtsfällen" mit den verfassungsrechtlichen Vorgaben, wie sie im „Volkszählungsurteil"[1100] formuliert worden sind und mit der Unschuldsvermutung in Einklang zu bringen sind.

Allerdings unterscheidet sich die Regelung des § 8 III BKAG von § 494 II Satz 2 StPO in mehrfacher Weise. Der entscheidende qualitative Unterschied ergibt sich daraus, daß 8 III BKAG nach seinem Wortlaut die fortdauernde Datenspeicherung – im Gegensatz zu § 494 II Satz 2 StPO – gerade nicht für den Fall erlaubt, daß die verfahrensbeendende Entscheidung keinen Raum bietet für die Annahme eines verbleibenden Restverdachts.[1101]

Ferner geht es bei der durch § 8 III BKAG ermöglichten fortdauernden Speicherung in der DNA-Analyse-Datei um Personen, bezüglich derer weiterhin die

---

[1096] Dazu *Lemke*, NStZ 1995, 484, 484 ff.
[1097] Das länderübergreifende staatsanwaltliche Verfahrensregister war bislang geregelt in den §§ 474 – 477 StPO. Art. 1 Nr. 16 StVÄG 1999 bestimmt diesbezüglich: „*Die bisherigen §§ 474 – 477 werden die §§ 492 – 495*" (vgl. BGBl. 2000 I, 1253, 1260; *Brodersen*, NJW 2000, 2536, 2541.
[1098] *Lemke*, NStZ 1995, 484, 485 f.; vgl. auch *Kestel*, StV 1997, 266, 268.
[1099] *Kestel*, StV 1997, 266, 268; *Kleinknecht/Meyer-Goßner*, § 476 Rn. 9; AK-*Hellmann*, § 476 Rn. 7, *Lemke*, NStZ 1995, 484, 486.
[1100] BVerfGE 65, 1, 44 ff.
[1101] Vgl. *Ahlf/Daub/Lersch/Störzer*, BKAG, § 8 Rn. 6; SK-*Wolter*, § 476 Rn. 20.

Negativprognose im Raum steht.[1102] Derartige Voraussetzungen bestehen für die Speicherung im länderübergreifenden staatsanwaltschaftlichen Verfahrensregister gerade nicht.

Im übrigen verstößt die fortdauernde Speicherung der DNA-Identifizierungsmuster in „Verdachtsfällen" auch nicht gegen die Vorgaben des „Volkszählungsurteils". Insofern der „Zweckbindungsgrundsatz" erfordert, daß nur Daten gespeichert werden, die für den Verwendungszweck geeignet und erforderlich sind[1103], ist maßgeblich, daß § 8 III BKAG lediglich den besonderen Fall der Weiterspeicherung über den Zeitpunkt der Verfahrensbeendigung bei nicht ausgeräumtem Restverdacht hinsichtlich der Anlaßtat betrifft, ohne etwa die – im folgenden zu betrachtende – Regelung des § 32 II BKAG auszuschließen, nach der Daten unter anderem zu löschen sind, wenn sie nicht (mehr) für die Aufgabenerfüllung erforderlich sind.

Soweit das **BVerfG** des weiteren für die verfassungsrechtliche Rechtfertigung eines Eingriffs in das Recht auf informationelle Selbstbestimmung durch die Verarbeitung personenbezogener Daten Löschungspflichten als wesentlich erachtet[1104], kann die Frage, ob die Speicherung der DNA-Identifizierungsmuster in der DNA-Analyse-Datei auch dieser Vorgabe gerecht wird, wiederum nicht durch die isolierte Betrachtung der Konsequenzen des § 8 III BKAG für nach dem DNA-IFG gewonnene Daten beantwortet werden, da § 8 III BKAG keine abschließende Löschungsregelung für die DNA-Analyse-Datei bildet.

b) Die Löschung von Daten nach § 32 II BKAG

Die für die Löschung in Dateien gespeicherter Daten zentrale Regelung des Bundeskriminalamtgesetzes findet sich nämlich in § 32 II Satz 1 BKAG. Soweit hinsichtlich eines bestimmten DNA-Identifizierungsmusters kein Fall des § 8 III BKAG gegeben ist beziehungsweise eintritt, ist diese Norm für die Fortdauer der Speicherung maßgeblich.[1105] Im Einklang mit allgemeinen datenschutzrechtlichen Grundsätzen sind nach § 32 II Satz 1 BKAG Daten zwingend zu löschen, wenn die Speicherung unzulässig ist oder die Daten für die weitere Aufgabenerfüllung nicht mehr erforderlich sind.[1106] Ausnahmsweise erfolgt unter

---

[1102] Vgl. *Ahlf/Daub/Lersch/Störzer*, BKAG, § 8 Rn. 6; vgl. ferner die Ausführungen zu § 32 II BKAG, S. 204 ff.
[1103] Vgl. BVerfGE 65, 1, 46.
[1104] BVerfGE 65, 1, 46.
[1105] *Eisenberg*, Beweisrecht der StPO, Rn. 1687 m.
[1106] Erbs/Kohlhaas/Ambs-*Riegel*, § 32 BKAG Rn. 11, 15; *Vahle*, DSB 10/1997, 12, 13.

den Voraussetzungen des § 32 II Satz 2 BKAG die Sperrung[1107] anstelle der Löschung der Daten.[1108]

Eine im Sinne von § 32 II Satz 1 1. Alt. BKAG unzulässige Speicherung von Daten in Dateien liegt vor, wenn diese rechtswidrig ist, weil sie weder durch eine Rechtsnorm, noch durch die Einwilligung der Person, deren Daten gespeichert sind, gedeckt ist. Dabei kann die Unzulässigkeit der Datenspeicherung bereits im Zeitpunkt der Einspeisung bestanden haben, weil die Voraussetzungen der maßgeblichen Eingriffsgrundlage nicht gegeben gewesen sind oder aber die Rechtswidrigkeit hat sich erst zu einem späteren Zeitpunkt ergeben.[1109] Soweit eine Datenspeicherung im Regelungsbereich des BKAG nicht auf der Einwilligung des Betroffenen beruht, liegt danach grundsätzlich dann ein Fall des § 32 II Satz 1 1. Alt. BKAG vor, wenn die tatbestandlichen Voraussetzungen der für die Speicherung maßgeblichen Eingriffsgrundlage nicht (mehr) vorliegen.[1110] Nach der hier vertretenen Auffassung ist die Rechtsgrundlage für die Speicherung der Neufälle § 3 Satz 2 DNA-IFG als andere Rechtsvorschrift im Sinne des § 8 VI Satz 1 1. Alt. BKAG. Entsprechendes gilt für § 3 Sätze 1 und 2 DNA-IFG hinsichtlich der Altfälle und § 3 Satz 3 DNA-IFG für DNA-Identifizierungsmuster, welche für Zwecke eines aktuellen Strafverfahrens gewonnen worden sind.[1111]

Hieraus folgt, daß von einer Unzulässigkeit der (weiteren) Speicherung eines DNA-Identifizierungsmusters in einem Neu- oder einem Altfall in der DNA-Analyse-Datei gemäß § 32 II 1. Alt. BKAG allein dann ausgegangen werden kann, wenn die Voraussetzungen für die Erhebung des Datums nach § 81 g I StPO beziehungsweise nach § 2 I DNA-IFG in Verbindung mit § 81 g I StPO nicht vorgelegen haben. Die Sätze 1 und 2 des § 3 DNA-IFG stellen für die Frage der Speicherung der Daten allein auf deren Gewinnung ab; daß für die weitere Speicherung über den Gewinnungszeitpunkt hinaus die Erhebungsvoraussetzungen vorliegen müssen, ist dem Gesetz nicht zu entnehmen, welches von den gemäß § 2 DNA-IFG beziehungsweise nach § 81 g StPO *„gewonnenen"* DNA-Identifizierungsmustern spricht.[1112]

[1107] Unter dem *Sperren* von Daten versteht § 3 V Satz 2 Nr. 4 BDSG die Einschränkung der weiteren Verwendung oder Nutzung durch Kennzeichnung (Erbs/Kohlhaas-*Riegel*, § 32 BKAG Rn. 6).
[1108] *Ahlf/Daub/Lersch/Störzer*, BKAG, § 32 Rn. 15.
[1109] *Ahlf/Daub/Lersch/Störzer*, BKAG, § 32 Rn. 12 m.w.N.
[1110] Vgl. dazu oben S. 176 ff.
[1111] Vgl. oben S. 185 ff.
[1112] Allein dieses Verständnis ist in Einklang zu bringen mit der Regelung des § 8 III BKAG, der für die DNA-Analyse-Datei gilt und dadurch die (weitere) Speicherung nach § 81 g StPO erhobener Daten über den Zeitpunkt der Einstellung des Anlaßverfahrens hinaus ermöglicht, soweit ein Restverdacht gegen den Betroffenen nicht auszuräumen gewesen ist (vgl. im einzelnen S. 200 ff.).

Entfallen die Voraussetzungen der Erhebung des fraglichen DNA-Identifizierungsmusters dagegen zu einem späteren Zeitpunkt, so liegt damit kein Fall der Unzulässigkeit des § 32 II S. 1 1. Alt. BKAG vor – soweit die Unzulässigkeit nicht (bereits) durch § 8 III BKAG angeordnet wird.[1113] Eine gesondert zu prüfende andere Frage ist es jedoch darüberhinaus auch, ob in einem derartigen Fall noch von der Erforderlichkeit der weiteren Speicherung im Sinne von § 32 II S. 1 2. Alt. BKAG ausgegangen werden kann.

Nichts anderes gilt im Ergebnis für die nach § 81 e StPO gewonnenen DNA-Identifizierungsmuster. Zwar könnte die isolierte Betrachtung des Wortlauts des § 3 Satz 3 DNA-IFG als Hinweis darauf gedeutet werden, daß die durch diese Regelung in Bezug genommenen Erfordernisse des § 81 g I StPO auch über den Zeitpunkt der Einspeisung des DNA-Identifizierungsmusters hinaus vorliegen müssen: § 3 Satz 3 DNA-IFG spricht nämlich von der Speicherung nach § 81 e StPO gewonnener Daten *„unter den in § 81 g Abs. 1 der Strafprozeßordnung genannten Voraussetzungen."*

Diese Formulierung läßt sich ihrem Wortlaut nach dahingehend interpretieren, daß sowohl die in § 81 g I StPO enthaltene Negativprognose als auch die tatbestandlich erforderliche Beschuldigteneigenschaft der fraglichen Person im Hinblick auf eine Anlaßstraftat von erheblicher Bedeutung permanente (Zulässigkeits-) Voraussetzungen für die (weitere) Speicherung des fraglichen DNA-Identifizierungsmusters über den „Einspeisungszeitpunkt" hinaus darstellen.

Derartiges hätte jedoch ein offensichtlich sinn- und zweckwidriges Auseinanderfallen der Speicherungsmöglichkeiten von auf unterschiedlichen Rechtsgrundlagen erhobenen DNA-Identifizierungsmustern zur Folge.

Gründe für eine derartige Differenzierung sind nicht erkennbar. Im Gegenteil sollten durch die Einfügung des § 3 Satz 3 DNA-IFG nach dem subjektiven Willen des Gesetzgebers die *„Voraussetzungen für die Einspeisung der entsprechenden Daten in die DNA-Analyse-Datei des Bundeskriminalamts, ihre Verarbeitung, Nutzung und die Auskunftserteilung (...) nunmehr unabhängig von der jeweiligen Rechtsgrundlage der Datengewinnung (§§ 81 e, 81 g der Strafprozeßordnung, § 2 des DNA-Identitätsfeststellungsgesetzes) einer einheitlichen Regelung zugeführt"* werden.[1114] Die (weitere) Speicherung eines nach § 81 e StPO erhobenen DNA-Identifizierungsmusters ist danach unzulässig, wenn im Zeitpunkt der Einspeisung, die über § 3 Satz 3 DNA-IFG angesprochenen Voraussetzungen des § 81 g StPO nicht gegeben gewesen sind.

[1113] Vgl. *Kamann*, Beilage zu ZAP 5/2000, S. 30.
[1114] BT-Dr. 14/445, S. 6.

Die (weitere) Datenspeicherung ist dagegen erforderlich, wenn ohne die fraglichen Daten die betreffende Aufgabe nicht, nicht vollständig, nicht in angemessener Zeit oder nicht in rechtmäßiger Weise erfüllt werden kann.[1115] **Kamann** vertritt diesbezüglich die Ansicht, die Speicherung eines DNA-Identifizierungsmusters könne dadurch entbehrlich werden, daß sich die Negativprognose nicht weiter aufrechterhalten läßt, weil neue Tatsachen nunmehr dagegen sprechen, daß der Betroffene – der etwa einen Sinneswandel vollzogen hat – bei zukünftigen Straftaten von erheblicher Bedeutung als „Spurenleger" in Betracht zu ziehen sein wird.[1116] Dem ist zu widersprechen. Zweck der Speicherung von DNA-Identifizierungsmustern ist nicht allein die verbesserte Aufklärung zukünftiger schwerer Straftaten. Die DNA-Analyse-Datei bezweckt darüberhinaus auch die Täteridentifikation in zukünftigen Strafverfahren wegen zurückliegender noch unentdeckter Straftaten von erheblicher Bedeutung.[1117]

Umfaßt ist dabei auch die Entlastung Unschuldiger im Wege der Täteridentifikation in zukünftigen Strafverfahren bezüglich zurückliegender Straftaten. Daher läßt selbst der Tod einer Person, deren DNA-Identifizierungsmuster in der DNA-Analyse-Datei gespeichert ist, nicht zwangsläufig die Erforderlichkeit der weiteren Speicherung entfallen.[1118]

Die weitere Speicherung eines DNA-Identifizierungsmusters ist gemäß § 32 II Satz 1 2. Alt. BKAG danach erst dann aufgrund Entbehrlichkeit unzulässig, wenn sich die Möglichkeit einer Täteridentifizierung in einem zukünftigen Strafverfahren wegen einer zukünftigen oder einer vergangenen noch unentdeckten Straftat von erheblicher Bedeutung auf keine tatsächlichen Anknüpfungsgegebenheiten mehr stützen läßt.

Ob nun hinsichtlich eines bestimmmten in der DNA-Analyse-Datei gespeicherten Datums Unzulässigkeit oder Entbehrlichkeit der (weiteren) Speicherung im Sinne von § 32 II BKAG anzunehmen ist, wird nach § 32 III Satz 1 BKAG durch den zuständigen Sachbearbeiter anläßlich der Einzelfallbearbeitung und ferner nach gemäß § 34 I Satz 1 Nr. 8 BKAG festzulegenden Aussonderungsprüffristen entschieden.[1119] Die Errichtungsanordnung für die DNA-Analyse-

---

[1115] *Ahlf/Daub/Lersch/Störzer*, BKAG, § 32 Rn. 13 m.w.N.
[1116] *Kamann*, Beilage zu ZAP 5/2000, S. 32. Verfehlt ist es daher ebenfalls, wenn das LG Waldshut-Tiengen im gegebenen Zusammenhang wiederum von *„zukünftig begangenen Straftaten spricht"* (LG Waldshut-Tiengen, StV 2001, 10, 11).
[1117] Vgl. BT-Dr. 13/10791, S. 4 und *Markwardt/Brodersen*, NJW 2000, 692, 694.
[1118] *Kleinknecht/Meyer-Goßner*, § 81 g Rn. 11.
[1119] Vgl. *Ahlf/Daub/Lersch/Störzer*, BKAG, § 32 Rn. 28 ff.

Datei sieht dabei Überprüfungsfristen von 10 Jahren für Erwachsene und 5 Jahre für DNA-Identifizierungsmuster von Jugendlichen vor.[1120]

Maßgeblich für den Beginn der (jeweiligen) Frist ist § 32 V Satz 1 BKAG, demzufolge auf den Tag des letzten Ereignisses abzustellen ist, das zur Datenspeicherung geführt hat.[1121] Insoweit kann zurückgegriffen werden auf das im „Meldebogen" durch die Ermittlungsdienststelle eingetragene „Aussonderungsdatum".[1122] Befindet sich der Betroffene jedoch nicht in Freiheit, so beginnt die Prüffrist nicht vor dessen Entlassung aus dem Strafvollzug oder dem Vollzug einer freiheitsentziehenden Maßregel der Besserung und Sicherung.[1123]

Feststehende Löschungsfristen, wie sie etwa das BZRG vorsieht[1124], ergeben sich aus dem BKAG für die in der DNA-Analyse-Datei gespeicherten DNA-Identifizierungsmuster nicht. **Seibel/Gross** sehen hierdurch den Gesetzvorbehalt verletzt.[1125] Dem ist zu widersprechen: Das **BVerfG** hat im „Volkszählungsurteil" keine feststehenden Löschungsfristen für verfassungsmäßige Regelungen, die in das Recht auf informationelle Selbstbestimmung eingreifen, vorgegeben, sondern (lediglich) Löschungspflichten als wesentliche verfahrensrechtliche Schutzvorkehrungen angesprochen.[1126]

Die Speicherung der nach dem DNA-IFG gewonnenen Daten von vornherein auf bestimmte pauschale Zeiträume zu befristen, erscheint im Falle der DNA-Analyse-Datei nicht geboten. Im Unterschied zum Beispiel zu Eintragungen nach dem BZRG setzt die (weitere) Speicherung eines DNA-Identifizierungsmusters in der DNA-Analyse-Datei voraus, daß bezüglich des Betroffenen (weiter) Grund zu der Annahme besteht, daß (erneut) Verfahren wegen erheblicher Straftaten gegen ihn zu führen sein werden. Anderenfalls ist das betreffende Datum – wie dargelegt – nach § 32 II BKAG zu löschen.

Die Löschung eines bestimmten DNA-Identifizierungsmusters bei weiterhin gegebener Negativprognose aufgrund Ablaufs einer pauschalen Frist würde dem Zweck der Datenspeicherung, eine verbesserte Aufklärung von schweren Straftaten zu ermöglichen[1127], entgegenlaufen. Das Fehlen bestimmter pauschaler Lö-

---

[1120] Nr. 8.1 Errichtungsanordnung „DNA-Analyse-Datei", Stand 27.10.1999; vgl. auch *Kamann*, Beilage zur ZAP 5/2000, S. 33; *Schmitter*, Herold-Festschrift, S. 418.
[1121] *Ahlf/Daub/Lersch/Störzer*, BKAG, § 32 Rn. 42.
[1122] *Kamannn*, Beilage zu ZAP 5/2000, S. 21.
[1123] *Ahlf/Daub/Lersch/Störzer*, BKAG, § 32 Rn. 42.
[1124] Vgl. §§ 45 ff. BZRG.
[1125] *Seibel/Gross*, StraFo 1999, 117, 118.
[1126] BVerfGE 65, 1, 46.
[1127] BT-Dr. 13/10791, S. 4.

schungsfristen ist verfassungsrechtlich zu rechtfertigen im Hinblick auf den Gesetzeszweck und den Umstand, daß die fortdauernde Speicherung von Daten in der DNA-Analyse-Datei voraussetzt, daß sich die Negativprognose weiterhin aufrechterhalten läßt.

Für die Daten der DNA-Analyse-Datei bestehen damit im Ergebnis hinreichende Löschungsregelungen.

c) Berichtigung und Datenschutzkontrolle

Die Überprüfung eines in der DNA-Analyse-Datei gespeicherten Datensatzes kann statt der Notwendigkeit der Löschung auch dessen bloße Korrekturbedürftigkeit aufdecken.[1128] Maßgeblich für die Berichtigung von in der DNA-Analyse-Datei gespeicherten personenbezogenen Daten ist § 32 I BKAG; diese Norm beinhaltet die Verfahrensvorschriften für die Verarbeitung personenbezogener Daten in Dateien.[1129] Ergibt danach eine Überprüfung des Dateiinhalts eine Unrichtigkeit im Sinne des § 32 I BKAG, so ist das entsprechende Datum zu berichtigen.[1130] Die Berichtigung erfolgt durch die ergänzende Speicherung zusätzlicher Daten oder durch die (teilweise) Löschung unzutreffender erfaßter Daten.[1131] Die Berichtigung oder Löschung von Daten kann dabei im Rahmen des polizeilichen Informationssystems INPOL nach § 11 III BKAG nur durch diejenige Stelle erfolgen, die die fraglichen Daten eingegeben hat.[1132] Aus dem (Daten-) Besitzerprinzip des § 11 III BKAG folgt für den Bereich der Verbunddateien, dem auch die DNA-Analyse-Datei zugehört[1133], die datenschutzrechtliche Verantwortlichkeit des jeweils eingebenden Verbundteilnehmers.[1134]

Die Datenschutzkontrolle orientiert sich an den aufgezeigten datenschutzrechtlichen Verantwortlichkeiten. Soweit die diesbezügliche Verantwortung des BKA als Zentralstelle im Sinne des § 12 I BKAG reicht[1135], obliegt die Datenschutz-

---

[1128] *Kamann*, Beilage zu ZAP 5/2000, S. 33.
[1129] *Ahlf/Daub/Lersch/Störzer*, BKAG, § 32 Rn. 1.
[1130] *Ahlf/Daub/Lersch/Störzer*, BKAG, § 32 Rn. 8; dabei kann die Unrichtigkeit darauf beruhen, daß die gespeicherten Informationen falsch oder unvollständig sind (*Ahlf/Daub/Lersch/Störzer*, BKAG, § 32 Rn. 9).
[1131] *Ahlf/Daub/Lersch/Störzer*, BKAG, § 32 Rn. 10.
[1132] *Ahlf/Daub/Lersch/Störzer*, BKAG, § 11 Rn. 46.
[1133] BT-Dr. 13/10791, S. 6; *Ahlf/Daub/Lersch/Störzer*, BKAG, § 8 Rn. 15; *Beulke*, Strafprozeßrecht, Rn. 242; *Kube/Schmitter*, Kriminalistik 1998, 415, 415; KK-*Senge*, § 81 g Rn. 15; *Senge*, NJW 1999, 253, 254.
[1134] *Ahlf/Daub/Lersch/Störzer*, BKAG, § 12 Rn. 3; vgl. auch *Vahle*, DSB 10/1997, 12, 12.
[1135] Insoweit nimmt das BKA Überwachungsfunktionen wahr; im einzelnen obliegt es dabei dem BKA zu prüfen, „*ob die angelieferten Daten ihrer Art nach zu seiner rechtmäßigen*

kontrolle dem Bundesdatenschutzbeauftragten, während die von Stellen der Länder eingegebenen Daten der Kontrolle der jeweiligen Landesbeauftragten für den Datenschutz unterfallen.[1136]

d) Auskunftsanspruch und Löschungsantrag derjenigen Personen, deren Daten in der DNA-Analyse-Datei gespeichert sind

Damit nun diejenigen Personen, deren DNA-Identifizierungsmuster in der DNA-Analyse-Datei (möglicherweise noch) gespeichert sind, ihren Interessen entsprechend die Löschung ihrer Daten – welche dann erfolgt, soweit die tatbestandlichen Voraussetzungen der vorgestellten Löschungsregelungen vorliegen – effizient betreiben können, muß zweierlei gegeben sein: Zum einen muß es ihnen zunächst möglich sein, überhaupt in Erfahrung zu bringen, ob ihr DNA-Identifizierungsmuster (noch) in der DNA-Analyse-Datei gespeichert ist, zum anderen muß ihnen dann ein Verfahren offenstehen, im Wege dessen sie die Löschung der auf ihre Person bezogenen Daten verfolgen können.

Grundlage eines Anspruchs derjenigen Personen, deren DNA-Identifizierungsmuster in der DNA-Analyse-Datei gespeichert sind, gegenüber dem Bundeskriminalamt auf Auskunft über ihre (weiter vorhandenen) personenbezogenen Daten ist § 12 V BKAG. Der Auskunftsanspruch umfaßt nach § 19 BDSG, auf den § 12 V BKAG Bezug nimmt, die Auskunftserteilung über die gespeicherten personenbezogenen Daten, deren Herkunft, etwaige Empfänger der Daten und den Zweck der Speicherung.[1137]

Soll nun im Anschluß an eine erfolgte Auskunftserteilung nach § 12 V BKAG die Löschung der Daten beantragt werden, so ist dieser Antrag an die jeweils für die Löschung zuständige Stelle zu richten. Dies ist nach § 32 IX BKAG diejenige Stelle, welcher nach § 12 II BKAG die datenschutzrechtliche Verantwortung für das fragliche Datum zufällt, weil sie dieses in den Verbund eingegeben hat. Adressat des Löschungsantrags ist danach dasjenige Landeskriminalamt, wel-

---

Aufgabenerfüllung gespeichert werden dürfen, sofern Anhaltspunkte entsprechende Zweifel begründen, die formale Richtigkeit der von den berechtigten Stellen zur Speicherung oder Veränderung angelieferten Daten zu prüfen (...), pauschale Schlüssigkeitsprüfungen vorzunehmen (...), Vergleichsmöglichkeiten mit anderen, eine Kontrolle erlaubenden, Daten beim BKA zu nutzen, stichprobenweise die Einhaltung der für die Datei geltenden Konventionen zu überwachen" (Nr. 3.2. der geltenden Dateirichtlinien, GMBl. 1981, S. 114, zit. nach *Ahlf/Daub/Lersch/Störzer*, BKAG, § 12 Rn. 2.

[1136] *Ahlf/Daub/Lersch/Störzer*, BKAG, § 12 Rn. 7 ff.; *Kamann*, Beilage zu ZAP 5/2000, S. 30.
[1137] *Kamann*, Beilage zu ZAP 5/2000, S. 30 f.; vgl. auch *Bergmann/Möhrle/Herb*, BDSG, § 19 Rn. 8.

ches das fragliche DNA-Identifizierungsmuster in die DNA-Analyse-Datei eingegeben hat.[1138] Wird ein derartiger Antrag auf Löschung abschlägig beschieden, so ist nach § 23 EGGVG Antrag auf gerichtliche Entscheidung möglich.[1139]

Der **BGH** hat in seiner Entscheidung vom 31.03.1999 richterliche Untersuchungshandlungen nach § 2 DNA-IFG als *„Strafverfolgungsmaßnahmen im weiteren Sinne"* charakterisiert, da sie der *„Beweissicherung für künftige Strafverfahren"* dienen[1140]; das Bundesverfassungsgericht spricht diesbezüglich von „genuinem Strafprozeßrecht".[1141] Nur konsequent ist es, diese Einordnung auf den Bereich der Speicherung der gewonnenen DNA-Identifizierungsmuster zu übertragen; unabhängig von der Grundlage der Erhebung des DNA-Identifizierungsmusters kann die vom **BGH** angesprochene Zwecksetzung der Beweissicherung evidentermaßen erst durch die der Erhebung nachfolgende Speicherung der gewonnenen Daten für etwaige zukünftige Verwendung umgesetzt werden.[1142] Die Speicherung nach dem DNA-IFG gewonnener Daten stellt sich damit im Kern als Maßnahme der Strafverfolgung[1143] dar, so daß für Streitigkeiten um die Löschung bestimmter gespeicherter Daten der ordentliche Rechtsweg gegeben ist[1144]; in Ermangelung einer Regelung spezielleren Rechtsschutzes verbleibt der subsidiäre Rechtsbehelf nach §§ 23 ff. EGGVG.[1145]

Dem steht nicht entgegen, daß nach § 3 S. 4 DNA-IFG aus der DNA-Analyse-Datei Auskünfte auch für andere Zwecke, als die der Strafverfolgung erteilt werden können.[1146] Für die Frage der Zulässigkeit der (weiteren) Speicherung beziehungsweise umgekehrt der Verpflichtung, Daten aus der DNA-Analyse-Datei zu löschen, kommt es nur auf Gesichtspunkte der (Vorsorge für zukünftige) Strafverfolgung an.[1147] Kann nicht mehr die auf Tatsachen gegründete Möglichkeit angenommen werden, daß durch die weitere Speicherung eines bestimmten DNA-Identifizierungsmusters in einem Strafverfahren wegen einer zukünftigen oder vergangenen noch unentdeckten Straftat ein Täter identifiziert werden kann, so ist das betreffende Datum daher nach § 32 II S. 1 2. Alt. BKAG zu löschen, ohne daß der Frage, ob eine weitere Speicherung eventuell für Zwecke der Gefahrenabwehr wünschenswert wäre, eine Bedeutung zukommt. Die Voraussetzungen für die Erhebung und Speicherung von DNA-

---

[1138] *Kamann*, Beilage zu ZAP 5/2000, S. 31.
[1139] *Kamann*, Beilage zu ZAP 5/2000, S. 34.
[1140] BGH, StV 1999, 302, 302.
[1141] BVerfG, EuGRZ 2001, 70, 73.
[1142] *Kamann*, Beilage zu ZAP 5/2000, S. 35.
[1143] Der BGH müßte anschließen: „im weiteren Sinne".
[1144] *Kamann*, Beilage zu ZAP 5/2000, S. 34.
[1145] *Kamann*, Beilage zu ZAP 5/2000, S. 34 f.
[1146] Siehe oben S. 192 ff.
[1147] Vgl. oben S. 207.

Identifizierungsmustern knüpfen an spezielle Zwecke aus dem Bereich der Strafverfolgung (im weiteren Sinne) und nicht aus dem Polizeirecht an. Nichts anderes gilt für die der Speicherung spiegelbildlich gegenüberstehende Frage der Löschungsverpflichtung von Daten. Hieran ändert die in § 3 S. 4 DNA-IFG zugelassene Möglichkeit der zweckändernden beziehungsweise -erweiternden Auskunftserteilung nichts.

Nach § 19 IV BDSG wird dem Betroffenen keine Auskunft erteilt, wenn dessen Interesse wegen bestimmter Umstände zurücktreten muß, wie etwa der Gefährdung der Aufgabenerfüllung der speichernden Stelle, Gefährdung der öffentlichen Sicherheit und Ordnung, ein überwiegendes Geheimhaltungsinteresse aus gesetzlichen oder berechtigten Interessen Dritter.[1148] Vielfach wird dem Anfragenden jedoch die erwünschte Auskunft zu erteilen sein.[1149]

Verbleibt es dagegen bei der Verweigerung der Auskunft seitens des BKA, so kann der Auskunftbegehrende wiederum nach den §§ 23 ff. EGGVG vorgehen, da sich eine derartige Streitigkeit auf die Frage einer Auskunftserteilung über Daten aus einer Datei bezöge, welche Strafverfolgungszwecken (im weiteren Sinne) dient.

3. Schadensersatz

Nach § 12 IV BKAG der auch für die DNA-Analyse-Datei gilt, haftet das BKA im Außenverhältnis für nach § 7 BDSG gegebene Schadensersatzansprüche von Personen, deren Daten in der DNA-Analyse-Datei gespeichert sind.[1150] Voraussetzung eines derartigen verschuldensunabhängigen Anspruchs ist, daß durch eine unzulässige oder unrichtige automatische Verarbeitung personenbezogener

---

[1148] *Kamann*, Beilage zu ZAP 5/2000, S. 31.

[1149] *Kamann* bildet das Beispiel einer anwaltlichen Anfrage an das BKA nach rechtskräftigem Freispruch des Mandanten vom Vorwurf der sexuellen Nötigung, nachdem das DNA-Identifizierungsmuster des Mandanten im Rahmen des Ermittlungsverfahrens nach § 81 g StPO gewonnen und in der DNA-Analyse-Datei gespeichert worden war (*Kamann*, Beilage zu ZAP 5/2000, S. 28). In einem derartigen Fall sind die Daten nach § 8 III BKAG zu löschen, soweit sich aus den Gründen der Entscheidung ergibt, daß die Anlaßtat nicht oder nicht rechtswidrig begangen worden ist (vgl. oben S. 200 ff.). Ein dem auf Feststellung, ob die Löschung bereits geschehen ist, gerichteten Auskunftsanspruch dürften kaum vorrangige Umstände im Sinne des § 19 IV BDSG entgegenstehen (*Kamann*, Beilage zu ZAP 5/2000, S. 31).

[1150] *Kamann*, Beilage zu ZAP 5/2000, S. 37 f.

Daten ein Schaden entstanden ist.[1151] Unzulässigkeit in diesem Sinne liegt bei jeder rechtswidrigen Datenverarbeitung vor.[1152]

Eine unzulässige Verarbeitung in Form der (fortdauernden) Speicherung personenbezogener Daten in der DNA-Analyse-Datei kann etwa darauf beruhen, daß die Aufnahme des DNA-Identifizierungsmusters bereits nicht hätte erfolgen dürfen, da die Voraussetzungen für seine Erhebung nicht gegeben waren. Entsprechendes gilt, soweit sich nach dem Aufnahmezeitpunkt eine Verpflichtung zur Löschung der Daten ergeben hat. Des weiteren kann der Schaden auf einer unzulässigen Auskunftserteilung beruhen.[1153] Eine unrichtige automatische Verarbeitung eines personenbezogenen Datums im Rahmen der DNA-Analyse-Datei liegt schlicht dann vor, wenn Daten falsch aufgenommen oder verwechselt worden sind.[1154]

Ersatzfähig sind nach § 7 I BDSG in erster Linie materielle Schäden[1155], während nach § 7 II BDSG auch ein Anspruch auf Ersatz immaterieller Schäden entstehen kann, soweit eine schwere Verletzung des Persönlichkeitsrechts vorliegt.[1156] Dies dürfte etwa bei einer auf eine unzulässige oder unrichtige Datenverarbeitung zurückgehenden rechtswidrigen Inhaftierung anzunehmen sein.[1157]

Für die Geltendmachung eines Schadensersatzanspruchs ist der ordentliche Rechtsweg eröffnet. Sachlich zuständig ist die Zivilkammer am Landgericht.[1158]

4. Beweisverwertungsverbote im zukünftigen Strafverfahren

Die Verwertung eines DNA-Identifizierungsmusters aus der DNA-Analyse-Datei im Rahmen eines (zukünftigen) Strafverfahrens setzt zunächst voraus, daß dieses Verfahren eine Straftat von erheblicher Bedeutung zum Gegenstand hat.[1159] Andernfalls wäre nicht einzusehen, warum die Negativprognose des § 81 g I StPO auf Straftaten von erheblicher Bedeutung bezogen ist.

[1151] Vgl. im einzelnen *Bergmann/Möhrle/Herb*, BDSG, § 7 Rn. 8; Simitis/Damann/Geiger/Mallmann/Walz-*Simitis*, BDSG, § 7 Rn. 10 ff.
[1152] Simitis/Damann/Geiger/Mallmann/Walz-*Simitis*, BDSG, § 7 Rn. 18.
[1153] *Kamann*, Beilage zu ZAP 5/2000, S. 37 f.
[1154] *Kamann*, Beilage zu ZAP 5/2000, S. 38.
[1155] Simitis/Damann/Geiger/Mallmann/Walz-*Simitis*, BDSG, § 7 Rn. 22.
[1156] Simitis/Damann/Geiger/Mallmann/Walz-*Simitis*, BDSG, § 7 Rn. 23.
[1157] *Kamann*, Beilage zu ZAP 5/2000, S. 38.
[1158] *Kamann*, Beilage zu ZAP 5/2000, S. 37 m.w.N.
[1159] KK-*Senge*, § 81 g Rn. 13.

Des weiteren stellt sich die Frage, inwieweit Fehler bei der Erhebung der Datensätze zu einem Beweisverwertungsverbot im Rahmen des „Prognose-" Verfahrens führen können.[1160] Derartige Fehler können zum einen darauf zurückgehen, daß die Voraussetzungen für die Erhebung im Erhebungszeitpunkt nicht vorgelegen haben; zum anderen kann es im Hinblick auf Erfordernisse des Verfahrens beziehungsweise der Durchführung der Körperzellentnahme oder der molukulargenetischen Untersuchung zu Mängeln gekommen sein. In erstgenannter Hinsicht kann es zunächst – erfolgte die Gewinnung des DNA-Identifizierungsmusters in einem Neufall – im Erhebungszeitpunkt am Vorliegen eines Anfangsverdachts hinsichtlich einer (erheblichen) Anlaßstraftat gefehlt haben. In einem derartigen Fall ist von einem Beweisverwertungsverbot auszugehen, soweit die Annahme des Anfangsverdachts sich als willkürlich dargestellt beziehungsweise auf einer groben Fehlbeurteilung beruht hat.[1161]

Kommt es demgegenüber in bezug auf die Anlaßstraftat zu einer Verfahrensbeendigung durch Einstellung oder Freispruch, so kann dies auf der Anwendung des in-dubio-pro-reo Grundsatzes beruhen, oder aber es kann sich positiv herausgestellt haben, daß der Beschuldigte die Tat nicht, nicht schuldhaft oder nicht rechtswidrig begangen hat.

Geht die Verfahrensbeendigung (lediglich) auf die Anwendung des in-dubio-pro-reo Grundsatzes zurück, so daß sich aus der verfahrensbeendenden Entscheidung nicht ergibt, daß der Beschuldigte die Tat nicht oder nicht rechtswidrig begangen hat, so entsteht hierdurch kein Verwertungsverbot. Der Gesetzgeber ist zutreffend davon ausgegangen, daß in einer derartigen Konstellation § 8 III BKAG die weitere Speicherung, Veränderung und auch Nutzung in der DNA-Analyse-Datei gespeicherter DNA-Identifizierungsmuster ermöglicht.[1162]

Abzulehnen ist daher die im Schrifttum vertretene Auffassung, daß bei rechtskräftigen Freisprüchen, bei denen nicht die Voraussetzungen des § 2 I DNA-IFG

[1160] Auf das Anlaßverfahren können derartige Fehler von vornherein keinen Einfluß haben, da das DNA-Identifizierungsmuster unabhängig von den Erfordernissen dieses Verfahrens erhoben wird und im Anlaßverfahren nicht verwertet wird (vgl. BT-Dr. 13/10791, S. 4; *Graalmann-Scheerer*, Kriminalistik 2000, 328, 334; SK-*Rogall*, § 81 g Rn. 30; KK-*Senge*, § 81 g Rn. 17).
[1161] Vgl. *Graalmann-Scheerer*, Kriminalistik 2000, 328, 334 f.; KK-*Senge*, § 81 g Rn. 17 unter Verweis auf BGHSt 28, 122,124; vgl. auch BGHSt 41, 30, 34; für ein Beweisverwertungsverbot bereits bei „bloßer" Unvertretbarkeit SK-*Rogall*, § 81 g Rn. 32; vgl. des weiteren die Kommentierung im *Kleinknecht/Meyer-Goßner*, § 81 g Rn. 15, derzufolge die unrichtige Beurteilung der Voraussetzung der Erhebungsmaßnahme die Revision in der Regel nicht begründe.
[1162] BT-Dr. 11/11116, S. 7.

vorliegen¹¹⁶³ oder sogar bei sämtlichen rechtskräftigen Freisprüchen¹¹⁶⁴ ein Verwertungsverbot entsteht. Daß – dieser Gedanke dürfte dem Abstellen auf die Altfallregelung zugrunde liegen – ab dem Zeitpunkt, ab dem die Erhebung eines DNA-Identifizierungsmusters nicht mehr möglich ist, ein Beweisverwertungsverbot gegeben ist, leuchtet nicht ein; konsequentermaßen müßte der angesprochene Ansatz auch dafür plädieren, bei sämtlichen in der DNA-Analyse-Datei gespeicherten Altfällen ab dem Zeitpunkt der Tilgung beziehungsweise der Tilgungsreife der Registereintragung hinsichtlich der Anlaßstraftat ein Beweisverwertungsverbot anzunehmen, zumal nun ja keine Datenerhebung mehr in Betracht käme.¹¹⁶⁵

Derartiges erscheint nicht vereinbar mit dem Gesetzeszweck. Die angesprochene Meinung übersieht, daß für das weitere Schicksal der DNA-Identifizierungsmuster § 8 III BKAG maßgeblich ist¹¹⁶⁶, so daß bereits ein nicht auszuräumender Tatverdacht bezüglich einer tauglichen Anlaßstraftat die fortdauernde Speicherung und darüber hinaus auch die zukünftige Verwertung des DNA-Identifizierungsmusters in einem Strafverfahren rechtfertigt.¹¹⁶⁷ Soweit sich stattdessen aus der verfahrensbeendenden Entscheidung ergibt, daß der Beschuldigte die Tat nicht oder nicht rechtswidrig begangen hat (§ 8 III BKAG), ist nicht nur die fortdauernde Speicherung in der DNA-Analyse-Datei unzulässig, sondern es entsteht darüber hinaus auch ein – die Regelung des § 8 III BKAG gleichsam prozessual flankierendes – Beweisverwertungsverbot im Rahmen zukünftiger Strafverfahren.

Ist dagegen im Anlaßverfahren zwar eine Verurteilung erfolgt, welche sich jedoch lediglich auf eine nicht erhebliche Straftat bezog, so wird entsprechend der vorstehend entwickelten Grundsätze im Hinblick auf die Verwertbarkeit zu differenzieren sein. Verbleibt Raum für die weitere Annahme des Verdachts einer Straftat von erheblicher Bedeutung, so kann das fragliche DNA-Identifizierungsmuster weiter in der DNA-Analyse-Datei gespeichert werden¹¹⁶⁸ und das Datum bleibt darüber hinaus auch verwertbar. Dies gilt wiederum nicht für den umgekehrten Fall, daß der Verdacht (auch) im Hinblick auf die (Anlaß-)Straftat von erheblicher Bedeutung positiv ausgeräumt ist.

Hinsichtlich des tatbestandlichen Erfordernisses der Negativprognose wird im Schrifttum vertreten, daß die irrtümliche Annahme wegen des eröffneten Beur-

---

¹¹⁶³ KK-*Senge*, § 81 g Rn. 13.
¹¹⁶⁴ So wohl SK-*Rogall*, § 81 g Rn. 32 unter Verweis auf KK-*Senge*, § 81 g Rn. 13.
¹¹⁶⁵ Vgl. dazu oben S. 146 ff.
¹¹⁶⁶ BT-Dr. 13/11116, S. 7 f.; *Kleinknecht/Meyer-Goßner*, § 81 g Rn. 10.
¹¹⁶⁷ Vgl. BT-Dr. 13/11116, S. 7 f.
¹¹⁶⁸ Vgl. oben S. 200 ff.

teilungsspielraums die Revision nicht zu begründen vermag.[1169] Maßgeblich erscheint in dieser Konstellation der Aspekt, daß die Verwertung eines DNA-Identifizierungsmusters aus der DNA-Analyse-Datei nur in einem Strafverfahren hinsichtlich einer Straftat von erheblicher Bedeutung in Betracht kommt[1170], da ansonsten nicht erklärbar wäre, daß sich die Negativprognose auf künftige Verfahren wegen Straftaten von erheblicher Bedeutung beziehen muß. Die betrachtete Fallgestaltung setzt also voraus, daß im Rahmen eines (künftigen) Verfahrens wegen einer Straftat von erheblicher Bedeutung gerügt wird, daß zu Unrecht im Zeitpunkt der Erhebung des DNA-Identifizierungsmusters angenommen worden war, daß gegen den Beschuldigten beziehungsweise Betroffenen erneut Strafverfahren wegen Straftaten von erheblicher Bedeutung zu führen sein werden.

Ein derartiges Rügevorbringen muß jeweils zwangsläufig mit dem grundsätzlichen Problem kämpfen, daß die „Prognose" zwischenzeitlich offensichtlich eingetroffen ist. Für die Annahme eines Beweisverwertungsverbots dürften daher nur die eher extremen Fälle übrigbleiben, die dadurch charakterisiert sind, daß die Negativprognose ex tunc gleichsam „ins Blaue hinein" und damit unvertretbar beziehungsweise willkürlich ausgestellt worden ist.[1171] In einem derartigen Fall griffe der Hinweis auf den für die Negativprognose eröffneten Beurteilungsspielraums in der Tat nicht durch[1172], da dann von diesem Spielraum gar kein Gebrauch gemacht worden wäre.

Da § 81 g III StPO für den Bereich der Datenerhebung nach dem DNA-IFG im Hinblick auf das zu beachtende Verfahren auf die Regelungen der § 81 a II StPO und § 81 f StPO verweist, ist für die Frage, inwieweit diesbezügliche Fehler ein die Revision begründendes Verwertungsverbot zur Folge haben, prinzipiell auf die zu diesen Vorschriften im Zusammenhang mit der Durchführung forensischer DNA-Analysen für Zwecke aktueller Strafverfolgung entwickelten Grundsätze zu verweisen.[1173] Wer – entgegen der hier vertretenen Auffassung[1174] – nicht von der Kompensierbarkeit der (fehlenden) richterlichen Anordnung der molekulargenetischen Untersuchung durch wirksame Einwilligung ausgeht, wird zu einem Beweisverwertungsverbot gelangen für diejenigen vorgehaltenen

---

[1169] SK-*Rogall*, § 81 g Rn. 32.
[1170] KK-*Senge*, § 81 g Rn. 13.
[1171] *Graalmann-Scheerer*, Kriminalistik 2000, 328, 334 f.
[1172] Vgl. SK-*Rogall*, § 81 g Rn. 32.
[1173] *Graalmann-Scheerer*, Kriminalistik 2000, 328, 331 ff., 334; SK-*Rogall*, § 81 g Rn. 31 m.w.N.
[1174] Wie hier nunmehr auch LG Hamburg, StV 2000, 660, 661.

DNA-Identifizierungsmuster, deren Erstellung nicht richterlich angeordnet worden ist.[1175]

Unverwertbar ist ein DNA-Identifizierungsmuster jedenfalls dann, wenn die seine Erstellung tragende Einwilligung unwirksam ist, weil zum Beispiel gegenüber dem in Haft befindlichen Betroffenen vollzugliche Lockerungen an die Einwilligung in eine Körperzellentnahme geknüpft worden waren.[1176] Ist durch Widerruf der Einwilligung die Grundlage für die Verwendung eines Datums mit Wirkung für die Zukunft entfallen, so stellt die Verwendung des DNA-Identifizierungsmusters in einem künftigen Strafverfahren einen schweren Verfahrensfehler dar, der zu einem Beweisverwertungsverbot führt.[1177]

Fazit

Eine Erörterung des DNA-IFG muß aufgrund des Gehalts seiner Vorschriften zwangsläufig eine Art Momentaufnahme darstellen, die untrennbar verknüpft ist mit dem jeweiligen naturwissenschaftlichen Erkenntnisstand.

Gegenwärtig ist daher nicht absehbar, ob und – wenn ja – welche Modifikationen der betrachteten Normen beziehungsweise zumindest des Umgangs mit den Regelungen des DNA-IFG in der Zukunft geboten erscheinen werden. Ob sich zum Beispiel im Hinblick auf gegenwärtig noch nicht erkannte mit dem Betrieb der DNA-Analyse-Datei verbundene Mißbrauchsgefahren doch eine restriktivere Interpretation der tatbestandlichen Voraussetzungen einzelner Eingriffsregelungen zukünftig als rechtsstaatlich angezeigt darstellt, kann im jetzigen Zeitpunkt lediglich Gegenstand von Spekulationen sein.

Für die Gegenwart bleibt es daher dabei, daß der Gesetzgeber mit dem DNA-Identitätsfeststellungsgesetz – für einen recht weit gesteckten Anwendungsbereich – ein wirksames Werkzeug bereitgestellt hat, welches die Identifizierung der Urheber von Straftaten von erheblicher Bedeutung ermöglicht.

[1175] *Burhoff*, Ermittlungsverfahren, Rn. 267 e; *Eisenberg*, Beweisrecht der StPO, Rn. 1687 p; *Pfeiffer*, § 81 g Rn. 8;
[1176] *Busch*, StV 2000, 661, 662; *Kamann*, Beilage zu ZAP 5/2000, S. 27.
[1177] *Busch*, StV 2000, 661, 662.

Literaturverzeichnis

Ahlf, Ernst-Heinrich: Rechtsprobleme der polizeilichen Kriminalaktenführung, in: KritV (71. Jahrgang) 1988, 136 ff.

Ahlf, Ernst-Heinrich / Daub, Ingo E. / Lersch, Roland / Störzer, Hans Udo: Bundeskriminalamtgesetz. BKAG, Stuttgart u. a. 2000.

Auernhammer, Herbert: Bundesdatenschutzgesetz. Kommentar. 3. Aufl. Köln u.a. 1993.

Backes, Otto: Kriminalpolitik ohne Legitimität, in: KritV 1986, 315 ff.

Bär, Walter: Zum Beweiswert der DNA-Analyse, in: Donatsch, Andreas / Schmid, Niklaus (Hrsg.): Strafrecht und Öffentlichkeit. Festschrift für Jörg Rehberg zum 65. Geburtstag, Zürich 1996, S. 41 ff.

Bäumler, Helmut: Kriminologie: Im Visier der Gen-Fahnder. Der schleswig-holsteinische Datenschutzbeauftragte über die Risiken der DNS-Datei und Innenminister Kanthers fragwürdige Pläne, in: DER SPIEGEL Nr. 18 vom 27. April 1998, S. 194 ff.

Bäumler, Helmut: Anmerkung zu OVG Schleswig, NordÖR 1999, 76 ff., in: NordÖR 1999, 78 ff.

Bäumler, Helmut (Hrsg.): „Polizei und Datenschutz" – Neupositionierung im Zeichen der Informationsgesellschaft, Neuwied, Kriftel 1999.

Benfer, Jost: Verdeckte Ermittlungen durch Polizeibeamte, in: MDR 1994, 12 ff.

Benfer, Jost: Eingriffsrechte: Voraussetzungen und Grenzen präventiver und repressiver Rechtseingriffe durch Polizei und Staatsanwaltschaft, München 1997.

Benfer, Jost: Die molekulargenetische Untersuchung (§§ 81 e, 81 g StPO), in: StV 1999, 402 ff.

Bergmann, Lutz / Möhrle, Roland / Herb, Armin: Datenschutzrecht, Band I, Stand März 2000, Stuttgart u.a.

Beulke, Werner: Strafprozeßrecht, 4. Aufl. Heidelberg 1999.

Boyd, B. Sharon / Hruschka, Joachim / Joerden, Jan C. (Hrsg.): Jahrbuch für Recht und Ethik, Band 7 (1999), Themenschwerpunkt: Der analysierte Mensch, Berlin 1999.

Brinkmann, Bernd: Zur DNA-Analysedatei beim BKA, in: Kriminalistik 1998, 462.

Brinkmann, Bernd / Pfeiffer, Heidi: Die Auswertung von Haarspuren mittels DNA-Analyse. Fortschritte in der Haaranalyse, in: Kriminalistik 2000, 258 ff.

Brodersen, Kilian: Das Strafverfahrensänderungsgesetz 1999, in: NJW 2000, 2536 ff.

Burhoff, Detlef: Handbuch für das strafrechtliche Ermittlungsverfahren, 2. Aufl. Herne 1999.
Burr, Kai: Das DNA-Profil im Strafverfahren unter Berücksichtigung der Rechtsentwicklung in den USA, Bonn 1995.
Busch, Ralf: Anmerkung zu LG Hamburg, StV 2000, 660 f., in: StV 2000, 661 f.

Dearing, Albin (Hrsg.): Sicherheitspolizeigesetz (SPG) und wichtige Nebengesetze und Verordnungen mit Kommentar in der ab 1. Jänner 2000 geltenden Fassung, Wien 1999.
Deckert, Martina R.: Die Methodik der Gesetzesauslegung, in: JA 1994, 412 ff.
Denninger, Erhard: Verfassungsrechtliche Grenzen polizeilicher Datenverarbeitung insbesondere durch das Bundeskriminalamt, in: CR 1988, 51 ff.
Depenheuer, Otto: Das Verfassungsbewußtsein des Bürgers als Schranke der Verfassungsgerichtsbarkeit, in: Ziemske, Burghard (Hrsg.): Festschrift für Martin Kriele, München 1997, S. 485 ff.
Deutscher Bundestag / Bundesarchiv (Hrsg.): Der Parlamentarische Rat 1948 – 1949. Akten und Protokolle. Band 3, Ausschuß für Zuständigkeitsabgrenzung, Boppard am Rhein 1986.
Dreier, Horst: Erkennungsdienstliche Maßnahmen im Spannungsfeld von Gefahrenabwehr und Strafverfolgung, in: JZ 1987, 1009 ff.
Dreier, Horst (Hrsg.): Grundgesetz. Kommentar. Bd. II. Art. 20 – Art. 82, Tübingen 1998.
Dzendzalowski, Horst: Die körperliche Untersuchung. Eine strafprozessualkriminalistische Untersuchung zu den §§ 81 a und 81 c StPO, Lübeck 1971.

Eisenberg, Ulrich: Beweisrecht der StPO. Spezialkommentar, 3. Aufl. München 1999.
Eisenberg, Ulrich: Kriminologie, 5. Aufl. München 2000.
Engel, Tim: Mißbrauchsgefahren von DNA-Analysen (zu Rath/Brinkmann, NJW 1999, 2697), in: NJW Heft 48/1999 (NJW-Echo), S. XXIV.
Erbs, Georg (Begr.) / Kohlhaas, Max (Begr.) / Ambs, Friedrich (Hrsg.): Strafrechtliche Nebengesetze. Bd. I. 1. – 5. Auflage einschl. 135. Erg.-Lfg, München 1999.
Ernst, Marcus A.: Verarbeitung und Zweckbindung von Informationen im Strafprozeß, Berlin 1993.

Fezer, Gerhard / Paulus, Rainer (Hrsg. ab der 14. Aufl.): KMR-Kommentar zur Strafprozeßordnung, Neuwied u.a. 1998 (22. Lfg. März 2000).
Fluck, Peter: DNA-Identitätsfeststellung. Fortdauernde rechtliche Probleme bei „Neu- und Altfällen", in: Kriminalistik 2000, 479 ff.
Foldenauer, Wolfgang: Genanalyse im Strafverfahren, Berlin 1995.

Fugmann, Annette: Erkennungsdienstliche Maßnahmen zu präventiv-polizeilichen Zwecken, in: NJW 1981, 2227 ff.

Fuss, Ernst-Werner: Rechtsfragen des polizeilichen Erkennungsdienstes, in: Vogel, Klaus / Tipke, Klaus (Hrsg.): Verfassung. Verwaltung. Finanzen. Festschrift für Gerhard Wacke zum 70. Geburtstag, Köln 1972, S. 305 ff.

Geerds, Friedrich: Körperliche Untersuchung. Zur strafprozessualen und kriminalistischen Problematik der §§ 81 a, 81 c, 81 d StPO, in: Jura 1988, 1 ff.

Gössel, Karl Heinz: Überlegungen zur Bedeutung des Legalitätsprinzips im rechtsstaatlichen Strafverfahren, in: Hanack, Ernst-Walter / Rieß, Peter / Wendisch, Günter (Hrsg.): Festschrift für Hanns Dünnebier zum 75. Geburtstag, Berlin u.a. 1982, 121 ff.

Gössel, Karl Heinz: Anmerkung zu LG Heilbronn, JR 1991, 29 ff., in: JR 1991, 31 ff.

Gössner, Rolf: Risiken & Nebenwirkungen der genetischen „Rasterfahndung". Zu den bürgerrechtlichen Kosten des „Genetischen Fingerabdrucks", in: Geheim 3/1998, http://www.infolinks.de/geheim/1998/03/004.htm vom 10.09.2000.

Götz, Albrecht / Tolzmann Gudrun: Bundeszentralregistergesetz, 4. Aufl. Stuttgart u.a. 2000.

Gola, Peter / Schomerus, Rudolf: Bundesdatenschutzgesetz (BDSG), 6. Aufl. München 1997.

Graalmann-Scheerer Kirsten: Zur Zulässigkeit der Einwilligung in die Entnahme von Körperzellen (§§ 81 g Abs. 3, 81 a Abs. 2 StPO, § 2 DNA-Identitätsfeststellungsgesetz) und in die molekulargenetische Untersuchung (§§ 81 g Abs. 3, 81 a Abs. 1 StPO, § 2 DNA-Identitätsfeststellungsgesetz), in: JR 1999, 453 ff.

Graalmann-Scheerer, Kirsten: DNA-Analyse – „Genetischer Fingerabdruck". Strafverfahrensrechtliche Probleme im Zusammenhang mit der molekulargenetischen Untersuchung, in: Kriminalistik 2000, 328 ff.

Graf, Walther: Rasterfahndung und organisierte Kriminalität, Mönchengladbach 1997

Gusy, Christoph: Polizeiarbeit zwischen Gefahrenabwehr und Strafverfolgung, in: StV 1993, 269 ff.

Haller, Klaus / Conzen, Klaus: Das Strafverfahren. Eine systematische Darstellung, 2. Aufl. Heidelberg 1999.

Hamm, Rainer: Datenbanken mit genetischen Merkmalen von Straftätern. Erwiderung auf Peter M. Schneider DuD 1998, 330 ff., in: DuD 1998, 457 ff.

Hamm, Rainer: Bürger im Fangnetz der Zentraldateien, in: NJW 1998, 2407 ff.

Harbort, Stephan: Der Beweiswert der Blutprobe, Stuttgart u. a. 1994.

Henke, Jürgen / Schmitter, Hermann: DNA-Polymorphismen in forensischen Fragestellungen, in: Taschke, Jürgen / Breidenstein, Felix (Hrsg.): Die Genomanalyse im Strafverfahren, 1. Aufl. Baden-Baden 1995, 32 ff.

Hesse, Konrad: Grundzüge des Verfassungsrechts der Bundesrepublik Deutschland, Neudruck der 20. Aufl. Heidelberg 1999.

Hilger, Hans: Neues Strafverfahrensrecht durch das OrgKG– 1. Teil –, in: NStZ 1992, 457 ff.

Hund, Horst: Polizeiliches Effektivitätsdenken contra Rechtsstaat, in: ZRP 1991, 463 ff.

Jacob, Joachim: Die Gen-Datei und der Datenschutz, in: Spektrum der Wissenschaft Oktober 1998, 60 ff.

Jähnke, Burkhard / Laufhütte, Heinrich Wilhelm / Odersky, Walter (Hrsg.): StGB Leipziger Kommentar. Großkommentar, 11. Aufl. 9. Lfg.: §§ 56-60, Berlin u.a. 1993.

Jähnke, Burkhard / Laufhütte, Heinrich Wilhelm / Odersky, Walter (Hrsg.): StGB Leipziger Kommentar. Großkommentar, 11. Aufl. 2. Lfg.: Vor § 60; §§ 61-67, Berlin u.a. 1992.

Jähnke, Burkhard / Laufhütte, Heinrich Wilhelm / Odersky, Walter (Hrsg.): StGB Leipziger Kommentar. Großkommentar, 11. Aufl. 19. Lfg.: §§ 174-184 c, Berlin u.a. 1995.

Jarass, Hans D. / Pieroth, Bodo: Grundgesetz für die Bundesrepublik Deutschland, 5. Aufl. München 2000.

Jeffreys, Alec J. / Wilson, Victoria / Thein, Swee Lay: Individual-specific ‚fingerprints' of human DNA, in: Nature vol. 316 (July 1985), 76 ff.

Jeffreys, Alec. J. / Allen, Maxine J. / Hagelberg, Erika / Sonnberg, Andreas: Identification of Joseph Mengele by DNA-Analysis, in: Forensic Science International 56 (1992), 65 ff.

Jescheck, Hans-Heinrich / Weigend Thomas: Lehrbuch des Strafrechts, Allgemeiner Teil, 5. Aufl. Berlin 1996.

Jung, Heike: Zum genetischen Fingerabdruck, in: MschKrim (72) 1989, 103 ff.

Kalf, Wolfgang: Die Fristen des Bundeszentralregistergesetzes in der strafrechtlichen Praxis, in: StV 1991, 132 ff.

Kalf, Wolfgang: Die Behandlung von Schuldunfähigkeitsvermerken nach dem Bundeszentralregistergesetz, in: StV 1991, 580 ff.

Kamann, Ulrich: Anmerkung zu OLG Zweibrücken, StV 1999, 9 f., in: StV 1999, 10 f.

Kamann, Ulrich: Das DNA-Verfahren in der Praxis. Ein Leitfaden an Hand von Formularvorschlägen, in: Beilage zu ZAP 5/2000.

Karioth, Detlef: Die körperliche Untersuchung des Beschuldigten gemäß § 81 a, 81 e und 81 f StPO n.F. unter besonderer Berücksichtigung der sog. Genom-Analyse, in: DIE POLIZEI 1997, 195 ff.

Kaufmann, Peter / Ureta, Luis Fernando: Die richterliche Begründungs- und Anordnungspraxis im Verfahren gem. § 2 DNA-Identitätsfeststellungsgesetz i.V.m. § 81 g StPO vor dem Grundgesetz, in: StV 2000, 103 ff.

Keller, Rolf / Griesbaum, Rainer: Das Phänomen der vorbeugenden Bekämpfung von Straftaten, in: NStZ 1990, 416 ff.

Kestel, Oliver: §§ 474 ff. StPO – eine unbekannte Größe, in: StV 1997, 266 ff.

Kintzi, Heinrich: Kinder als Tatverdächtige, in DRiZ 1997, 32 ff.

Klapper, Norbert: DNA-Identitätsfeststellungsgesetz novelliert, in Kriminalistik: 1999, 366.

Kleinknecht, Theodor / Meyer-Goßner, Lutz: Strafprozeßordnung. Gerichtsverfassungsgesetz, Nebengesetze und ergänzende Bestimmungen, 44. Aufl., München 1999.

Klumpe, Birgit: Der „genetische Fingerabdruck" im Strafverfahren. Rechtsprobleme bei der Anwendung genetischer Analysen in Großbritannien und Deutschland, Freiburg i. Br. 1993.

Kniesel, Michael: Vorbeugende Bekämpfung von Straftaten im neuen Polizeirecht – Gefahrenabwehr oder Strafverfolgung? In: ZRP 1989, 329 ff.

König, Josef: Das DNA-Identitätsfeststellungsgesetz (DNA-IdFG), in: Kriminalistik 1999, 325 ff.

Kopf, Verena Angela: Selbstbelastungsfreiheit und Genomanalysen im Strafverfahren. Untersuchungen zu Inhalt und Reichweite des Grundsatzes nemo tenetur se ipsum accusare unter besonderer Berücksichtigung von Genomanalysen, Aachen 1999.

Kramer, Bernhard: Grundfragen der erkennungsdienstlichen Behandlung nach § 81 b StPO, in: JR 1994, 224 ff.

Kramer, Bernhard: Grundbegriffe des Strafverfahrensrechts. Ermittlung und Verfahren, 4. Aufl. Stuttgart u.a. 1999.

Krekeler, Wilhelm: Informationssysteme der Polizei auf Bundes- und Landesebene, in: StraFo 1999, 82 ff.

Kube, Edwin / Schmitter, Hermann: DNA-Analyse-Datei. Bemerkungen zu Grundlagen und Möglichkeiten, in: Kriminalistik 1998, 415 ff.

Kudlich, Hans: Kriminelle in die Gen-Datei? – Das DNA-Identitätsfeststellungsgesetz, in: JuS 1999, 514.

Kutscha, Martin: Datenschutz durch Zweckbindung – ein Auslaufmodell? In: ZRP 1999, 156 ff.

Lemke, Michael / Julius, Karl-Peter / Krehl, Christoph / Kurth, Hans-Joachim / Rautenberg, Erardo C. / Temming, Dieter: Heidelberger Kommentar zur Strafprozeßordnung, 2. Aufl. Heidelberg 1999.

Lemke, Michael: Länderübergreifendes staatsanwaltliches Verfahrensregister, in: NStZ 1995, 484 ff.

Lenckner, Theodor / Cramer, Peter. / Eser, Albin / Stree, Walter: Strafgesetzbuch Kommentar. Begründet von Adolf Schönke, fortgeführt von Horst Schröder, 25. Aufl. München 1997.

Lilie, Hans: Das Verhältnis von Polizei und Staatsanwaltschaft im Ermittlungsverfahren, in ZStW 106 (1994), 625 ff.

Lindemann, Michael: Die Straftat von erheblicher Bedeutung. Von der Karriere eines unbestimmten Rechtsbegriffs, in: KritJ 2000, 86 ff.

Lisken, Hans: Innere Gefahren für den Rechtsstaat des Grundgesetzes, in: DRiZ 1992, 250 ff.

Lisken, Hans / Denninger, Erhard: Handbuch des Polizeirechts, 2. Aufl. München 1996.

Lohner, Erwin: Der Tatverdacht im Ermittlungsverfahren. Begriff, rechtliche Ausgestaltung, praktische Handhabung und Kontrolle am Beispiel der polizeilichen Verdachtsfeststellung, Frankfurt a. M. u.a. 1994.

Ludwig, Udo / Ulrich, Andreas: Kriminalität: Durchs Netz geschlüpft, in: DER SPIEGEL 30/2000, S. 48 ff.

Maiwald, Manfred: Bestimmtheitsgebot, tatbestandliche Typisierung und die Technik der Regelbeispiele, in: Lackner, Karl / Leferenz, Heinz / Schmidt, Eberhard / Welp, Jürgen / Wolff, Ernst Amadeus (Hrsg.): Festschrift für Wilhelm Gallas zum 70. Geburtstag, Berlin u.a. 1973, 137 ff.

Maiwald, Manfred: Zur Problematik der „besonders schweren Fälle" im Strafrecht, in: NStZ 1984, 433 ff.

Mangoldt, Hermann v. (Begr.) / Klein, Friedrich (Hrsg.): Das Bonner Grundgesetz. Bd. 8: Art. 70 – Art. 75. Die Gesetzgebungskompetenzen (von Christian Pestalozza), 3. Aufl. München 1996.

Mangoldt, Hermann v.(Begr.) / Klein, Friedrich / Starck, Christian (Hrsg.): Das Bonner Grundgesetz. Bd. 2: Art. 20 – 78, 4. Aufl. München 1999.

Marberth-Kubicki, Annette: Anmerkung zu LG Rostock, StraFo 1999, 204 f., in: StraFo 1999, 205.

Markwardt, Manfred / Brodersen, Kilian: Zur Prognoseklausel in § 81 g StPO, in: NJW 2000, 692 ff.

Maunz, Theodor (Hrsg.) / Dürig, Günter (Hrsg.) u.a.:Grundgesetz. Kommentar. Band IV. Art. 70 – 91 b. Lieferungen 1 – 35 (Stand: Lfg. 35, Februar 1999).

Merten, Karlheinz: Das geplante Polizeirecht in Nordrhein-Westfalen, in: ZRP 1988, 172 ff.

Möhrenschlager, Manfred: Das OrgKG – eine Übersicht nach amtlichen Materialien (Teil 2), in: wistra 1992, 326 ff.

Mutius, Albert v.: „Ungeschriebene" Gesetzgebungskompetenzen des Bundes, in: JURA 1986, 498 ff.

Newnham, John: Weltweit erste DNA-Datenbank in Großbritannien. Kriminalistik in Großbritannien auf dem Weg ins einundzwanzigste Jahrhundert, in: Kriminalistik 1996, 646 ff.
Nogala, Detlef: DNA-Analyse und DNA-Datenbanken. Der „genetische Fingerabdruck" – eine erstaunliche Karriere, in: Bürgerrechte & Polizei/CILIP 61 (3/98), http://www.infolinks.de/cilip/ausgabe/61/dna.htm vom 10.09.2000.

Odenthal, Hans-Jörg: Die Gegenüberstellung zum Zwecke des Wiedererkennens, in: NStZ 1985, 433 ff.
Ohler, Wolfgang: Überlegungen zur Evolution des DNA-Gesetzes, in: StV 2000, 326 ff.
Ostendorf, Heribert: Jugendgerichtsgesetz, 4. Aufl. Köln u.a. 1997.
Ostendorf, Heribert: Neue Rechtsprobleme bei Entlassung auf Bewährung aus dem Jugendstrafvollzug, in: NJW 2000, 1090 ff.

Paeffgen, Hans-Ulrich: Art. 30, 70, 101 I GG – vernachlässigbare Normen? In: JZ 1991, 437 ff.
Paeffgen, Hans-Ulrich: Strafprozeß im Umbruch oder: Vom unmöglichen Zustand des Strafprozeßrechts, in: StV 1999, 625 ff.
Pätzel, Claus: Gendatenbanken – ein neues Mittel zur vorbeugenden Verbrechensbekämpfung in Deutschland und Europa, in: ZFIS 1998, 90 ff.
Peters, Karl: Strafprozeß. Ein Lehrbuch, 4. Aufl. Heidelberg u.a. 1985.
Pfeiffer, Gerd (Hrsg.): Karlsruher Kommentar zur Strafprozeßordnung und zum Gerichtsverfassungsgesetz mit Einführungsgesetz, 3. Aufl. München 1993.
Pfeiffer, Gerd (Hrsg.): Karlsruher Kommentar zur Strafprozeßordnung und zum Gerichtsverfassungsgesetz mit Einführungsgesetz, 4. Aufl. München 1999.
Pfeiffer, Gerd: Strafprozeßordnung und Gerichtsverfassungsgesetz, 2. Aufl. München 1999.
Pfeiffer, Joachim: Die unbeschränkte Auskunft aus dem Bundeszentralregister und das Führungszeugnis, in: NStZ 2000, 402 ff.
Pryzwanski, Eugen: Auswirkungen des Vorhalte- und Verwertungsverbots des Bundeszentralregistergesetzes im Strafrecht, Göttingen 1977.

Randl, Hans: Verfassungsrechtliche Aspekte des neuen Hamburger Polizeirechts, in: NVwZ 1992, 1070 ff.
Rath, M. / Brinkmann, Bernd: Strafverfahrensänderungsgesetz – DNA-Analyse („Genetischer Fingerabdruck") und DNA-Identitätsfeststellungsgesetz aus fachwissenschaftlicher Sicht, in: NJW 1999, 2697 ff.
Rebmann, Kurt / Uhlig, Sigmar: Bundeszentralregistergesetz, München 1985.
Rieß, Peter (Hrsg.): Löwe-Rosenberg. Die Strafprozeßordnung und das Gerichtsverfassungsgesetz, Großkommentar, 24. Aufl. Erster Band, Einleitung; §§ 1 bis 111 n, Berlin u.a. 1988.

Rieß, Peter (Hrsg.): Löwe-Rosenberg. Die Strafprozeßordnung und das Gerichtsverfassungsgesetz, Großkommentar, 24. Aufl. Zweiter Band, §§ 112 bis 197, Berlin u.a. 1989.

Rieß, Peter (Hrsg.): Löwe-Rosenberg. Die Strafprozeßordnung und das Gerichtsverfassungsgesetz, Großkommentar, 25. Aufl., 8. Lfg.: §§ 238 bis 246 a, Berlin u.a. 1999.

Ring, Wolf-Michael: Die Befugnis der Polizei zur verdeckten Ermittlung, in: StV 1990, 372 ff.

Rinio, Carsten: Zur Novellierung des DNA-Identitätsfeststellungsgesetzes, in: Die Polizei 1999, 318 ff.

Rittershaus, Alexandra A.: Anmerkung zu LG Frankenthal, StV 2000, 609, in StV 2000, 609 f.

Röger, Ralf: Die Verwertbarkeit des Beweismittels nach § 81 a StPO bei rechtswidriger Beweisgewinnung, Frankfurt a. M. u. a. 1994.

Roxin, Claus: Strafverfahrensrecht. Ein Studienbuch, 25. Aufl. München 1998.

Rudolphi, Hans-Joachim / Paeffgen, Hans Ullrich / Schlüchter, Ellen / Frisch, Wolfgang / Rogall, Klaus / Wolter, Jürgen: Systematischer Kommentar zur Strafprozeßordnung und zum Gerichtsverfassungsgesetz, Frankfurt a. M. 1986 ff.

Sachs, Michael (Hrsg): Grundgesetz. Kommentar, München 1999.

Sanchez, Alfredo Chirino: Das Recht auf Informationelle Selbstbestimmung und seine Geltung im Strafverfahren, am Beispiel der neuen Ermittlungsmethoden in der StPO, Frankfurt a.M. 1999.

Schenke, Wolf Rüdiger: Kompetenz des Landesgesetzgebers zur Regelung polizeilicher Befugnisse auf dem Gebiet der Strafverfolgung? In: JR 1970, 48 ff.

Schlüchter, Ellen: Das Strafverfahren. 2. Aufl. Köln u.a. 1983.

Schmidbauer, Wilhelm / Steiner, Udo / Roese, Eberhard: Bayerisches Polizeiaufgabengesetz und Bayerisches Polizeiorganisationsgesetz, München 1999.

Schmidt, Eberhard: Lehrkommentar zur Strafprozeßordnung und zum Gerichtsverfassungsgesetz, Teil II: Erläuterungen zur StPO und zum Einführungsgesetz zur StPO, Göttingen 1957.

Schmidt-Bleibtreu, Bruno / Klein, Franz: Kommentar zum Grundgesetz, 9. Aufl. Neuwied 1999.

Schmitter, Hermann: Der „Genetische Fingerabdruck" – Entwicklung der Forensischen Serologie, in: Festschrift für Horst Herold, Hrsg.: Bundeskriminalamt, Wiesbaden 1998, 397 ff.

Schmitter, Hermann: DNA-Identifizierungsmuster in der Strafverfolgung, in: Spektrum der Wissenschaft Oktober 1998, 56 ff.

Schneider, Hendrik: Anmerkung zu OLG Jena, StV 2001, 5 f., in: StV 2001, 6 f.

Schneider, Peter M.: DNA Databases for Offender Identification in Europe – The Need for Technical, Legal and Political Harmonization, in: http://www.uni-mainz.de/FB/Medizin/Rechtsmedizin/molgen/databas1.htm. vom 10.09.2000

Schneider, Peter M.: Datenbanken mit genetischen Merkmalen von Straftätern. Werden durch die forensische DNA-Analyse persönlichkeitsrelevante Merkmale aufgedeckt? In: DuD 1998, 330 ff.

Schneider, Peter M.: Replik: Gen-Datenbanken, in: DuD 1998, 460 ff.

Schneider, Peter M. / Rittner, Christian: Genprofile von Sexualstraftätern, in: ZRP 1998, 64 ff.

Schneider, Peter M.: Polizeiliche Nutzung genetischer Daten, in: Helmut Bäumler (Hrsg.): „Polizei und Datenschutz" – Neupositionierung im Zeichen der Informationsgesellschaft, Neuwied, Kriftel 1999, 215 ff.

Schoene, Heiko: Können Kinder Beschuldigte sein? In: DRiZ 1999, 321 ff.

Scholz, Rupert: Ausschließliche und konkurrierende Gesetzgebungskompetenz von Bund und Ländern in der Rechtsprechung des Bundesverfassungsgerichts, in: Starck, Christian (Hrsg.): Bundesverfassungsgericht und Grundgesetz. Festgabe aus Anlaß des 25 jährigen Bestehens des Bundesverfassungsgerichts. Zweiter Band. Verfassungsauslegung, Tübingen 1976.

Schreiber, Wolfgang: Das Bundeskriminalamtgesetz vom 7.7.1997 – ein „überfälliges" Gesetz, in: NJW 1997, 2137 ff.

Schulz, Georg (Begr.) / Händel, Konrad: Strafprozeßordnung. Mit Erläuterungen für Polizeibeamte im Ermittlungsdienst, 60. Lfg. zur 7. Aufl. Heidelberg 1999.

Schulz, Lorenz: Die DNA-Analyse im Strafverfahren, in:. Boyd, B. Sharon / Hruschka, Joachim / Joerden, Jan C. (Hrsg.): Jahrbuch für Recht und Ethik, Band 7 (1999), Themenschwerpunkt: Der analysierte Mensch, Berlin 1999, 195 ff.

Schwan, Eggert: Der Auskunftsanspruch in der Bewährung – zugleich eine Anmerkung zu den Urteilen des Verwaltungsgerichts Berlin vom 29. April 1982 und 9. Juni 1982, des Verwaltungsgerichts Köln vom 5. Mai 1982 und zum Beschluß des Kammergerichts Berlin vom 21. Juni 1982, in: DVR 1982, 311 ff.

Schweckendieck, Helmut: Dateien zur „vorbeugenden Verbrechensbekämpfung" im Lichte der Rechtsprechung zu § 81 b Alt. 2 StPO, in: ZRP 1989, 125 ff.

Seibel, Mathias / Gross, Michael: Das DNA-Identitätsfeststellungsgesetz aus anwaltlicher Sicht, in: StraFo 1999, 117 ff.

Senge, Lothar: Strafverfahrensänderungsgesetz – DNA-Analyse, in: NJW 1997, 2409 ff.

Senge, Lothar: Gesetz zur Änderung der Strafprozeßordnung (DNA-Identitätsfeststellungsgesetz), in: NJW 1999, 253 ff.

Siebrecht, Michael: Die polizeiliche Datenverarbeitung im Kompetenzstreit zwischen Polizei- und Prozeßrecht, in: JZ 1996, 711 ff.

Siebrecht, Michael: Ist der Datenabgleich zur Aufklärung einer Straftat rechtmäßig? In: StV 1996, 566 ff.

Siebrecht, Michael: Rasterfahndung. Eine EDV-gestützte Massenfahndungsmethode im Spannungsfeld zwischen einer effektiven Strafverfolgung und dem Recht auf informationelle Selbstbestimmung, Berlin 1997.

Simitis, Spiros / Damann, Ulrich / Geiger, Hansjörg / Mallmann, Otto / Walz, Stefan: Kommentar zum Bundesdatenschutzgesetz, 4. Aufl. Baden-Baden 1992.

Simmross, Ulrich: Der Sachbeweis im europäischen Vergleich. Erkenntnisse aus der GROTIUS-Studie und wissenschaftlicher Fortschritt in vier Ländern, in: Kriminalistik 2000, 737 ff.

Singe, Martin: DNA-Identitätsfeststellungen konterkarieren das Resozialisierungsgebot, in Betrifft JUSTIZ 59, 1999, 102 ff.

Soiné, Michael: Datenverarbeitung für Zwecke künftiger Strafverfahren, in: CR 1998, 257 ff.

Sprenger, Wolfgang / Fischer, Thomas: Zur Erforderlichkeit der richterlichen Anordnung von DNA-Analysen, in: NJW 1999, 1830 ff.

Steinke, Wolfgang: Der Beweiswert forensischer Gutachten, in: NStZ 1994, 16 ff.

Stettner, Rupert: Grundfragen einer Kompetenzlehre, Berlin 1983.

Taschke, Jürgen (Hrsg.) / Breidenstein, Felix (Hrsg.): Die Genomanalyse im Strafverfahren, 1. Aufl. Baden-Baden 1995.

Tegtmeyer, Henning: Erwiderung auf Schoreit „Gefahrenabwehr durch Datensammlung?" In: KritV 1989, 213 ff.

Tinnefeld, Marie-Therese / Ehmann, Eugen: Einführung in das Datenschutzrecht, 3. Aufl. München 1998.

Tröndle, Herbert / Fischer, Thomas: Strafgesetzbuch und Nebengesetze, 49. Aufl. München 1999.

Vahle, Jürgen: Die erkennungsdienstliche Behandlung nach Strafverfolgungs- und Polizeirecht, in: DuD 1996, 397 ff.

Vahle, Jürgen: Informationelle Aspekte im neuen Bundeskriminalamtgesetz, in: DSB 10/1997, 12 f.

Vahle, Jürgen: Änderung des DNA-Identitätsfeststellungsgesetzes, in DSB 7+8/1999, S. 24.

Vahle, Jürgen: Verhältnismäßigkeitsgebot bei DNA-Identitätsfeststellung, in: DSB 1/2000, S. 16.

Vassilaki, Irini E.: Personenbezogene Informationen in der Strafverfolgung: Potential zur Repression, Resozialisierung oder Gefahrenabwehr? In: BewHi 1999, 141 ff.

Veith, Hans-Michael: Das Bundeszentralregister. Eine Einführung, in: BewHi 1999, 111 ff.

Vesting, Jan / Müller Stefan: DNA-Analyse und Recht: Pleiten, Pech und Pannen? In: KritJ 1996, 466 ff.

Volckart, Bernd: Maßregelvollzug. Das Recht des Vollzuges der Unterbringung nach §§ 63, 64 StGB in einem psychiatrischen Krankenhaus und in einer Entziehungsanstalt, 5. Aufl. Neuwied u. a. 1999.

Volk, Elisabeth: Gesetz zur Änderung der Strafprozeßordnung (DNA- Identitätsfeststellungsgesetz) – Anspruch und Wirklichkeit, in: NStZ 1999, 165 ff.

Vordermayer, Helmut / v. Heintschel-Heinegg, Bernd: Handbuch für den Staatsanwalt, Neuwied u.a. 2000.

Walden, Marcus: Zweckbindung und –änderung präventiv und repressiv erhobener Daten im Bereich der Polizei, Berlin 1996.

Walter, Michael: Zulässigkeit der Strafverfolgung von Kindern? – Eine Stellungnahme zu H. Schoene: Können Kinder Beschuldigte sein? – In: DRiZ 1999, 325 f.

Wassermann, Rudolf (Gesamtherausgeber): Kommentar zur Strafprozeßordnung in drei Bänden (Reihe Alternativkommentare), Band 1 §§ 1-93, Neuwied 1988.

Wassermann, Rudolf (Gesamtherausgeber): Kommentar zur Strafprozeßordnung in drei Bänden (Reihe Alternativkommentare), Band 3 §§ 276-477, Neuwied u.a. 1996.

Werrett, David J.: The National DNA Database, in: Forensic science int. 1997 (88) 33 ff.

Wissenschaftlicher Rat der Dudenredaktion (Hrsg.): Duden. Das große Wörterbuch der deutschen Sprache in zehn Bänden. Bd. 2 Bedr. – Eink., 3. Aufl. Mannheim u.a. 1999.

Wittig, Petra: Schleppnetzfahndung, Rasterfahndung und Datenabgleich, in: JuS 1997, 961 ff.

Wolter, Jürgen: Heimliche und automatisierte Informationseingriffe, in: GA 1988, 49 ff.

Wolter, Jürgen: 35 Jahre Verfahrensrechtskultur und Strafprozeßrecht in Ansehung von Freiheitsentziehung, (DNA-) Identifizierung und Überwachung, in: GA 1999, 158 ff.

Wolter, Jürgen: Formen des Vorermittlungsverfahrens und Reform des Ermittlungsverfahrens, in: Kreuzer, Arthur / Jäger, Herbert / Otto, Harro / Quensel, Stephan / Rolanski, Klaus (Hrsg.): Fühlende und denkende Kriminalwissenschaften. Ehrengabe für Anne-Eva Brauneck, Mönchengladbach 1999.

Zöller, Mark Alexander: Vorsorge für die künftige Strafverfolgung – Zugleich ein Beitrag zum Entwurf eines Strafverfahrensänderungsgesetzes 1996, in: RDV 1997, 163 ff.

„Autor unbekannt": Genetische Daten für die Ewigkeit, in DRiZ 1998, 418.
„Autor unbekannt": Freiwillige Gen-Tests bei Strafgefangenen, in: ZfStrVo 5/1999 S. 299.
„Autor unbekannt": Zuständigkeitsfragen zum DNA-IdFG geklärt, in Kriminalistik 1999, 610.

Für die verwendeten Abkürzungen wird verwiesen auf Kirchner, Hildebrand: Abkürzungsverzeichnis der Rechtssprache, 4. Aufl. Berlin u.a. 1993.

SCHRIFTEN ZUM STRAFRECHT UND STRAFPROZESSRECHT

Herausgegeben von Manfred Maiwald

Band 1 Christian-Peter Frees: Die steuerrechtliche Selbstanzeige. Zur kriminalpolitischen Zweckmäßigkeit des § 371 AO. 1991.

Band 2 Norbert Joachim: Der Hörensagenbeweis im Strafverfahren. 1991.

Band 3 Alfred A. Göbel: Die Einwilligung im Strafrecht als Ausprägung des Selbstbestimmungsrechts. 1991.

Band 4 Karl-Heinz Vehling: Die Abgrenzung von Vorbereitung und Versuch. 1991.

Band 5 Heiko Hartmut Lesch: Das Problem der sukzessiven Beihilfe. 1992.

Band 6 Dirk Schwerdtfeger: Besondere persönliche Unrechtsmerkmale. 1992.

Band 7 Stefan Göhring: Polizeiliche Kontrollstellen und Datenverarbeitung. § 163 d StPO und novellierte Polizeigesetze der Länder zwischen Strafverfolgung, Gefahrenabwehr und vorbeugender Straftatenbekämpfung. 1992.

Band 8 Werner Kemper: Horizontale Teilrechtskraft des Schuldspruchs und Bindungswirkung im tatrichterlichen Verfahren nach der Zurückverweisung. §§ 353, 354 Abs. 2 StPO. 1993.

Band 9 Ovvadias Namias: Die Zurechnung von Folgeschäden im Strafrecht. 1993.

Band 10 Jan Zopfs: Unfallflucht bei eindeutiger Haftungslage? Unverzüglichkeitsgebot und Wahlmöglichkeit in § 142 Abs. 2 und 3 StGB. 1993.

Band 11 Stefan Hiebl: Ausgewählte Probleme des Akteneinsichtsrechts nach § 147 StPO. 1994.

Band 12 Ralf Krack: List als Straftatbestandsmerkmal. Zugleich ein Beitrag zu Täuschung und Irrtum beim Betrug. 1994.

Band 13 Henning Radtke: Zur Systematik des Strafklageverbrauchs verfahrenserledigender Entscheidungen im Strafprozeß. 1994.

Band 14 Bernd J. A. Müssig: Schutz abstrakter Rechtsgüter und abstrakter Rechtsgüterschutz. Zu den materiellen Konstitutionskriterien sog. Universalrechtsgüter und deren normentheoretischem Fundament – am Beispiel der Rechtsgutsbestimmung für die §§ 129, 129a und 324 StGB. 1994.

Band 15 Heinz Koriath: Über Beweisverbote im Strafprozeß. 1994.

Band 16 Burkhard Niepoth: Der untaugliche Versuch beim unechten Unterlassungsdelikt. 1994.

Band 17 Karsten Altenhain: Die Strafbarkeit des Teilnehmers beim Exzeß. 1994.

Band 18 Ina Walbaum: Schuldspruch in der Revisionsinstanz nach freisprechendem Urteil des Tatgerichts. 1996.

Band 19 Birgit Dalbkermeyer: Der Schutz des Beschuldigten vor identifizierenden und tendenziösen Pressemitteilungen der Ermittlungsbehörden. 1994.

Band 20 Thomas Hackner: Der befangene Staatsanwalt im deutschen Strafverfahrensrecht. 1995.

Band 21 Hartmut Loritz: Kritische Betrachtungen zum Wert des strafprozessualen Zwischenverfahrens. 1996.

Band 22 Heinz-Hermann Berghof: Therapie und Strafe im Betäubungsmittelrecht. Recht und Wirklichkeit der Behandlung Drogenabhängiger unter besonderer Berücksichtigung der §§ 35 ff BtMG. 1995.

Band 23 Oliver Mertens: Strafprozessuale Grundrechtseingriffe und Bindung an den Wortsinn der ermächtigenden Norm. 1996.

Band 24 Sönke Bahnsen: Das Akteneinsichtsrecht der Verteidigung im Strafverfahren. Dogmatische Grundlagen und Einzelprobleme im Lichte einer rechtsstaatlichen Verfahrensgestaltung. 1996.

Band 25 Dirk Schwieger: Der Vorteilsbegriff in den Bestechungsdelikten des StGB. 1996.

Band 26 Stephanie Meinecke: Die Auswirkungen von Verfahrensfehlern auf die Strafbarkeit nach den Aussagedelikten. 1996.

Band 27 Ute Lambrecht: Strafrecht und Disziplinarrecht. Abhängigkeiten und Überschneidungen. 1997.

Band 28 Carsten Momsen: Verfahrensfehler und Rügeberechtigung im Strafprozeß. Die Strukturen der Revisionsberechtigung unter besonderer Berücksichtigung des Begriffs "Rechtsnormen, die lediglich zugunsten des Angeklagten gegeben sind" in § 339 StPO. 1997.

Band 29 Ursula Epp: Die Abgeordnetenbestechung – § 108 e StGB. 1997.

Band 30 Bernd Scheiff: Wann beginnt der Strafrechtsschutz gegen kriminelle Vereinigungen (§ 129 StGB)? 1997.

Band 31 Ulrike Fontaine: Max Grünhut (1893-1964). Leben und wissenschaftliches Wirken eines deutschen Strafrechtlers jüdischer Herkunft. 1998.

Band 32 Claudia Keiser: Das Kindeswohl im Strafverfahren. Zur Notwendigkeit eines am Kindeswohl orientierten Umgangs mit minderjährigen Opfern und Zeugen, den Möglichkeiten de lege lata und den Erfordernissen de lege ferenda. 1998.

Band 33 Wiebke Schürer-Mohr: Erlaubte Risiken. Grundfragen des "erlaubten Risikos" im Bereich der Fahrlässigkeitsdogmatik. 1998.

Band 34 Stephan Voigtel: Zum Freibeweis bei Entscheidungen der Strafvollstreckungskammer. Eine Untersuchung zu ausgewählten Fragen des Beweisrechts im gerichtlichen Verfahren in Strafvollstreckungs- und Strafvollzugssachen. 1998.

Band 35 Volkmar Wißgott: Das Beweisantragsrecht im Strafverfahren als Kompensation der richterlichen Inquisitionsmaxime. Die Judikatur des Reichsgerichts zum strafprozessualen Beweisrecht. 1998.

Band 36 Susanne Merz: Strafrechtlicher Ehrenschutz und Meinungsfreiheit. 1998.

Band 37 Uwe Schlömer: Der elektronisch überwachte Hausarrest. Eine Untersuchung der ausländischen Erfahrungen und der Anwendbarkeit in der Bundesrepublik Deutschland. 1998.

Band 38 Michael Liedke: Die Vermögensstrafe gemäß § 43a StGB in ihrer kriminalpolitischen Bedeutung. 1999.

Band 39 Danja Domeier: Gesundheitsschutz und Lebensmittelstrafrecht. Zur Konkretisierung der Verkehrspflichten und ihrer Strafbewehrung, insbesondere mit Blick auf §§ 8 ff. LMBG. 1999.

Band 40 Ritva Westendorf: Die Pflicht zur Verhinderung geplanter Straftaten durch Anzeige. Eine kritische Betrachtung der §§ 138, 139 StGB im Kontext der Unterlassungsdelikte. 1999.

Band 41 Hans Theile: Tatkonkretisierung und Gehilfenvorsatz. 1999.

Band 42 Nicole Lange: Vorermittlungen. Die Behandlung des staatsanwaltschaftlichen Vorermittlungsverfahrens unter besonderer Berücksichtigung von Abgeordneten, Politikern und Prominenten. 1999.

Band 43 Tanja Gunder: Der Umgang mit Kindern im Strafverfahren. Eine empirische Untersuchung zur Strafverfolgung bei Sexualdelinquenz. 1999.

Band 44 Sven-Markus Thiel: Die Konkurrenz von Rechtfertigungsgründen. 2000.

Band 45 Jan Schlüter: Die Strafbarkeit von Unternehmen in einer prozessualen Betrachtung nach dem geltenden Strafprozeßrecht. 2000.

Band 46 Detlef Heise: Der Insiderhandel an der Börse und dessen strafrechtliche Bedeutung. Eine Untersuchung des neuen deutschen Insiderrechts speziell unter Bezugnahme auf die strafrechtstheoretischen und strafrechtsdogmatischen Grundlagen. 2000.

Band 47 Hermann Wichmann: Das Berufsgeheimnis als Grenze des Zeugenbeweises. Ein Beitrag zur Lehre von den Beweisverboten. 2000.

Band 48 Rainer T. Cherkeh: Betrug (§ 263 StGB), verübt durch Doping im Sport. 2000.

Band 49 Kristian Hohn: Die Zulässigkeit materieller Beweiserleichterungen im Strafrecht. Eine Untersuchung über Erscheinungsformen und Grenzen der Lösung beweisrechtlicher Probleme im materiellen Strafrecht. 2000.

Band 50 Malte Rabe von Kühlewein: Der Richtervorbehalt im Polizei- und Strafprozeßrecht. 2001.

Band 51 Donata Meinecke: Die Gesetzgebungssystematik der Versuchsstrafbarkeit von Verbrechen und Vergehen im StGB. 2001.

Band 52 Joachim Bock: Begriff, Inhalt und Zulässigkeit der Beweislastumkehr im materiellen Strafrecht. 2001.

Band 53 Gabriele Rose: Grenzen der journalistischen Recherche im Strafrecht und Strafverfahrensrecht. 2001.

Band 54 Wiebke Reitemeier: Täuschungen vor Abschluß von Arbeitsverträgen. Zum Verhältnis zwischen dem Straftatbestand des Betrugs und dem Anfechtungsrecht wegen arglistiger Täuschung (§§ 263 Abs. 1 StGB, 123 Abs. 1 Alt. 1 BGB). 2001.

Band 55 Peter Rackow: Das DNA-Identitätsfeststellungsgesetz und seine Probleme. 2001.

Bong-Seok Kang

Haftungsprobleme in der Gentechnologie

Zum sachgerechten Schadensausgleich

Frankfurt/M., Berlin, Bern, Bruxelles, New York, Oxford, Wien, 2001. 181 S.
Recht & Medizin. Herausgegeben von Erwin Deutsch, Adolf Laufs und
Hans-Ludwig Schreiber. Bd. 48
ISBN 3-631-37405-4 · br. DM 69.–*

Die auf § 823 BGB gestützte Verschuldenshaftung bietet für einen effizienten Schadensausgleich keinen angemessenen Lösungsansatz, da beim Umgang mit lebendem Material angesichts der Komplexität der Materie in sehr vielen Fällen ein Verschuldensnachweis vermutlich nicht geführt werden kann. Daher hat man versucht, die Schäden, die auf die gezielte Veränderung von Erbmaterial durch gentechnische Methoden zurückzuführen sind, entweder durch die Einführung der Verkehrspflichtverletzung oder durch eine Gefährdungshaftung zu erfassen.
Mit dem Inkrafttreten des Gentechnikgesetzes am 1. Juli 1990 hat der Gesetzgeber eine positive Grundentscheidung für die Nutzung der Gentechnik getroffen. Das Gesetz wirft jedoch zahlreiche Auslegungsprobleme und Rechtsfragen auf. Die Arbeit beschränkt sich hauptsächlich auf die Fragen, die sich im Zusammenhang mit der Haftung bei gentechnologischen Unfällen stellen.

Aus dem Inhalt: Begriff und rechtliche Entwicklung der Gentechnologie · Haftung für gentechnologische Unfälle · Haftung nach dem GenTG · Haftung nach anderen Rechtsvorschriften

Frankfurt/M · Berlin · Bern · Bruxelles · New York · Oxford · Wien
Auslieferung: Verlag Peter Lang AG
Jupiterstr. 15, CH-3000 Bern 15
Telefax (004131) 9402131

*inklusive Mehrwertsteuer
Preisänderungen vorbehalten
Homepage http://www.peterlang.de